图形图像处理
（Illustrator CC）
（第2版）

主　编　王晓姝
副主编　崔志钰　沈　斌　陈　莉　徐海燕

电子工业出版社

Publishing House of Electronics Industry

北京·BEIJING

内容简介

本书以岗位工作过程来确定学习任务和目标，旨在综合提升学生的专业能力、过程能力和职位差异能力，以具体的工作任务引领教学内容。本书系统地介绍了 Illustrator CC 基本操作、绘图与填色、"钢笔工具"与路径绘制、图形的运算、渐变网格与混合、"图层"面板与蒙版、画笔与符号、文本工具与封套扭曲工具、"效果"菜单与"透视网格工具"、综合技法应用实例等内容。

本书可以作为计算机平面设计专业的核心课程教材，也可以作为各类 Illustrator 培训班的参考用书。

图书在版编目（CIP）数据

图形图像处理：Illustrator CC / 王晓姝主编.

2版. -- 北京 ： 电子工业出版社, 2024. 12. -- ISBN

978-7-121-49705-6

Ⅰ. TP391.413

中国国家版本馆CIP数据核字第2025A9R582号

责任编辑：罗美娜

印　　　刷：河北虎彩印刷有限公司

装　　　订：河北虎彩印刷有限公司

出版发行：电子工业出版社

　　　　　北京市海淀区万寿路173信箱　　　　邮编：100036

开　　本：880×1230　　1/16　　印张：17.5　　字数：381千字

版　　次：2016年12月第1版

　　　　　2024年12月第2版

印　　次：2025年 7 月第3次印刷

定　　价：52.00元

凡所购买电子工业出版社图书有缺损问题，请向购买书店调换。若书店售缺，请与本社发行部联系，联系及邮购电话：（010）88254888，88258888。

质量投诉请发邮件至zlts@phei.com.cn，盗版侵权举报请发邮件至dbqq@phei.com.cn。

本书咨询联系方式：（010）88254617，luomn@phei.com.cn。

Illustrator CC 是一款工业标准矢量插画软件，广泛应用于印刷出版、海报和书籍排版、数字绘画、UI 设计、动漫游戏，以及其他多媒体图像处理和互联网页面的制作。

本书以岗位工作过程来确定学习任务和目标，旨在综合提升学生的专业能力、过程能力和职位差异能力，以具体的工作任务引领教学内容。本书系统地介绍了 Illustrator CC 基本操作、绘图与填色、"钢笔工具"与路径绘制、图形的运算、渐变网格与混合、"图层"面板与蒙版、画笔与符号、文本工具与封套扭曲工具、"效果"菜单与"透视网格工具"、综合技法应用实例等内容。

经过对行业和企业的深入调研，以及对人才需求与专业课程改革的调研，本书围绕案例教学法、技能打包教学法等展开介绍。本书内容均以案例为主线，通过实际操作帮助学生快速上手，掌握软件功能和操作方法。书中的软件功能解析部分使学生能够深入学习软件功能。书中的实例选自工作和生活中的实际需求，由浅入深地进行详细讲解，内容丰富，体系完整，可以拓展学生的实际应用能力，提高软件使用技巧，并帮助他们顺利达到实战水平。

课时分配

本书各章节的教学内容和课时分配建议如下。

章　节	课程内容	知识讲解	操作实践	合　计
1	Illustrator CC 基本操作	2	2	4
2	绘图与填色	2	2	4
3	"钢笔工具"与路径绘制	2	2	4
4	图形的运算	2	2	4
5	渐变网格与混合	4	4	8
6	"图层"面板与蒙版	4	4	8
7	画笔与符号	8	8	16
8	文本工具与封套扭曲工具	8	8	16
9	"效果"菜单与"透视网格工具"	8	8	16

续表

章　　节	课程内容	知识讲解	操作实践	合　　计
10	综合技法应用实例	8	8	16
总计		48	48	96

注：本书共设计 96 课时，知识讲解与操作实践按照 1:1 的比例安排，课后练习可另行安排课时。课时分配仅供参考，教学时请根据各学校的具体情况进行调整。

本书作者

本书由王晓姝担任主编，崔志钰、沈斌、陈莉、徐海燕担任副主编。在编写的过程中，编者得到了南京市职教（成人）教研室教研员张玲的大力支持，她针对本书提出了指导性的建议。正是在张玲老师的指导和支持下，编者才能完成大部分理论及案例的编写工作，在此对她表示衷心的感谢。

教学资源

为了提高学生的学习效率和提升教学效果，方便教师教学，本书配有电子教学参考资料包，包括电子教案、教学指南、素材文件、微课等，请有需要的教师登录华信教育资源网，注册后免费下载。若有问题，请在网站留言板中留言或与电子工业出版社（E-mail：hxedu@phei.com.cn）联系。

由于编者水平有限，书中难免存在不足之处，敬请广大读者批评指正。

编　者

CONTENT

第 1 章

Illustrator CC 基本操作

Adobe Illustrator（简称 AI）广泛应用于印刷出版、专业插画、多媒体图像处理和互联网页面的制作，能够为线稿提供较高的精度和控制程度，适用于从小型到大型复杂项目等的设计。2023 年发布的 Adobe Illustrator CC（2023）是升级版本，新增了许多功能，如更好地与触屏设备兼容，增加了笔触选项，针对网页进行了改进，并支持云端同步分享作品等。

本章讲述 Illustrator CC 的基本操作功能，包括工作界面和基本操作两方面。其中，工作界面主要介绍文件的新建、打开、置入、保存，以及工具箱的使用等；基本操作主要介绍对象的选择、移动、复制、粘贴、变换和变形等。

1.1 工作界面

1. 启动 Illustrator CC

（1）双击 Illustrator CC 的快捷方式图标（见图 1-1），或者执行"开始"→"所有程序"→"Adobe Illustrator CC"命令，如图 1-2 所示。

图 1-1 Illustrator CC 的快捷方式图标

图 1-2 执行 Illustrator 软件

（2）启动软件，如图 1-3 所示。

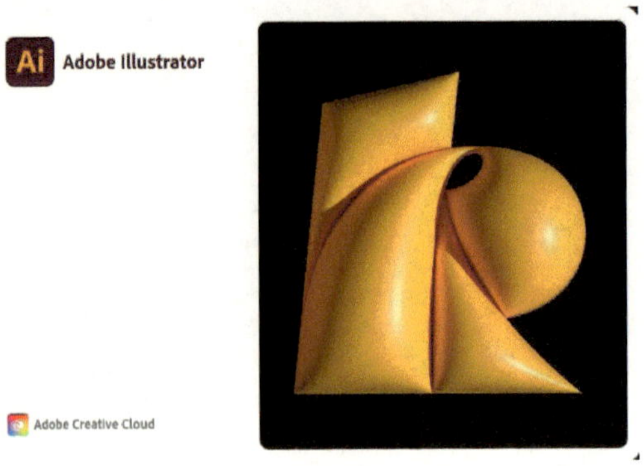

图1-3　启动软件

2. 新建文件

（1）在启动软件后，进入软件工作界面，如图1-4所示。工作界面的顶端是菜单栏，如图1-5所示。

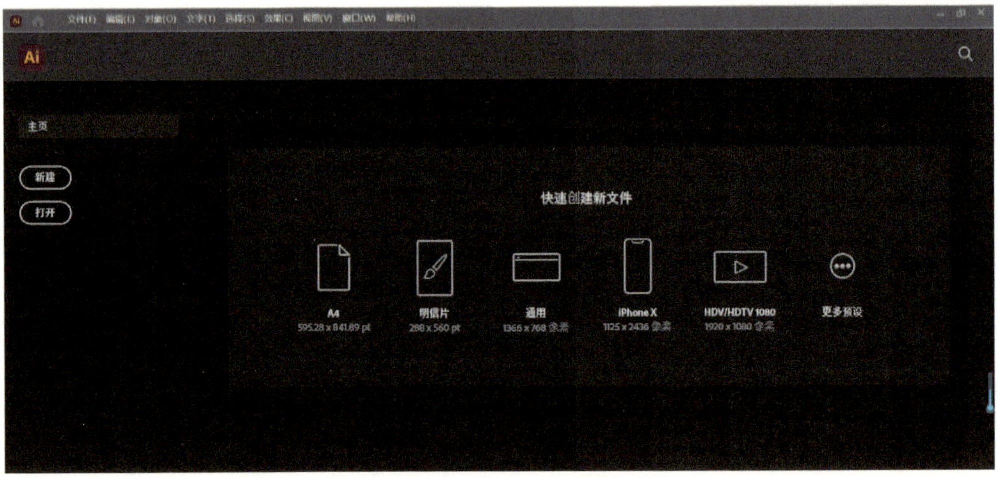

图1-4　软件工作界面

（2）工作界面中的快速创建新文件窗口用于显示平面设计常用尺寸，方便用户操作。如果需要自定义设置尺寸，则单击"新建"按钮（快捷键为Ctrl+N）。

（3）在单击"新建"按钮后，将显示如图1-6所示文字。单击"文档预设"链接文字，将弹出如图1-7所示的对话框。

图1-5　菜单栏

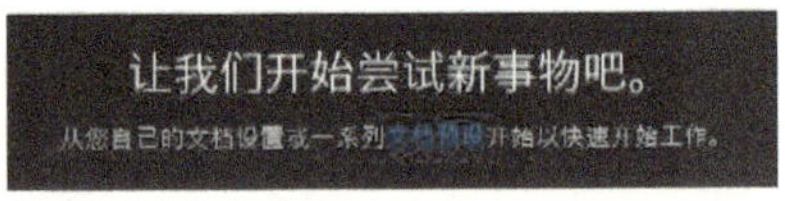

图1-6　"文档预设"链接文字

（4）选择不同的选项卡，该对话框中将显示不同的设计尺寸，同时右侧显示对应设计尺寸的具体参数。例如，若选择"移动设备"选项卡，则该对话框中将显示移动设备的设计尺寸及其参数。在"名称"文本框中输入文件名，可以为文件命名。"单位"用于设置单位，如若将其设置为"毫米",则标尺显示及图形尺寸等将以 mm 为单位。"方向"选项用于设置页面是横向的,还是竖向的。"出血"值为印刷所需,通常将其设置为上、下、左、右各3mm。单击"高级选项"前面的三角形按钮,可以显示"颜色模式"、"光栅效果"及"预览模式"选项。其中,"颜色模式"选项可以被设置为 CMYK 颜色(用于印刷)或 RGB 颜色(用于设计网页);"光栅效果"选项用于设置文件栅格化后的分辨率,通常默认为 300dpi;一般将"预览模式"设置为"默认值"。

图 1-7　"新建文档"对话框

(5)单击"确定"按钮,工作界面将显示白色的绘图区。我们将在此区域中进行设计。工作界面如图 1-8 所示。

图 1-8　工作界面

提示

在设置好文件大小后，若想手动修改文件（绘图区）的大小，则可以使用"画板工具"来实现。在选择该工具后，绘图区中将显示定界框，拖动定界框即可。

3. 打开、置入文件

（1）打开文件：执行"文件"→"打开"命令（快捷键为Ctrl+O），在弹出的"打开"对话框中选择需要打开的文件。

（2）置入文件：执行"文件"→"置入"命令，在弹出的"置入"对话框中选择需要置入的文件。这里需要注意"置入"对话框下方的几个复选框，如图1-9所示。若勾选"链接"复选框，则置入的文件对象是链接在本机源文件中的。在这种情况下，如果源文件已被删除，则无法显示对象。若不勾选"链接"复选框，则置入的对象是复制到工作界面中的，在保存后将源文件删除，依然会显示对象。

举例如下。

① 新建一个文件，执行"文件"→"置入"命令，置入一张本机存在的图形，如"百事可乐"图形，若勾选"链接"复选框，则置入的图形上方将出现一个蓝色叉号，如图1-10所示。这说明该文件是链接在计算机源文件中的，而不是复制到工作界面中的。

② 保存文件，将文件命名为"百事可乐标志"并退出。将本机中"百事可乐"图形删除，并在Illustrator CC中打开"百事可乐标志"文件，弹出如图1-11所示的警告对话框，说明源文件已经不存在，需要使用其他文件来代替。若忽略此警告，则打开的图形是空的。

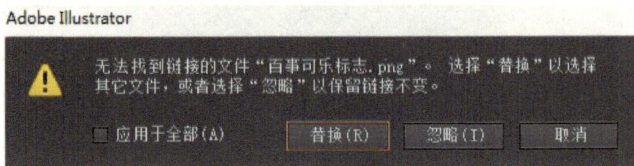

图 1-9　复选框　　　图 1-10　蓝色叉号　　　　　　图 1-11　警告对话框

提示

（1）Illustrator CC 新增了同时置入多个文件的功能。

（2）Illustrator 自带大量的专业模板，在 Illustrator CC 中还增添了一些新模板，如 CD 盒、卡片邀请菜单、横幅广告、网站和 DVD 菜单等，可以有效节省制作时间。用户可以执行"文件"→"从模板新建"命令，在弹出的对话框中选择需要的模板。

4．保存文件

在第一次保存文件时，执行"文件"→"存储"命令，在弹出的对话框中设置保存的地址、文件名及保存类型。之后再次进行操作时需要及时保存，可以通过按快捷键 Ctrl+S 来实现。若需要将文件保存为另一个名称、另一种格式或保存到另一个地址中，则需要执行"文件"→"存储为"命令，重新设置保存的地址、文件名及保存类型。"存储副本"对话框如图 1-12 所示。

5．工具箱的使用方法

工具箱中包含制作图形和编辑图形的所有工具，以及页面显示工具。当鼠标指针悬停在某个工具上时，可以显示该工具的名称和快捷键，如图 1-13 所示。当单击某个工具时，可以选中该工具，以便对图形进行绘制和编辑。

图 1-12 "存储副本"对话框　　　　　　　图 1-13 显示工具名称和快捷键

（1）打开工具箱：在通常情况下，启动 Illustrator CC 时会自动打开工具箱，但有时也会出现隐藏工具箱的情况。此时，执行"窗口"→"工具栏"→"高级"命令，即可显示工具箱。再次执行"窗口"→"工具栏"→"高级"命令，即可隐藏工具箱，如图 1-14 所示。

（2）打开工具组：一部分工具是独立的，而另一部分工具则是一个工具组，如钢笔工具。该工具的下方有一个三角形按钮，表示它是一个工具组。单击该三角形按钮后按住鼠标左键不释放，可以显示隐藏在该工具下的工具组，如图 1-15 所示。此时，工具组的显现是临时的。若单击工具后面的三角形按钮，则可以使其成为浮动面板。这时，工具组可以一直显示，如图 1-16 所示。

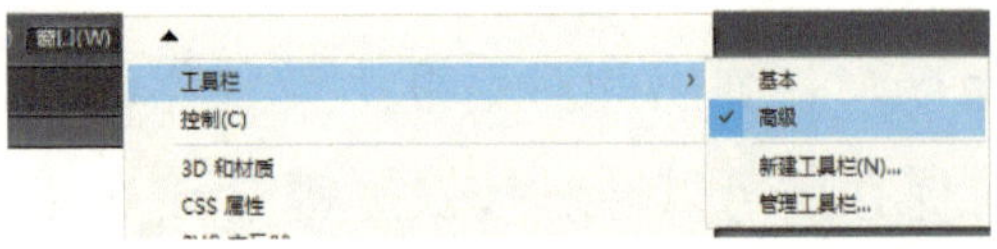

图 1-14　显示或隐藏工具箱 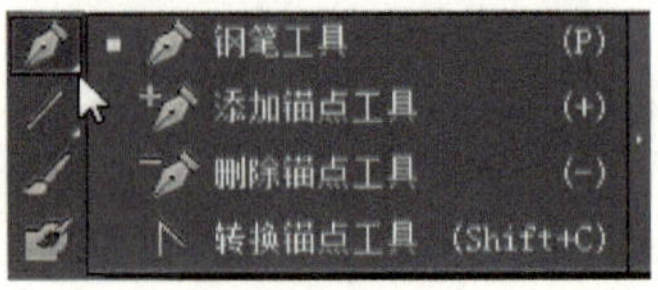　　　图 1-15　显示隐藏的工具组 　　　图 1-16　工具组

📝 **提示**

按住 Alt 键的同时单击一个包含隐藏工具组的工具，则可以循环切换被隐藏的工具。

（3）更改屏幕模式：单击"更改屏幕模式"按钮，在弹出的下拉列表中执行"正常屏幕模式"、"带有菜单栏的全屏模式"或"全屏模式"命令，即可完成更改。

6. 菜单命令

（1）打开菜单：单击菜单名称可以打开菜单，如图 1-17 所示。若菜单后面带黑色三角形按钮，则表示该菜单包含子菜单。另外，可以通过快捷键打开菜单，如图 1-18 所示。菜单名称后面的英文字母组表示相应命令的快捷键。某些菜单名称后面没有英文字母组，而仅有一个英文字母。例如，"排列"后面的英文字母 A，它表示命令字母，而不是快捷键。用户可通过该命令字母打开相应的菜单。若要执行菜单命令，则首先需要按快捷键 Alt+W（主菜单字母键）打开"窗口"菜单，然后按 A 键（子菜单字母键）打开"排列"子菜单，最后按 W 键打开"在窗口中浮动"子菜单。同理，若想打开子菜单，则需要先按快捷键 Alt+主菜单字母键，再按子菜单字母键。

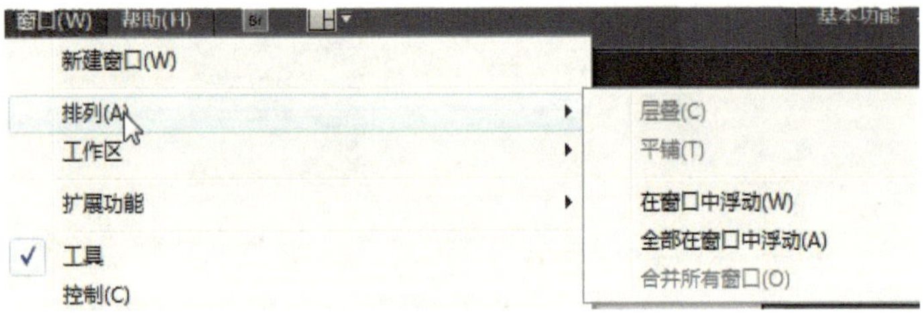

图 1-17　打开菜单 　　　　　　　　　　图 1-18　菜单快捷键

（2）打开快捷菜单：在窗口或所选择对象上右击，可以弹出快捷菜单。通过快捷菜单，可以执行快速命令。

7. 面板的使用方法

面板通常提供了一系列工具和参数，使使用户能够通过调整这些参数来编辑和修改图形。Illustrator CC 的面板可以通过"窗口"菜单来打开。在默认情况下，当进入 Illustrator CC 工作界面时，面板会在绘图区窗口右侧显示。

（1）折叠面板：单击面板左上方的"折叠为图标"按钮，即可将面板折叠为图标状，如

图 1-19 所示。

（2）移动面板：面板组中的面板可以被移动出来。同理，独立的面板也可以被移动到面板组中，如图 1-20 所示。按住鼠标左键不释放，并拖动"色板"面板到"图层"面板的后方，当面板边框显示为蓝色时松开鼠标左键，即可将"色板"面板拖入，形成面板组。

（3）链接面板：用户可以单独移动一个面板或面板组，也可以同时移动多个面板组。当按住鼠标左键不释放，并拖动一个面板组到另一个面板组下方时，目标面板组的下方会显示蓝色线条，松开鼠标左键，即可链接这两个面板组，如图 1-21 所示。此时，拖动一个面板组，另一个会随之移动。另外，按住鼠标左键不释放，并将一个面板组拖动到另一个面板组的上方或右方，当显示蓝色线条时松开鼠标左键，同样能够链接这两个面板组，如图 1-22 所示。

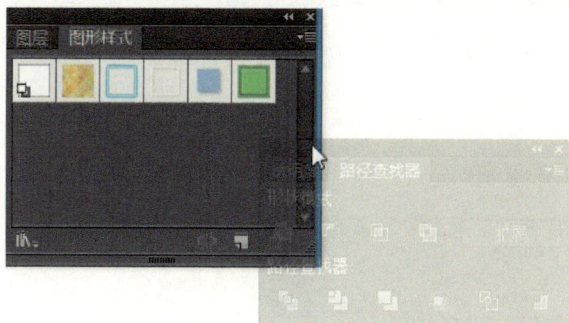

图 1-19　折叠面板　　　图 1-20　将面板移动到面板组中　　　图 1-21　垂直链接面板组

（4）打开面板菜单：单击面板右上方的按钮▤，即可打开面板菜单，如图 1-23 所示。

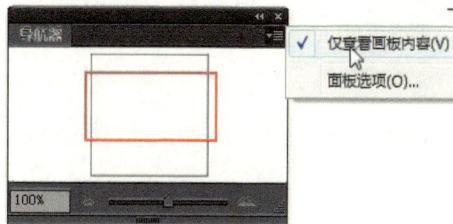

图 1-22　水平链接面板组　　　　　　图 1-23　面板菜单

8. 属性栏的使用方法

属性栏又被称为控制栏。如果属性栏是隐藏的，则可以执行"窗口"→"控制"命令使其显示。通过属性栏，用户可以快速访问与所选对象有关的选项或按钮，并且它会随着所选对象或工具的不同而显示不同的选项或按钮。例如，置入一个图片，使用"选择工具"单击置入的图片［见图 1-24（a）］，属性栏会显示该图片的信息及"选择工具"的选项或按钮，如图 1-24（b）所示。

（a）

（b）

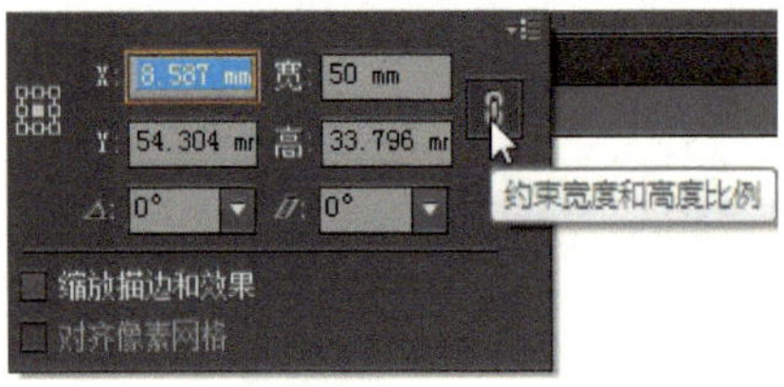

（c）

图 1-24　属性栏显示

例如，单击图 1-24（b）中的"变换"链接文字，会弹出变换面板〔见图 1-24（c）〕。在该面板中输入相应数值，即可修改选中图片的大小。其中，⌇按钮表示宽度和高度比例没有被约束。当单击该按钮后，它会变成⌇按钮，表示保持宽度和高度比例，此时输入宽尺寸，将自动计算高尺寸，与原图形保持等比例缩放。

提示

按快捷键 Shift+Tab 可以隐藏面板，按 Tab 键可以隐藏工具箱、控制面板和其他面板，再次按相应的键可以重新显示被隐藏的内容。

9. 辅助工具的使用方法

1）标尺参考线与网格

（1）标尺：执行"视图"→"标尺"→"显示标尺"命令，可以显示标尺，如图 1-25 所示。标尺上的刻度单位是在新建文件时设置的。如果新建文件时以 mm 为单位，则标尺的刻度单位是 mm，如刻度"10"表示"10mm"。若要修改单位，则需执行"编辑"→"首选项"→"单位"命令，在弹出的"单位"对话框中，选择"常规"选项卡，重新设置单位。

（2）参考线：从标尺处可以拖动出垂直和水平参考线。按住 Shift 键并拖动参考线，可以使参考线与标尺刻度对齐。执行"视图"→"参考线"→"隐藏参考线"命令，可以隐藏参考线。执行"视图"→"参考线"→"锁定参考线"命令，可以锁定参考线。另外，在绘图区中右击，在弹出的快捷菜单中执行隐藏或锁定参考线命令，也可以隐藏或锁定参考线。

（3）智能参考线：智能参考线可以辅助用户对齐、编辑和变换当前所选对象。例如，执行"视图"→"智能参考线"命令，在移动图形时可以通过智能参考线使目标对齐，同时显示移动位置的坐标，如图1-26所示。

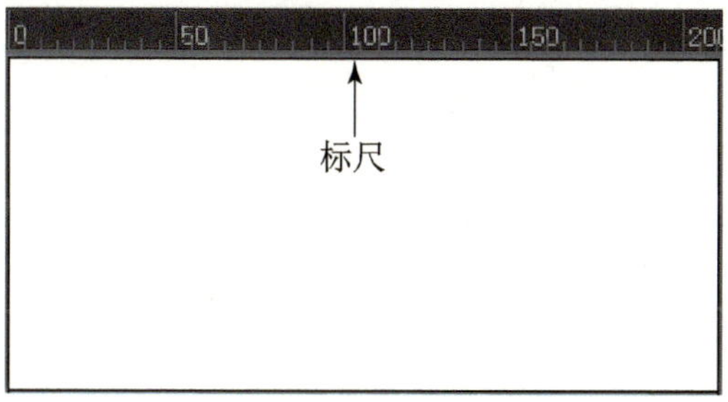

图1-25　显示标尺

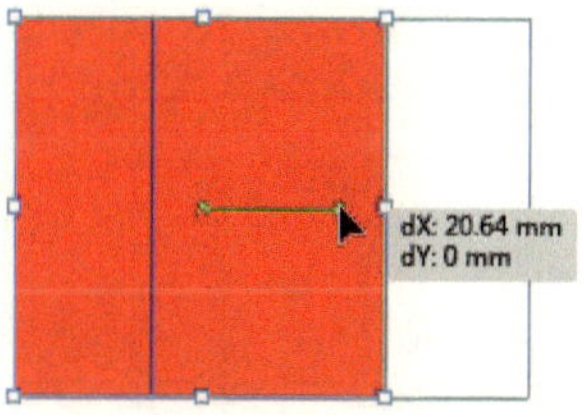

图1-26　智能参考线

（4）网格：网格可以辅助用户对图形进行精确编辑。执行"视图"→"显示网格"命令，可以显示网格，如图1-27所示。执行"视图"→"对齐网格"命令，在对图像进行移动、缩放等变换操作时，可以使对象自动与网格对齐。

2）移动和缩放绘图区工具

（1）抓手工具 ：用于移动绘图区的显示范围。在画面被放大到一定倍数的情况下，找到相关对象的位置，可以运用"抓手工具"来移动绘图区。选择"抓手工具"并拖动绘图区，即可移动绘图区的显示范围。当按住空格键时，无论现在选择的是何种工具，都会被临时切换为"抓手工具"。松开空格键即可还原为所选工具。

（2）缩放工具 ：在选择"缩放工具"后，鼠标指针将变为 ![]，在绘图区中单击，可以放大绘图区。当需要局部放大图形时，在需要放大的范围内按住鼠标左键并向右拖动鼠标即可。反之，向左拖动鼠标可缩小图形。在选择"缩放工具"后，按Alt键，鼠标指针将变为 ![]，此时可以缩小图形。另外，按快捷键Ctrl++可以放大绘图区，按快捷键Ctrl+-可以缩小绘图区。

（3）导航器面板：执行"窗口"→"导航器"命令，可以弹出"导航器"面板，如图1-28所示。在"导航器"面板中，可以通过鼠标移动红色边框内的缩略图来调整绘图区的显示范围，这类似于"抓手工具"的功能；下方的百分值表示绘图区显示的大小，可以通过输入数值或拖动右侧滑块来放大或缩小绘图区，这类似于"缩放工具"的功能。

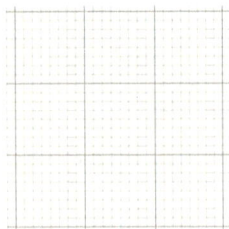

图 1-27　显示网格

图 1-28　"导航器"面板

案例 1　图片的排列——新建、置入、保存文件及辅助工具的运用

制作分析

　　Illustrator CC 在进行图片排版时，会按照一定的规律对齐不同大小的图片。本例运用标尺和参考线工具，同时结合属性栏中的"变换大小工具"，将图片按照规律进行排列，如图 1-29 所示。

图 1-29　图片排列

操作步骤

　　（1）新建文件，将"名称"设置为"宠物图片"，"画板数量"设置为 1，"大小"设置为 A4，"取向"设置为横版，如图 1-30 所示。

　　（2）执行"视图"→"标尺"→"显示标尺"命令（快捷键为 Ctrl+R），显示标尺，如图 1-31 所示。

图 1-30　文件设置

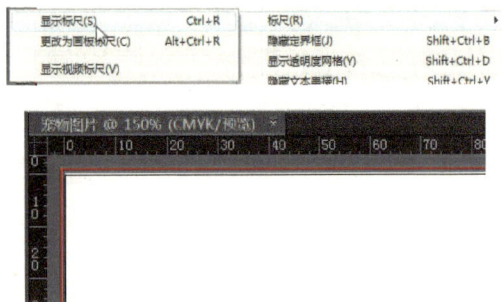

图 1-31　显示标尺

　　（3）从标尺处拖动出两条纵向参考线，分别将其拖动到 40mm 刻度和 80mm 刻度处；从标尺处拖动出一条横向参考线，将其拖动到如图 1-32 所示位置。

（4）执行"文件"→"置入"命令，在弹出的"置入"对话框中选择需要置入的图片，取消勾选"链接"复选框，如图1-33（a）所示。

（5）在左侧参考线相交的位置单击，单击后按住鼠标左键不释放，将鼠标拖动到右侧参考线处后释放鼠标左键，第一张图片置入完成，如图1-33（b）所示。

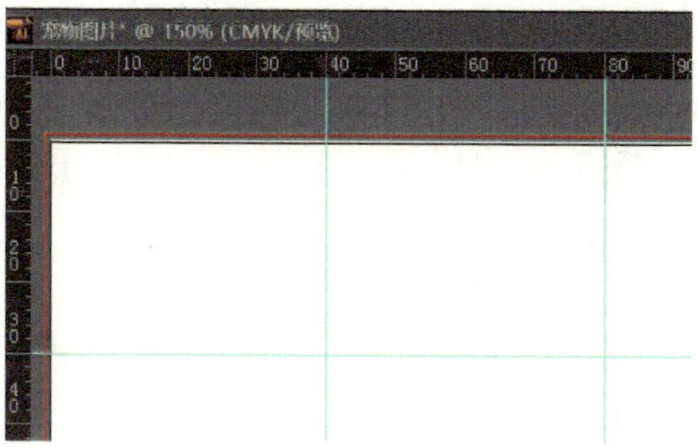

图1-32　拖动出参考线（1）

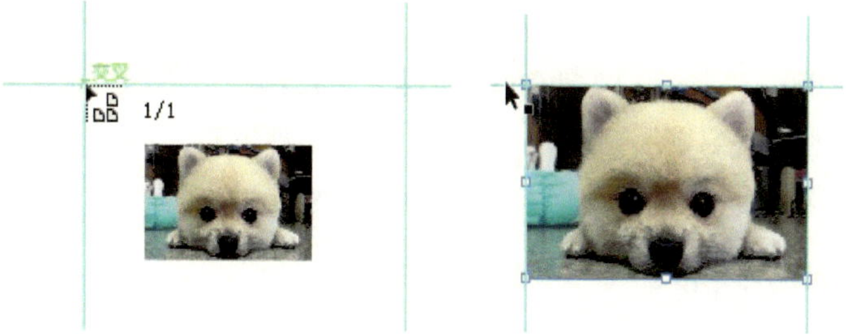

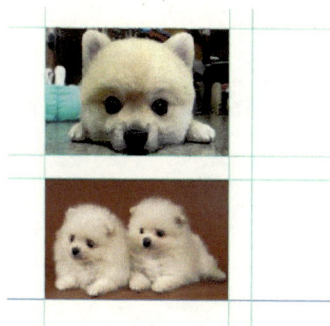

（a）置入时　　　　　　（b）置入完成

图1-33　置入图片

（6）打开"导航器"面板，将绘图区放大至200%，如图1-34所示。此时，标尺上的刻度会发生变化，刻度更加精确。从标尺处拖动出一条纵向参考线到85mm刻度处，如图1-35所示。

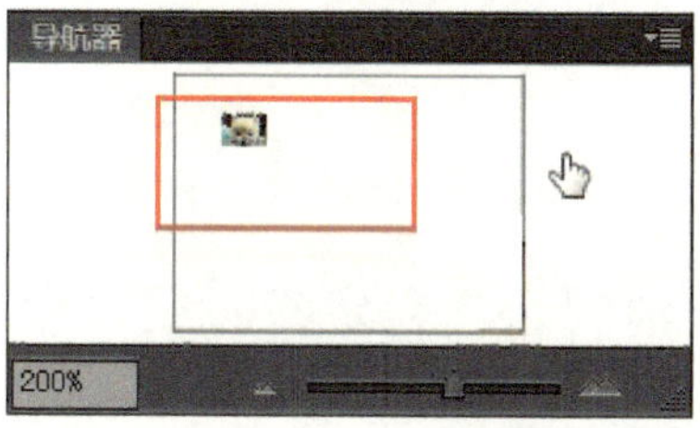

图1-34　放大绘图区

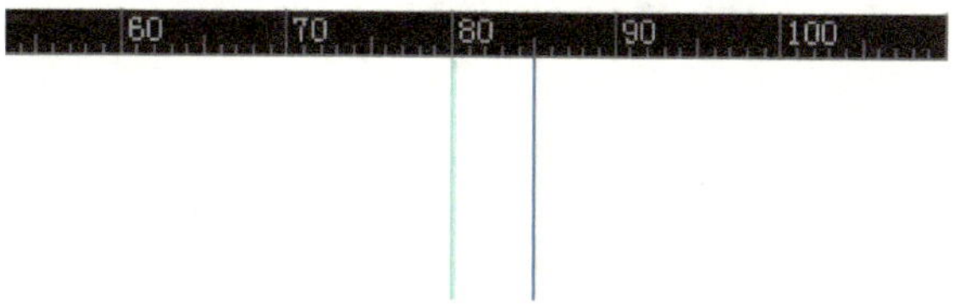

图1-35　拖动参考线到85mm刻度处

（7）单击横向标尺与纵向标尺相交的位置后不释放鼠标左键，移动鼠标至图片的左下角，即可将0坐标定位在图片的左下角，如图1-36所示。

（8）从标尺处拖动出一条水平参考线，将其拖动到纵向标尺的5mm刻度处，如图1-37所示。

（9）在5mm刻度参考线处置入另一张图片，如图1-38所示。

图1-36　重新定位0坐标 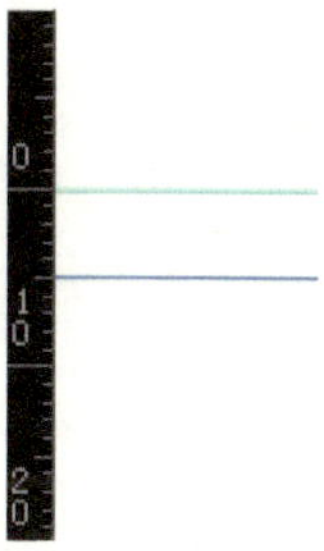　　　　图1-37　拖动出参考线（2）　　　图1-38　置入另一张图片

（10）在右侧参考线处置入一张竖版的图片，使用"选择工具"选中该图片，按住 Shift 键并向内拖动定界框，使图片下方与参考线对齐，如图 1-39 所示。

（11）将 0 坐标点拖动至最右侧图片的右侧，如图 1-40 所示。从标尺处拖动出一条纵向参考线，将其拖动到 0 坐标点右侧 5mm 处。

（12）从配套素材中直接将第 4 张图片拖动到绘图区中，按住 Shift 键并拖动定界框将其缩小，如图 1-41 所示。此时，图片是"链接"形式的。

（13）单击属性栏中的"嵌入"按钮，将图片的链接断开。

（14）选择"画板工具" ，在属性栏中将绘图区的"宽"设置为 200mm，"高"设置为 100mm，如图 1-42 所示。

图 1-39　置入图片并对齐 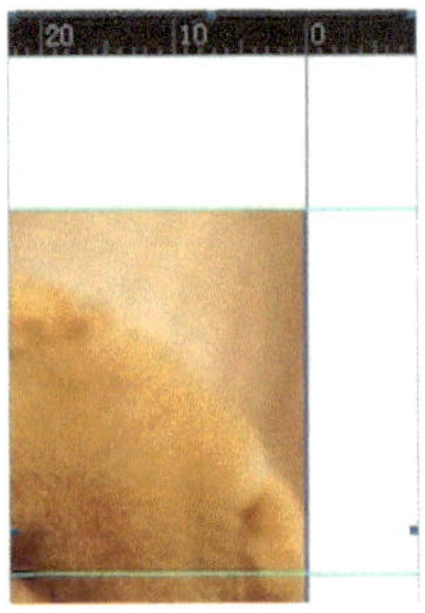　　　图 1-40　设置 0 坐标点 　　　图 1-41　缩小图片

（15）在绘图区空白处右击，在弹出的快捷菜单中取消勾选"锁定参考线"命令（见图 1-43），将参考线解锁。

图 1-42　设置绘图区尺寸 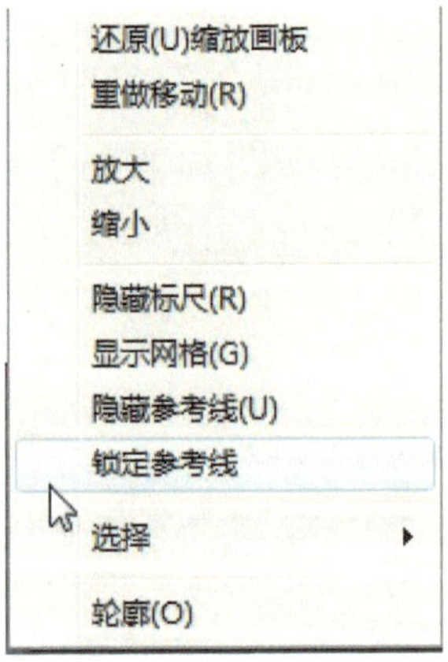　　　　　图 1-43　取消勾选"锁定参考线"命令

（16）选择"选择工具" ，框选所有的图片和参考线，将它们移动至修改过尺寸的绘图区的中间，如图 1-44 所示。

（17）在绘图区空白处单击，取消选择。在绘图区空白处右击，在弹出的快捷菜单中执行"隐藏参考线"命令，如图 1-45 所示。

图 1-44 移动图片

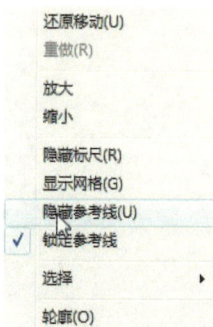

图 1-45 执行"隐藏参考线"命令

（18）隐藏参考线，得到最终排版效果。

（19）执行"文件"→"保存"命令，在弹出的"保存"对话框中设置文件名和保存类型（Adobe Illustrator(*.AI)），如图 1-46 所示。

图 1-46 保存文件

（20）执行"文件"→"导出"命令，在弹出的"导出"对话框中将"保存类型"设置为 JPEG，勾选"使用画板"复选框，如图 1-47 所示。

图 1-47 导出文件

提示

通常，在新建文件时，默认单位为 mm。若想修改单位，则需要执行"编辑"→"首选项"→"单位"命令，在弹出的"首选项"对话框（见图 1-48）中进行设置。

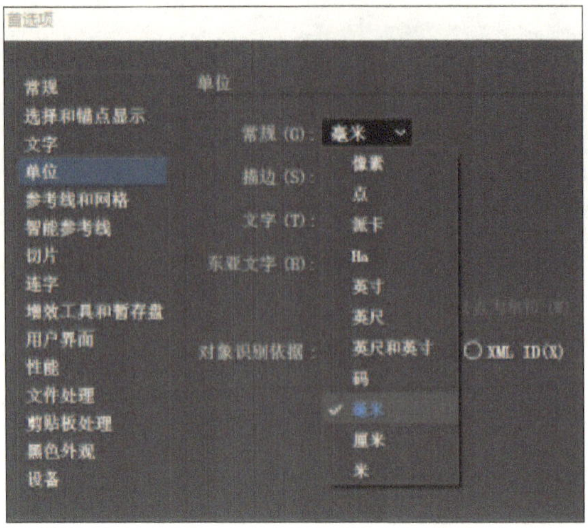

图 1-48 "首选项"对话框

思考与练习

（1）新建一个文件，将"名称"设置为"名片"，"宽度"设置为93mm，"高度"设置为57mm，"单位"设置为"毫米"，"出血"选项的"上方"、"下方"、"左方"和"右方"均设置为3mm，"颜色模式"设置为CMYK，"光栅效果"设置为300dpi。

（2）置入一张图片，使图片不连接源文件，并将图片的宽度设置为70mm，保持约束比例不变。

（3）打开"外观"面板和"动作"面板，并使两个面板垂直链接。

（4）打开标尺，从坐标处拖动出一横一纵两条参考线。其中，横向参考线应位于40mm刻度处，纵向参考线应位于80mm刻度处。

（5）练习显示和隐藏参考线。

（6）练习缩放绘图区的3种方法。

自我评价表

内容及技能要点	是否掌握		熟练程度		
	是	否	熟练	一般	不熟
新建文件：按照规定尺寸新建文件及快捷键的运用					
打开文件：打开指定文件及快捷键的运用					
置入文件：置入指定文件					
保存文件、导出文件：按照指定文件类型保存、导出文件及快捷键的运用					
打开工具箱及工具组					
打开菜单栏及快捷键的运用					

续表

内容及技能要点	是否掌握		熟练程度		
	是	否	熟练	一般	不熟
面板的运用：折叠面板、移动面板、链接面板、打开面板菜单					
属性栏的运用：等比例修改图片的大小					
辅助工具的运用：按照标尺刻度新建参考线					
辅助工具的运用：锁定参考线、隐藏参考线					
辅助工具的运用：修改 0 坐标的位置、显示网格					
移动和缩放绘图区工具的运用：抓手工具、缩放工具、导航器面板的运用					
修改绘图区大小					
案例 1 的制作					
思考与练习					
自我总结在本节学习中遇到的知识是否掌握、技能难点是否解决					

1.2　基本操作

1. 选择对象

（1）使用"选择工具" ▷ 选择对象：选择"选择工具"（快捷键为 V），将鼠标指针移动到要选择的对象上并单击，即可选中对象。此时，被选中的对象周围会出现定界框，如图 1-49 所示。拖动定界框的一角，可以使所选对象变形；按住 Shift 键并拖动定界框，可以等比例缩放所选对象，如图 1-50 所示。按住 Shift 键并单击，可以选中多个对象。按住鼠标左键不释放并拖动鼠标，可以框选多个对象，如图 1-51 所示。

图 1-49　定界框　　　　图 1-50　等比例缩放所选对象　　　　图 1-51　框选多个对象

提示

当选择其他工具时，可以按住 Ctrl 键临时切换为"选择工具"，松开 Ctrl 键即可切换为原工具。

（2）使用"直接选择工具"▷（选择该工具的快捷键为 A）及"套索工具"◉（选择该工具的快捷键为 Q）选择对象："选择工具"▶用于选择整个图形，而"直接选择工具"▷及"套索工具"◉用于选择图形上的锚点和路径段。使用"直接选择工具"框选图形如图 1-52 所示。锚点为实心表示已被选中，锚点为白色空心表示未被选中。

（3）使用"编组选择工具"▷选择对象（位于直接选择工具组）：一个较复杂的图形往往是由多个图形编组组成的，当使用"编组选择工具"单击图形的局部时，可以选中编组中的一个图形，如图 1-53 所示；当使用"编组选择工具"双击图形的局部时，可以选中所有图形编组，此时图形虽然被同时选中，但不会出现定界框，如图 1-54 所示。

图 1-52　使用"直接选择工具"　　图 1-53　使用"编组选择工具"　　图 1-54　使用"编组选择工具"
　　　　　　框选图形　　　　　　　　　　　单击图形　　　　　　　　　　　双击图形

（4）使用"魔棒工具"✦（选择该工具的快捷键为 Y）选择对象：使用"魔棒工具"在一个对象上单击，可以选中与该对象颜色、描边、透明度及混合模式相似的图形。双击"魔棒工具"可以打开"魔棒"面板，如图 1-55 所示。在"魔棒"面板中，容差值越大，表示所选范围越大。

（5）使用菜单命令选择对象：打开"选择"菜单（见图 1-56），其中包含用于选择对象的命令，用户可以根据菜单命令选择对象。

图 1-55　"魔棒"面板

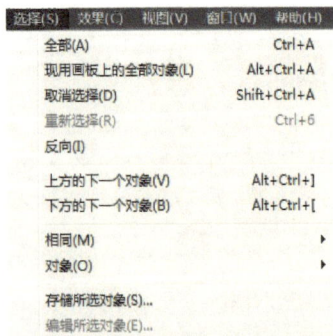

图 1-56　"选择"菜单

2. 移动复制与粘贴对象

1）移动复制对象

使用"选择工具"选择对象，按住鼠标左键不释放并拖动所选对象，即可移动复制该对象。若要精确移动，则需双击"选择工具"，在弹出的"移动"对话框（见图1-57）中输入移动尺寸。当按住 Alt 键，并且鼠标指针经过所选对象时，鼠标指针会变成 ▶ 形状，此时按住鼠标左键不释放并拖动对象，可以移动复制对象，如图1-58所示。

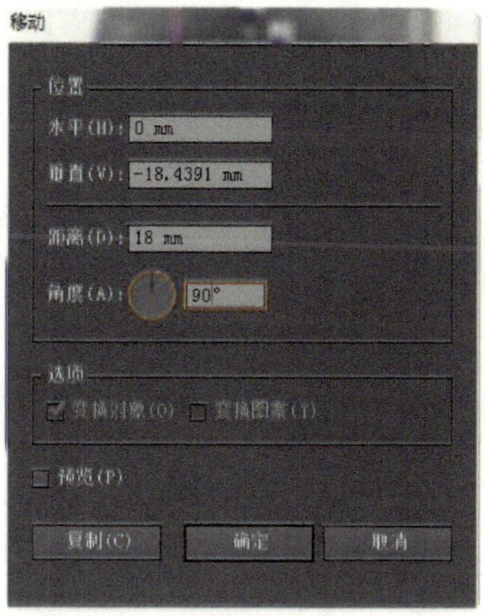

图 1-57 "移动"对话框

图 1-58 移动复制对象

提示

在移动对象时，按住 Shift 键可以使对象水平、垂直或以 45°移动。同理，当通过按住 Alt 键移动复制对象时，按住 Shift 键可以使其水平、垂直或以 45°移动复制。但此时不能同时按住 Alt 键和 Shift 键，需要先按住 Alt 键进行复制，在拖动的过程中再按住 Shift 键，否则无法移动对象。

2）粘贴对象

（1）非原位粘贴对象：选中对象，先执行"编辑"→"复制"命令，将其复制到粘贴板中，再执行"编辑"→"粘贴"命令，粘贴该对象。此时，复制对象的位置会发生变化，如图1-59所示。先执行"编辑"→"剪切"命令，剪切掉原图片，再执行"编辑"→"粘贴"命令，在新位置粘贴对象。

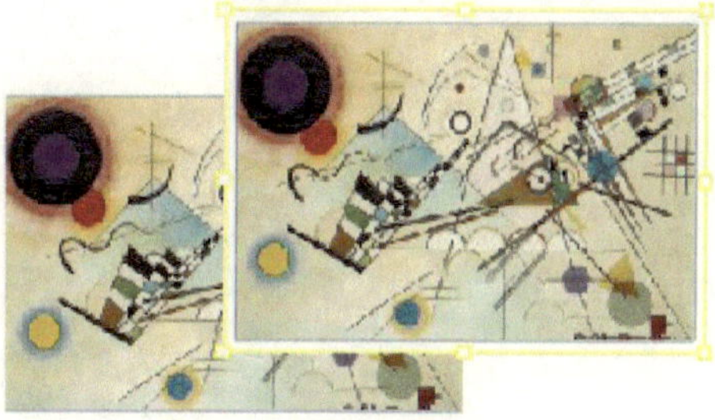

图 1-59 非原位粘贴

（2）原位粘贴对象：先执行"编辑"→"复制"命令，再执行"编辑"→"贴在前面"命令，可以在原对象前面粘贴所复制的对象，并且复制的对象与原对象重合。同理，执行"编辑"→"贴在后面"命令后，可以在原对象后面粘贴所复制的对象。

3. 变换与变形

1）通过定界框对对象进行变换与变形

当选中图形时，图形周围会显示定界框，拖动定界框的一角可以使图形变形。同时，当将鼠标指针移动到定界框一角的外侧时，鼠标指针会显示为 ↱ 形状，此时可以通过拖动此角来旋转图形，如图1-60所示。执行"视图"→"隐藏定界框"命令可以隐藏定界框，再次执行"视图"→"隐藏定界框"命令可以显示定界框。

2）通过"旋转工具" ⟳ 和"镜像工具" ⟲ 对对象进行变换与变形

"旋转工具"与"镜像工具"位于同一个工具组。单击"旋转工具"后按住鼠标左键不释放，可以显示出隐藏的"镜像工具"。

（1）"旋转工具"可以以旋转中心点为圆心旋转或旋转复制对象。选择需要旋转的对象，选择"旋转工具"，该对象中心将显示旋转中心点 ✦，双击"旋转工具"，弹出"旋转"对话框（见图1-61），设置旋转角度，单击"确定"按钮，即可以中心点为圆心旋转该对象。单击"复制"按钮，即可旋转复制对象，如图1-62所示。选中对象，选择"旋转工具"，按住Alt键并在绘图区中单击，确定旋转中心点，同时弹出"旋转"对话框（见图1-63），将旋转中心点设置为参考线交点，"角度"设置为"90°"，单击"复制"按钮，该对象将以旋转中心点为圆心进行旋转复制。

图1-60　旋转图形　　　　图1-61　"旋转"对话框（1）　　　　图1-62　旋转复制对象

（2）对已有图形进行镜像及镜像复制。与"旋转工具"相同，"径向工具"也需要按住Alt键并在绘图区单击确定镜像点。在确定镜像点后，会弹出"镜像"对话框，如图1-64所示。在该对话框中，可以设置"水平"、"垂直"和"角度"等参数，选中"垂直"单选按钮，单击"复制"按钮，对象将以纵向参考线为对称轴进行镜像复制，如图1-65所示。

3）通过"比例缩放工具"、"倾斜工具"和"整形工具"对对象进行变换与变形

这3个工具位于同一个工具组 ⬚⬚⬚ 。

（1）"比例缩放工具" ⬚：双击该工具，在弹出的"比例缩放"对话框中输入百分比数值，即可进行缩放。

（2）"倾斜工具" ⬚：选中对象，双击选择该工具，对象中心会显示倾斜中心点，再次双击该工具，在弹出的"倾斜"对话框（见图1-66）中设置倾斜角度，单击"确定"按钮，即可倾斜对象，如图1-67所示。另外，也可以在选择该工具后直接拖动定界框进行倾斜操作。

（3）"整形工具" ：在使用该工具时，需要选择曲线上的锚点，拖动锚点使对象变形。

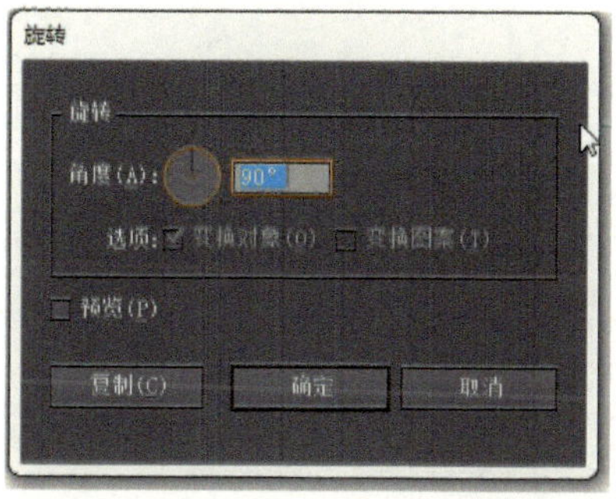

图1-63　"旋转"对话框（2）

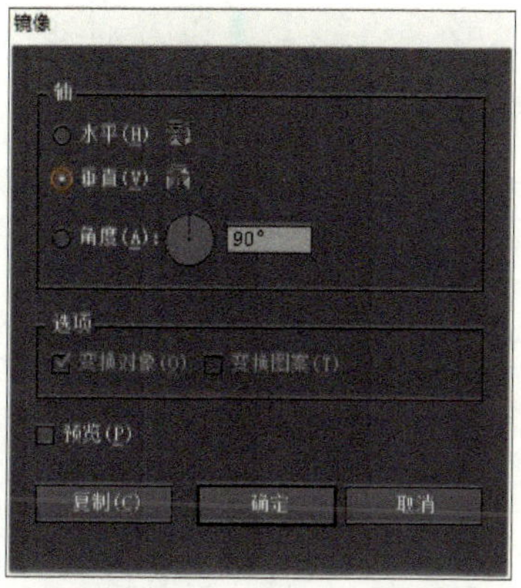

图1-64　"镜像"对话框

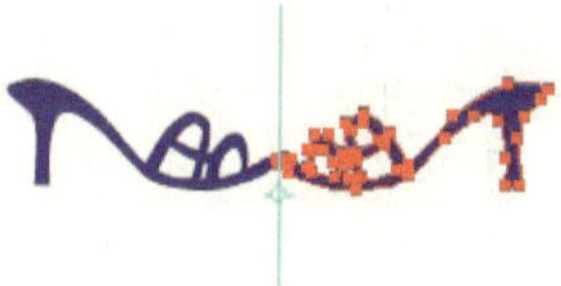

图1-65　镜像复制对象

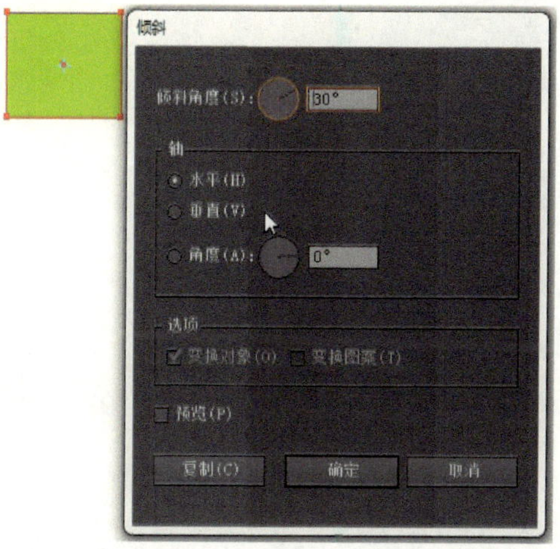

图1-66　"倾斜"对话框

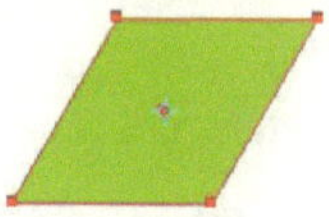

图1-67　倾斜对象

提示

（1）执行"对象"→"变换"→"分别变换"命令，在弹出的"分别变换"对话框（见图1-68）中设置缩放、移动和旋转参数，即可同时完成以上变换操作。在完成一次对象变换操作后，若想要再次应用该操作，则可以按快捷键Ctrl+D。

（2）执行"窗口"→"变换"命令，弹出"变换"对话框，在该对话框中可以设置移动位置、旋转角度和倾斜角度。

4）变形工具组

变形工具组中工具的变形效果如图1-69所示。其中，"宽度工具"仅对描边产生作用，对填充不起作用。

4．对齐和分布

执行"窗口"→"对齐"命令，打开"对齐"面板，如图 1-70 所示。在"对齐"面板中包含对齐对象和分布对象两个选项组。其中，对齐对象选项组用于设置多个对象是否在同一个水平线或垂直线上，以及对齐线的位置；分布对象选项组用于设置对象之间是否按照相等距离进行排列。

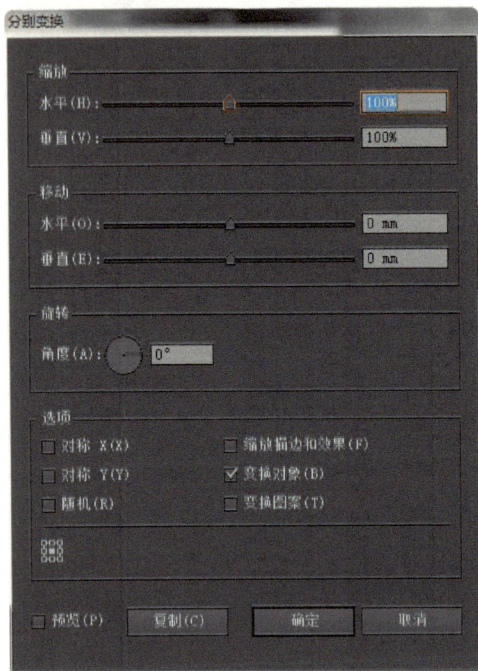

图 1-68　"分别变换"对话框

图 1-69　变形工具组中工具的变形效果

具体操作方法如下。

（1）置入一个图形，并复制出多个，将它们不规则地摆放在绘图区中，如图 1-71 所示。

图 1-70　"对齐"面板

图 1-71　摆放图形

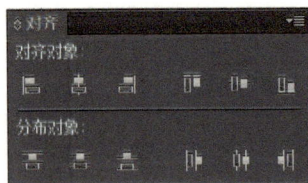

（2）使用"选择工具"框选多个图形，单击"对齐"面板中的"水平居中对齐"按钮，效果如图 1-72 所示。此时，图形在一条垂直轴上，水平坐标点相同。

（3）单击"垂直居中分布"按钮，使图形之间的间距相等，如图 1-73 所示。

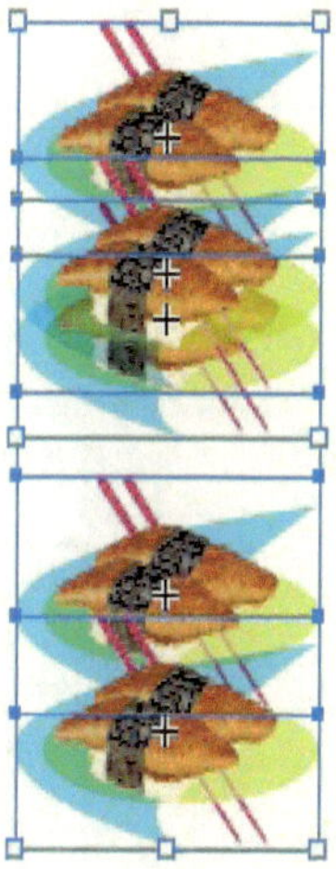

图 1-72　水平居中对齐效果 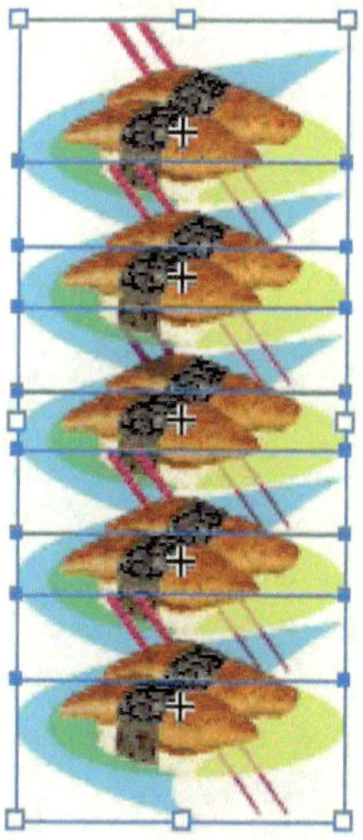　　　　图 1-73　垂直居中分布

通过使用"对齐"面板上的其他按钮，可以实现不同效果。

案例 2　　　围成圆圈的羊——"镜像工具"和"旋转工具"的运用

制作分析

在如图 1-74 所示的图形中，每两只羊头对着头围绕成一个圆圈，说明图形是通过先进行镜像复制再进行旋转复制得到的。

图 1-74　围成圆圈的羊

操作步骤

（1）新建文件，将"名称"设置为"围成圆圈的羊"，"取向"设置为竖版，"大小"设置为 A4，"颜色模式"设置为 CMYK，"单位"设置为"毫米"，其余选项使用默认值。

（2）按快捷键 Ctrl+R 显示标尺，从标尺处拖动出一条水平参考线和一条纵向参考线。

（3）执行"窗口"→"符号"命令，打开"符号"面板，如图 1-75 所示。

（4）单击"符号"面板右上角的菜单按钮 ▤ ，在弹出的下拉列表中执行"打开符号库"→"原始"命令，如图 1-76 所示。

图 1-75 "符号"面板

图 1-76 执行"原始"命令

（5）打开"原始"面板（见图 1-77），并选择"羚羊"符号。

（6）将"羚羊"符号拖动至绘图区，并使用"选择工具"选择"羚羊"符号，将其移动至纵向参考线的右侧，使羚羊嘴部与纵向参考线对齐，如图 1-78 所示。

（7）选择"镜像工具"，按住 Alt 键并在纵向参考线上单击，在弹出的"镜像工具"对话框中选中"垂直"单选按钮，并单击"复制"按钮，结果如图 1-79 所示。

图 1-77 "原始"面板　　　图 1-78 对齐参考线　　　图 1-79 镜像复制结果

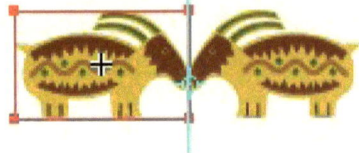

（8）使用"选择工具"框选两只羊。选择"旋转工具"，按住 Alt 键并在水平参考线与纵向参考线的交点处单击，设置旋转中心点，在弹出的"旋转"对话框中设置"角度"为 45°，单击"复制"按钮，如图 1-80 所示。

提示

为了避免在框选对象时同时选中参考线，应右击绘图区空白处，在弹出的快捷菜单中执行"锁定参考线"命令，将参考线锁定。

（9）多次按快捷键 Ctrl+D，执行多次旋转复制操作，直到"羚羊"符号围成一圈，如

图 1-81 所示。

（10）执行"文件"→"存储"命令，将文件存储到指定路径，"保存类型"设置为
Adobe Illustrator（*AI）。

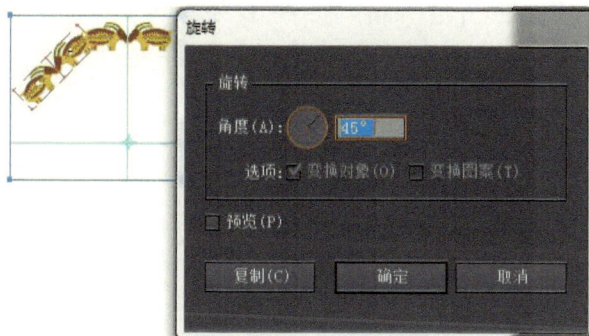

图 1-80　旋转复制

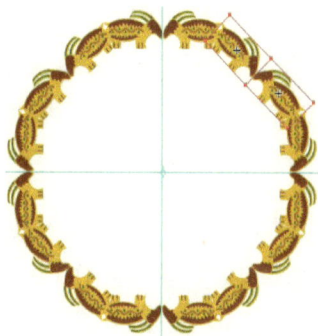

图 1-81　多次旋转复制

案例 3　　　　　　虫虫楼梯图形——定界框和"倾斜工具"的运用

制作分析

图 1-82 所示的图形是通过对虫子符号进行变形、排列、复制等操作得到的，它具有立体效果。

图 1-82　虫虫楼梯图形

操作步骤

（1）新建文件，将"取向"设置为竖版，"大小"设置为 A4，"颜色模式"设置为
CMYK，其余选项采用默认值。

（2）单击"符号"面板右上角的菜单按钮▓，在弹出的下拉列表中执行"打开符号库"→
"自然"命令，打开"自然"面板。

（3）在"自然"面板中选择一个昆虫符号，并将其拖动至绘图区，如图 1-83 所示。

（4）选择"倾斜工具" ，按住鼠标左键不释放并拖动昆虫符号的定界框，使昆虫符号倾斜，如图 1-84 所示。

（5）使用"选择工具"拖动定界框的一角，使昆虫符号旋转，如图 1-85 所示。

（6）选择"选择工具"，保持昆虫符号的选中状态，按住 Alt 键并拖动昆虫符号，以复制该符号。在复制的过程中，按 Shift 键可以实现水平复制，如图 1-86 所示。

（7）按两次快捷键 Ctrl+D，复制出两个昆虫符号（见图 1-87），并将其排列好。

（8）参照相同的方法，置入另一个昆虫符号；选择"选择工具"，按住 Shift 键并拖动定界框，进行倾斜和旋转等操作；复制出几个昆虫符号，使其形成一排（见图 1-88），放置在第一排昆虫符号的下方。

图 1-83　置入昆虫符号　　　　图 1-84　倾斜昆虫符号　　　　图 1-85　旋转昆虫符号

图 1-86　水平复制昆虫符号　　　图 1-87　复制昆虫符号　　　图 1-88　第二排昆虫符号

（9）参照相同的方法，置入另外 3 个昆虫符号，进行倾斜、旋转和复制等操作，并排列昆虫符号，如图 1-89 所示。

（10）使用"选择工具"框选所有昆虫符号，并旋转定界框，如图 1-90 所示。

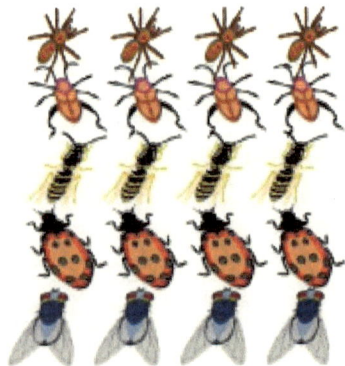

图 1-89　排列昆虫符号　　　　　　　图 1-90　旋转定界框

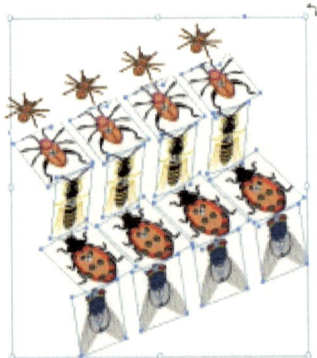

（11）执行"文件"→"存储"命令，将"名称"设置为"虫虫楼梯"，"保存类型"设置为 Adobe Illustrator（*AI）。

案例 4　　　　梦幻蜻蜓——"分别变换"命令的运用

制作分析

图 1-91 所示的图形是经过多次旋转复制、缩小和变换操作而形成的。

操作步骤

（1）新建文件，将"名称"设置为"梦幻蜻蜓"，"取向"设置为横向，"大小"为 A4，"颜色模式"设置为 CMYK，其余选项采用默认值。

（2）单击"符号"面板右上角的菜单按钮■，在弹出的下拉列表中执行"打开符号库"→"自然"命令，打开"自然"面板。

（3）在"自然"面板中找到"蜻蜓"符号，并将其拖动到绘图区中。选择"选择工具"，按住 Shift 键并拖动定界框，等比例放大"蜻蜓"符号，如图 1-92 所示。

（4）执行"视图"→"显示标尺"命令，打开标尺，并从标尺处拖动出一条纵向参考线，将其放置在"蜻蜓"符号的中心，如图 1-93 所示。

图 1-91　梦幻蜻蜓

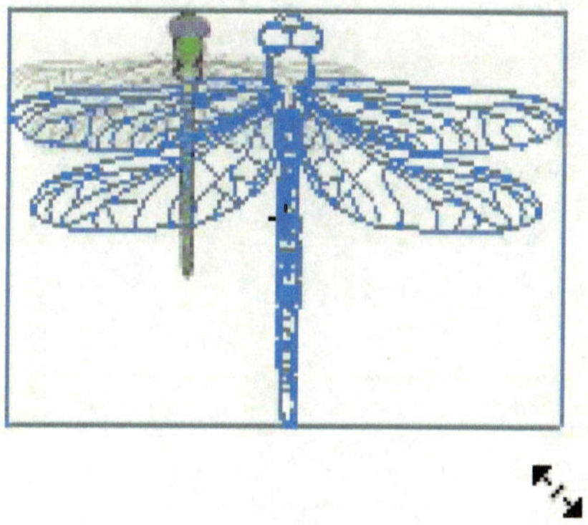

图 1-92　等比例放大"蜻蜓"符号

（5）使用"选择工具"选中"蜻蜓"符号，选择"旋转工具"，按住 Alt 键并在参考线的"蜻蜓"符号的上方单击，在弹出的"旋转"对话框中设置"角度"为 60°，单击"复制"按钮，旋转复制出一个"蜻蜓"符号。保持旋转复制"蜻蜓"符号的选中状态，多次按快捷键 Ctrl+D，直到"蜻蜓"符号围成一圈，如图 1-94 所示。

（6）在参考线上右击，在弹出的快捷菜单中执行"隐藏参考线"命令，如图 1-95 所示。

图 1-93　参考线位置 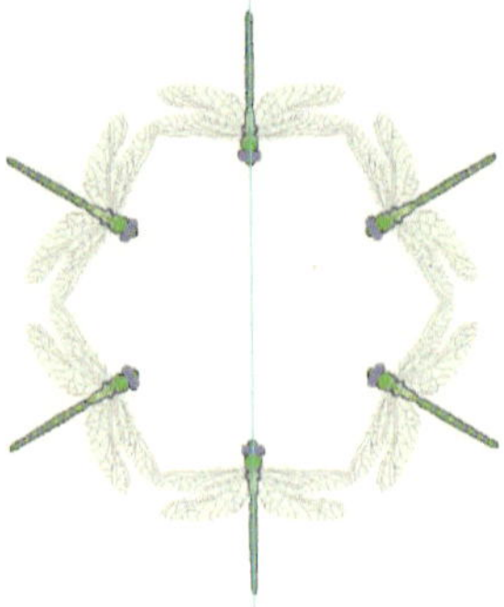　　　图 1-94　旋转复制 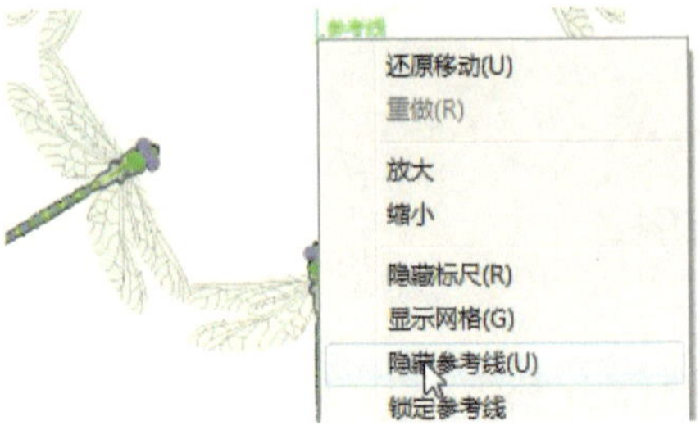　　　图 1-95　执行"隐藏参考线"命令

（7）使用"选择工具"框选所有图形，执行"对象"→"编组"命令，将图形编组。

（8）执行"对象"→"变换"→"分别变换"命令，在弹出的"分别变换"对话框（见图 1-96）中设置参数，单击"复制"按钮，得到如图 1-97 所示的图形。

（9）按 6 次快捷键 Ctrl+D，进行多次变换，得到一个不断向内旋转缩小的图形，如图 1-98 所示。

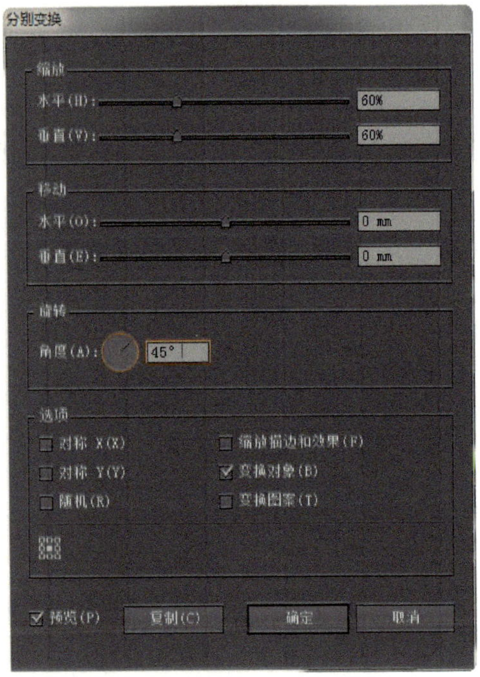

图 1-96　"分别变换"对话框 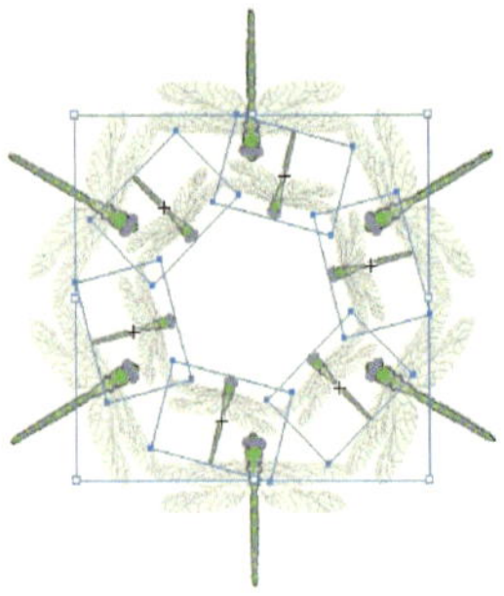　　　图 1-97　变换后的图形 　　图 1-98　向内旋转缩小的图形

（10）保存文件，将"保存类型"设置为 Adobe Illustrator（*AI）。

思考与练习

（1）从"符号"面板中拖动出"气球"符号，制作如图 1-99 所示的气球效果。

（2）从"符号"面板中拖动出"花卉"符号，并进行复制、编组和对齐分布排列等操作，得到如图 1-100 所示的花卉效果。

图 1-99 气球效果   图 1-100 花卉效果

自我评价表

内容及技能要点	是否掌握		熟练程度		
	是	否	熟练	一般	不熟
选择对象：分别使用"选择工具"、"直接选择工具"、"编组"、"魔棒工具"和菜单命令进行图形的选择					
精确移动、复制图形及快捷键的运用					
非原位粘贴操作					
原位粘贴操作					
定界框的运用：对图形进行变形					
"旋转工具"的运用					
"镜像工具"的运用					
"分别变换"命令和多次变换操作及快捷键的运用					
"比例缩放工具"的运用					
"倾斜工具"的运用					
"整形工具"的运用					
"窗口"→"变换"命令的运用：按照比例及尺寸进行精确变形					
变形工具组的运用：对图形进行不同的变形					
"对齐"面板的运用					
案例 2 的制作					
案例 3 的制作					
案例 4 的制作					
思考与练习					
自我总结在本节学习中遇到的知识是否掌握、技能难点是否解决					

总结

Illustrator CC 具有强大的绘制矢量图形的功能。本章着重介绍了 Illustrator CC 的工作界面及基本操作，包括打开、新建、导出和导入文件，并对工具箱、浮动面板、菜单栏、属性栏进行了详细讲解，为读者后面的学习奠定基础。

读者在学习本章后应该了解工作界面的名称，掌握基本操作方法，熟悉图形的编辑方法，能够对图形进行变换操作等。

第 2 章

绘图与填色

在 Illustrator CC 中，我们可以运用直线、几何图形工具、颜色填充工具及相应的浮动面板来绘制图形。本章将介绍图形绘制工具及颜色填充工具的具体用法。通过学习本章，读者应该掌握运用图形绘制工具和颜色填充工具绘制基本图形的方法。

2.1 图形绘制与颜色填充

1. 图形绘制

使用图形绘制工具绘制出来的图形是规则的几何图形。图形绘制工具包括以下几种。

（1）"矩形工具" □：绘制矩形。选择"矩形工具"后在绘图区中单击，弹出"矩形工具"对话框，在其中输入相应参数即可绘制精确的矩形，或者直接在绘图区中按住鼠标左键并拖动鼠标，绘制不规则矩形。另外，在通过鼠标绘制矩形时，按住 Shift 键可以绘制正方形。

（2）"圆角矩形工具" □：绘制具有圆角的矩形，方法与"矩形工具"相同。

（3）"椭圆形工具" ○：绘制椭圆形和圆形，方法与"矩形工具"相同。

（4）"多边形工具" ○：根据设置的边数绘制多边形。

（5）"星形工具" ☆：根据角点数设置不同的星形。

（6）"光晕工具" ◙：制作光晕效果。

2. 颜色填充

（1）拾色器："填色描边工具" ▣ 位于工具箱的下方，其中上面边框（"填色工具"）表示填充颜色，下面边框（"描边色工具"）表示描边颜色。当填充图形的颜色时，将填充"填色描边工具"[图标]显示的颜色。若要修改图形的填充颜色，则需要双击"填色工具"，在弹出的"拾色器"对话框中进行设置。若要设置描边颜色，则需要双击"描边色工具"，在弹出的"拾色器"对话框中进行设置。通过"填色描边工具"[图标]上方的箭头[图标]可以互换填充颜色和描边颜色。

（2）"色板"面板：打开"色板"面板（见图2-1），其中包含许多预置的颜色，直接单击即可使用。另外，在设置完图形颜色后，单击"色板"面板中的"新建"按钮[图标]，即可将该颜色保存在"色板"面板中。

（3）"颜色"面板：打开"颜色"面板，可以在"颜色"面板的色谱中选择颜色，或者通过滑动三角形滑块来改变颜色，如图2-2所示。

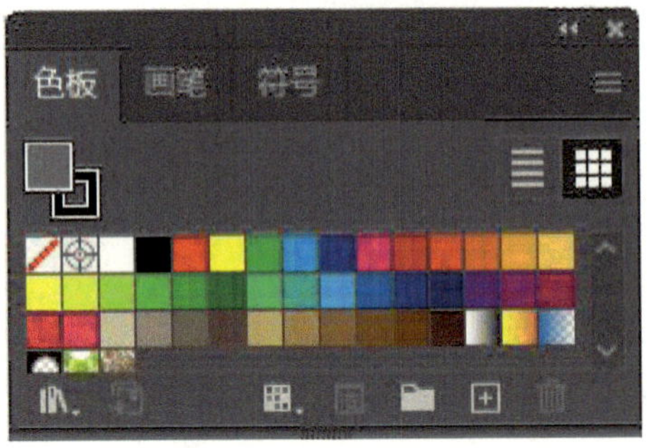

图2-1 "色板"面板

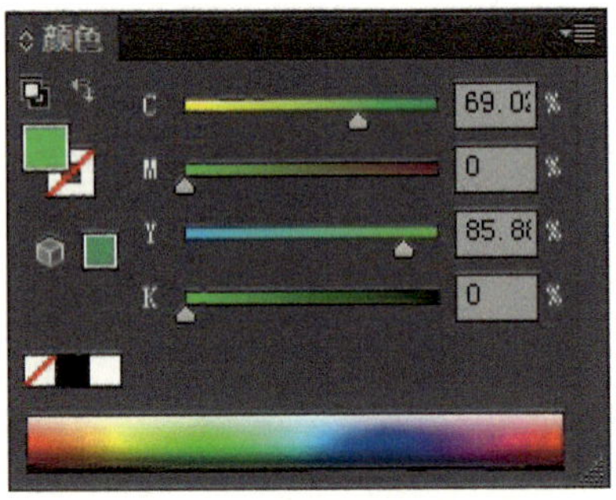

图2-2 "颜色"面板

（4）渐变填充：工具箱中"填色描边工具"[图标]的下方有3个小按钮[图标]，分别是"颜色"、"渐变"和"无"，默认选中"颜色"按钮，即填充单一颜色。当单击"渐变"按钮时，图形的颜色将变为渐变颜色。默认的渐变颜色是黑白渐变颜色，若需要调整渐变颜色和方向，则可以使用以下方法。

① 单击"渐变"按钮，进入渐变填充状态。

② 打开"渐变"面板（见图2-3），其中"类型"下拉列表中有"线性渐变"、"径向渐变"和"任意形状渐变"3个选项。线性渐变是指从左向右或从上到下的线性渐变方式。选择"线性渐变"选项可调节角度并改变渐变方向。径向渐变是指由中心向四周呈发射状的渐变方式。选择"径向渐变"选项不仅可调节角度，还可设置渐变的长宽比例。任意形状渐变可给同一个图形添加多个渐变效果。

③ 渐变色谱条下方有两个色标，色标可以添加或删除。在渐变色谱条下方任意位置单击，即可添加色标，如图2-4所示；按住色标并向下拖动鼠标即可删除色标。

④ 双击色标，打开临时"颜色"面板，单击临时"颜色"面板右上角的菜单符号[图标]，在弹出的下拉列表中执行"RGB"或"CMYK"命令，如图2-5所示；在临时"颜色"面板下方的色谱条中选择颜色，或者输入相应的 RGB 或 CMYK 数值设置准确的颜色。

⑤ 双击每个色标都可打开临时"颜色"面板，在临时"颜色"面板中，可以设置颜色

的不透明度，从而制作出特殊的渐变效果。

⑥ 渐变工具是改变渐变方向和渐变色标位置的工具，它可以修改已经设置好的渐变颜色，如图 2-6 所示。渐变工具用于显示已经填充的渐变颜色。直接拖动渐变条可以改变渐变的方向和位置，双击渐变条上的色标可以更改渐变颜色。另外，也可以在"渐变"面板的渐变色谱条上添加色标和修改颜色。

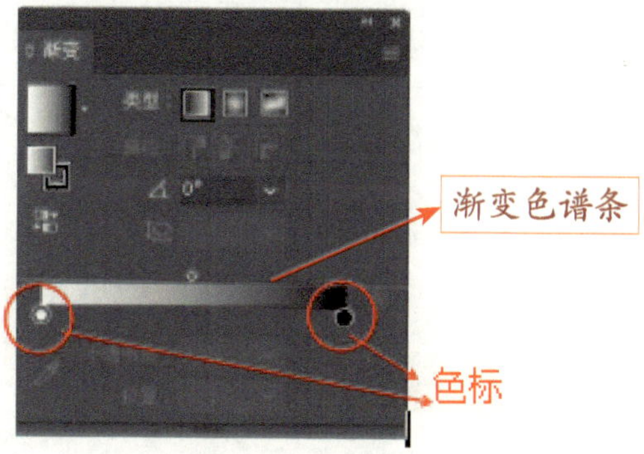

图 2-3 "渐变"面板

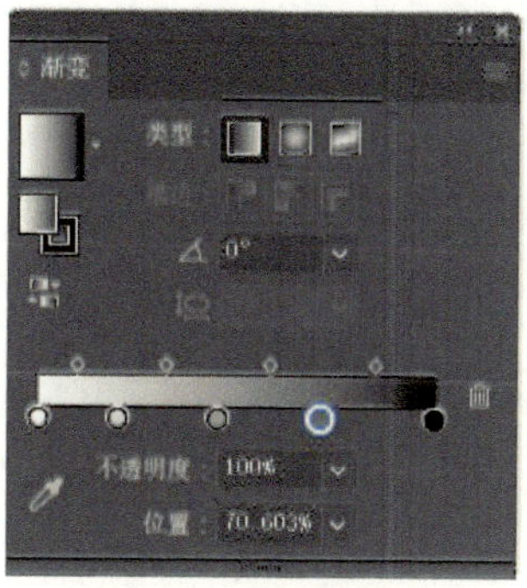

图 2-4 添加色标

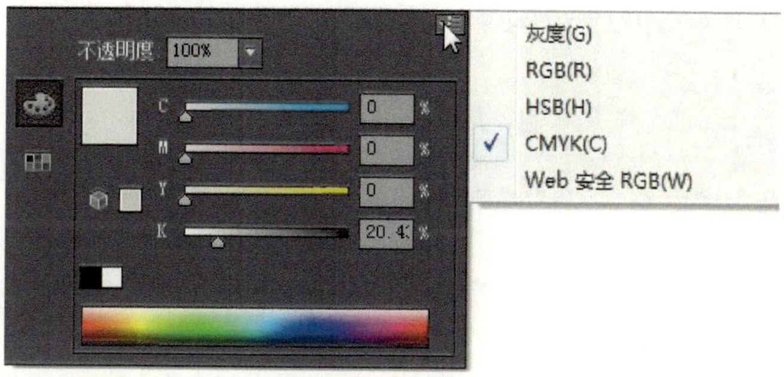

图 2-5 执行命令

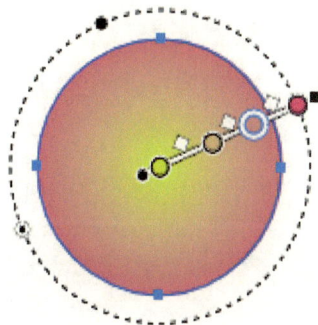

图 2-6 渐变工具

案例 1　　　立方体效果——"矩形工具"的运用

制作分析

图 2-7 所示为立方体效果，其正面是通过绘制正方形得到的，顶面和右侧面都是通过对矩形进行倾斜和变形得到的。因此，想要实现这样的立方体效果，需要使用矩形工具和倾斜工具。

操作步骤

（1）新建一个文件，设置"大小"为 A4，并在绘图区中绘制宽度为 65mm、高度为 65mm 的矩形。

图 2-7 立方体效果

（2）通过按住 Alt 键复制矩形，并将其移动到矩形的右侧，如图 2-8 所示。

（3）选择"倾斜工具" ，按住 Alt 键，并单击图 2-9 中红色圆圈的中心点，确定倾斜中心点，同时弹出"倾斜"对话框，按照图 2-10 进行设置。

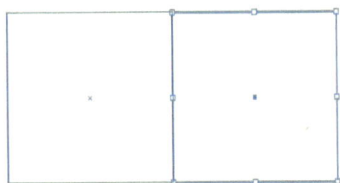

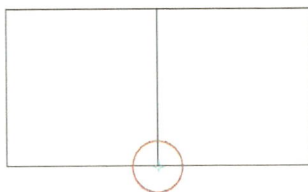

图 2-8　复制矩形　　　　图 2-9　确定倾斜中心点　　　　图 2-10　参数设置

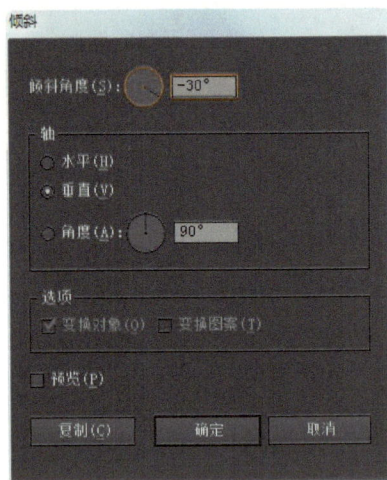

（4）在设置完参数后，即可得到倾斜的四边形，如图 2-11 所示。使用"选择工具"选中四边形，并向内拖动至合适位置，如图 2-12 所示。

（5）参照上述方法，再次复制出一个矩形，并将其放置在四边形的上方；按住 Alt 键并单击图 2-13 中红色圆圈的中心点，确定倾斜中心点；调整倾斜角度至合适大小。

图 2-11　倾斜的四边形　　　　图 2-12　调整四边形　　　　图 2-13　手工拖动倾斜矩形

提示

因为在确定倾斜中心点时会弹出"倾斜"对话框，但此时需要手动调整倾斜面，所以可以将"倾斜"对话框关闭。

（6）选中正面的矩形，选择工具箱中的"填色描边工具" ，弹出"拾色器"对话框（见图 2-14），设置颜色值为 CMYK（67%，31%，0%，0%），将正面的矩形填充为蓝色，并去掉描边颜色。

（7）参照上述方法，填充顶部矩形的颜色，单击右侧面的四边形，打开"色板"面板（见

图 2-15），找到深蓝底星形花纹图案并将其填充到右侧面四边形。

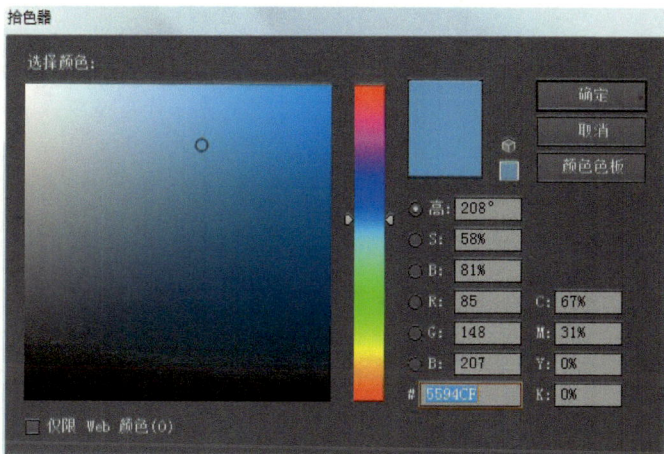

图 2-14　"拾色器"对话框

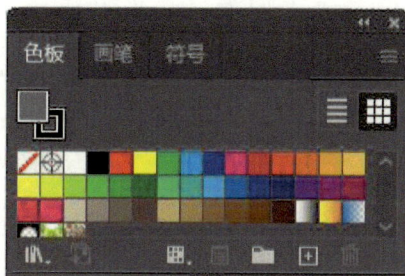

图 2-15　"色板"面板

提示

（1）在为形状填充颜色时，可以运用"色板"面板中的预置颜色，也可以自己设置颜色并将其添加到"色板"面板中，具体方法如下。

① 在"拾色器"对话框中设置所需颜色。

② 执行"窗口"→"色板"命令，打开"色板"面板，如图 2-15 所示。

③ 单击"新建色板"按钮，弹出如图 2-16 所示的"新建色板"对话框。

图 2-16　"新建色板"对话框

④ 单击"确定"按钮，即可将新建的颜色添加到"色板"面板中。

（2）如果"色板"面板中没有图案，则单击面板右上角的菜单按钮，在弹出的下拉列表中执行"打开色板库"→"图案"命令，选择所需图案色板，在图案色板中找到所需图案。

（3）如果先为图形填充图案，再对图形进行缩放、移动、旋转和镜像操作，则需要在相应对话框中通过选项来指定变换内容。

① 按比例缩放描边和效果：在选择该选项后，如果对象设置了描边或添加了效果，则描边和效果会与对象同时进行变换，否则仅变换对象。

② 对象/图案：如果对象填充了图案，则有以下3种情况。当选择"对象"选项时，仅变换对象，图案将保持不变；当选择"图案"选项时，仅变换图案，对象将保持不变；当同时选择这两个选项时，对象和图案会同时进行变换。

案例2 卡通小绿豆——"椭圆形工具"、"星形工具"、渐变工具的运用

制作分析

图 2-17 所示的卡通小绿豆圆滚滚的，非常可爱。在制作该图形的过程中运用了"椭圆形工具"、"星形工具"及"弧线段工具"。颜色的填充运用了渐变填充方法，增强了立体感。

操作步骤

（1）新建一个 A4 大小的文件，选择"椭圆形工具"，通过按住 Shift 键绘制正圆。

（2）打开"渐变"面板（见图 2-18），将"类型"设置为"径向渐变"。此时，渐变颜色默认为黑白渐变，并从中心点向外发射，如图 2-19 所示。

图 2-17　卡通小绿豆

图 2-18　"渐变"面板

（3）双击渐变色谱条（见图 2-20）左下方的色标，打开临时"颜色"面板，在临时"颜色"面板中改变渐变的颜色。另外，可以单击渐变色谱条下的色标，打开"颜色"面板，设置颜色值为 CMYK（10%，0%，80%，0%），如图 2-21 所示。

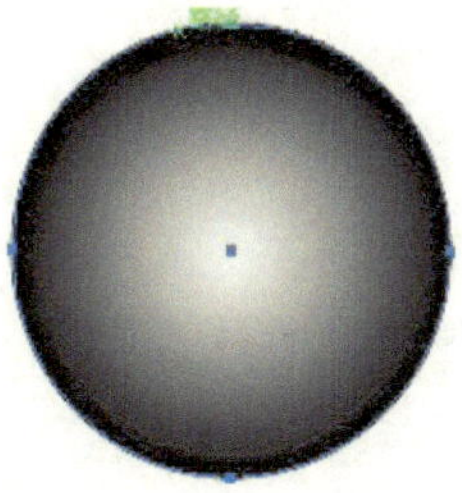

图 2-19　默认渐变颜色 　　　　图 2-20　渐变色谱条 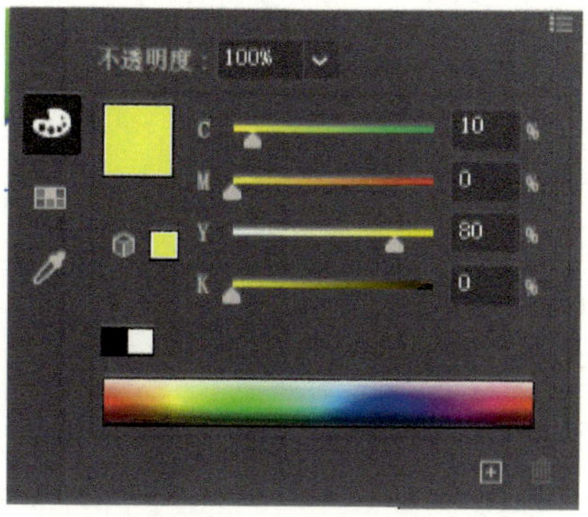　　　　图 2-21　设置颜色值

提示

　　如果双击色标后打开的临时"颜色"面板中的颜色滑块仍是黑白的，则需要单击该面板右上角的菜单按钮，在弹出的下拉列表中执行"CMYK"命令，随后在颜色滑块中吸取颜色。

　　（4）参照上述方法，双击渐变色谱条右下方色标 ◉，将颜色值设置为 CMYK（80%，25%，100%，0%），渐变颜色如图 2-22 所示。

　　（5）在本案例中，卡通小绿豆圆滚滚的身体是通过添加渐变效果得到的，但是受光点不位于中心，而位于左上方，这需要修改受光点。选择工具箱中的"渐变工具" ▣，在正圆上单击，显示渐变编辑条，拖动该编辑条可以改变受光点的位置，拖动内侧黑点可以改变渐变方向，拖动外侧黑点和中间菱形可以改变渐变范围，如图 2-23 所示。

　　（6）双击"描边色工具" ▣，将边框的颜色设置为 CMYK（90%，65%，100%，50%），打开"描边"面板，将描边粗细设置为 2pt。

　　（7）绘制椭圆，制作卡通小绿豆的眼白部分，按照图 2-24 设置渐变参数。从左向右，第一个色标颜色为白色，第二个色标颜色为 CMYK（39%，0%，70%，0%），拖动上面的菱形渐变色谱条至合适位置。描边设置与卡通小绿豆身体的设置相同。绘制黑色圆点作为瞳孔，框选眼白和瞳孔，并进行编组（快捷键为 Ctrl+G），得到一只眼睛。进行镜像复制操作得到另一只眼睛，如图 2-25 所示。

　　（8）将眼睛放到身体的合适位置，并使用"弧线段工具"绘制眉毛和嘴巴，将描边粗细设置为 5pt，如图 2-26 所示。

　　（9）选择"星形工具" ▣，并在绘图区中单击，弹出"星形"对话框，按照图 2-27 设置相应参数，绘制卡通小绿豆嘴巴上的小星星，并将其放到嘴角处。

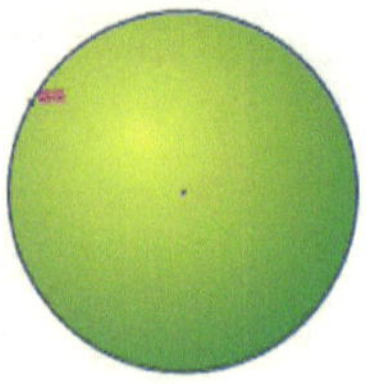

图 2-22　渐变颜色

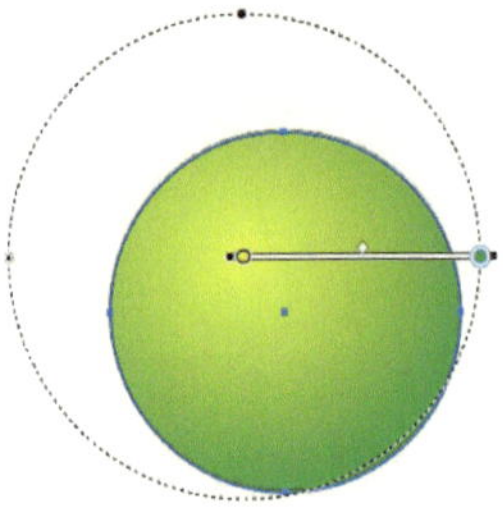

图 2-23　渐变编辑条

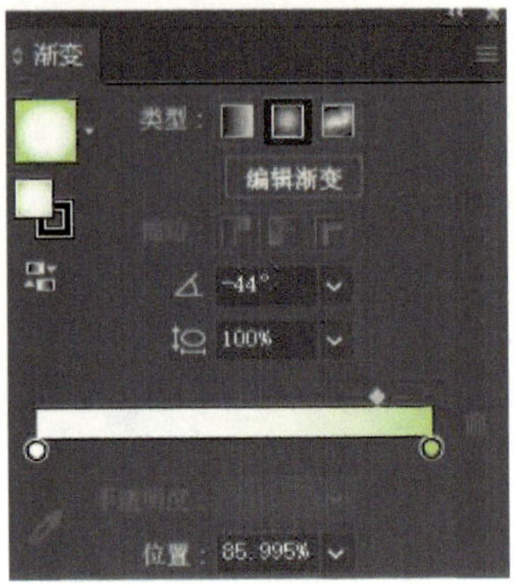

图 2-24　渐变参数

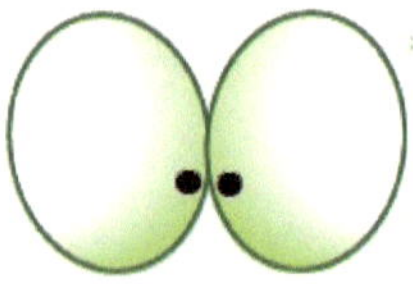

图 2-25　眼睛

图 2-26　绘制眉毛和嘴巴

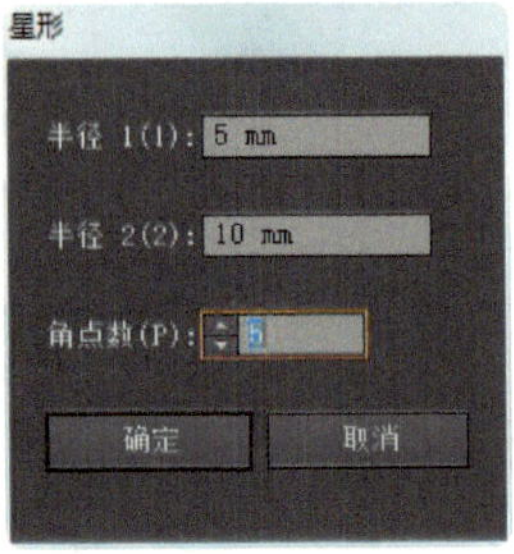

图 2-27　星形参数

（10）使用"椭圆形工具"在卡通小绿豆的身体上绘制斑点。先绘制正圆，并将填充颜色设置为 CMYK（75%，35%，100%，0%）。复制出几个正圆，改变其大小并进行编组，作为斑点使用，如图 2-28 所示。

（11）选中斑点，打开"透明度"面板（快捷键为 Shift+Ctrl+F10），将"不透明度"设置为 50%，如图 2-29 所示。

（12）保存文件。

图 2-28　斑点

图 2-29　设置不透明度

提示

除了前文介绍的方法，还有以下几种为渐变色谱条添加颜色的方法。

（1）按住鼠标左键不释放，从"色板"面板中拖动一个色块至"渐变"面板的色谱条上，直到出现一条表示添加颜色的垂直线条后松开鼠标左键。

（2）按住 Alt 键并拖动渐变色谱条上的一个色标至另一个色标上，将互换这两个色标的颜色。

（3）按住 Alt 键并拖动色标，即可创建该色标的副本。

思考与练习

（1）运用图形绘制工具和渐变工具绘制图 2-30 中的图案。

（2）绘制如图 2-31 所示的金属管道。

（a）　　　　　（b）　　　　　（c）

图 2-30　图案

图 2-31　金属管道

自我评价表

内容及技能要点	是否掌握		熟练程度		
	是	否	熟练	一般	不熟
"矩形工具"的运用：按照尺寸精确绘制正方形、长方形					
"圆角矩形工具"的运用：设置圆角参数值，绘制圆角矩形					
"椭圆形工具"的运用：绘制正圆形					
"多边形工具"的运用：绘制不同边数的多边形					
"星形工具"的运用：绘制不同角数的星形					
"光晕工具"的运用：制作光晕效果					
"拾色器"对话框的运用：设置填充颜色					
"色板"面板的运用：填充颜色、新建颜色					
"颜色"面板的运用：设置填充颜色					
渐变颜色填充的运用："渐变"面板、"渐变工具"的运用					
案例 1 的制作					
案例 2 的制作					
思考与练习					
自我总结在本节学习中遇到的知识是否掌握、技能难点是否解决					

2.2 线段与网格的绘制

Illustrator CC 是一个矢量绘图软件，广泛应用于插画设计、标志设计、UI 设计等领域，拥有基本绘图功能。Illustrator CC 的工具栏中包含线段绘制工具组 ，这个工具组右下方有一个三角形按钮，表示其中包含其他工具。单击该三角形按钮后不释放鼠标左键，将显示这个工具组中的所有工具，如图 2-32 所示。

1. "直线段工具"

"直线段工具"用于绘制直的线段。

（1）选择"直线段工具"，在绘图区中单击，弹出"直线段工具选项"对话框（见图 2-33），在其中设置长度和角度，将绘制一条精确的直线段。

图 2-32 线段绘制工具组

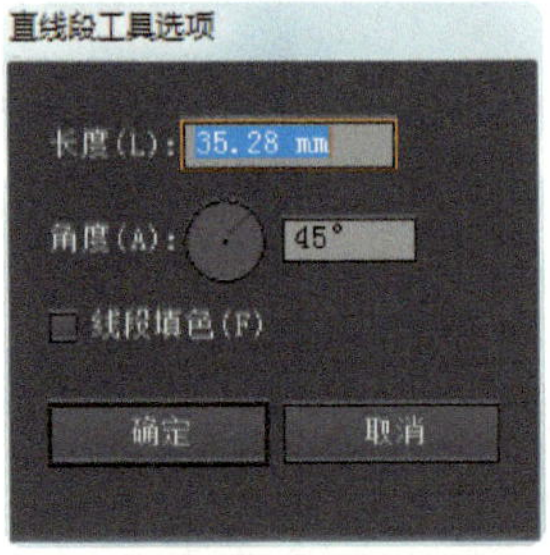

图 2-33 "直线段工具选项"对话框

（2）选择"直线段工具"，在绘图区中单击后不释放鼠标左键并拖动鼠标，即可绘制直线段。这种方法可以手动控制直线段的长度和角度。如果在拖动鼠标的同时按住 Shift 键，则可以绘制角度为 45°、90°或 180°的直线段。

2. "弧线工具"

"弧线工具"用于绘制有弧度的线段。

（1）选择"弧线工具"，在绘图区中单击，弹出"弧线段工具选项"对话框（见图 2-34），在其中输入相应数值，可以绘制精确弧度的弧线段。其中，"X 轴长度"和"Y 轴长度"选项用于设置弧线段的总长度及弯曲的形状。如果将"类型"设置为"开放"，则仅绘制弧线段；若将"类型"设置为"闭合"，则可以绘制闭合的弧线段，如图 2-35 所示。"基线轴"选项用于设置弧线的弯曲方向，"斜率"选项用于设置弧线的凹凸程度。

（2）选择"弧线工具"，在绘图区中单击后不释放鼠标左键并拖动鼠标，即可绘制弧线段。这种方法可以手动控制弧线段的长度和弧度。如果在拖动鼠标的同时按住 Shift 键，则可以绘制 X 轴、Y 轴长度相等的弧线段。

3. "螺旋线工具"

"螺旋线工具"用于绘制螺旋线段。

（1）选择"螺旋线工具"，在绘图区中单击，弹出"螺旋线"对话框，如图 2-36 所示。其中，"段数"选项可以控制螺旋的圈数。段数越多，圈数越多，反之亦然。不同段数的螺旋线段如图 2-37 所示。

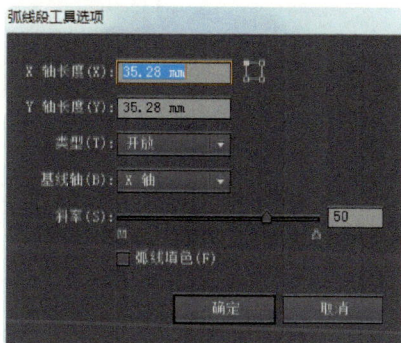

图 2-34　"弧线段工具选项"对话框

图 2-35　闭合的弧线段

图 2-36　"螺旋线"对话框

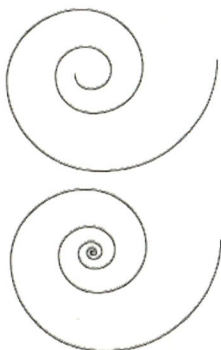

图 2-37　不同段数的螺旋线段

（2）选择"螺旋线工具"，在绘图区中单击鼠标左键后不释放并拖动鼠标，即可绘制螺旋线段。

4. "矩形网格工具"

"矩形网格工具"用于绘制网格，可用于 VI 设计中的网格。

根据"矩形网格工具选项"对话框中的选项输入相应数值，即可绘制网格。

例如，要绘制如图 2-38 所示的正方形网格，在"矩形网格工具选项"对话框（见图 2-39）中，将"宽度"和"高度"选项设置为相同的数值，将"水平分隔线"和"垂直分隔线"选项组中"数量"选项也设置为相同的数值，即可绘制出外形是正方形，内部小方格也是正方形的网格。

又如，要绘制如图 2-40 所示的长方形网格，应保证内部的单元是正方形的，这需要将"水平分隔线"选项组中"数量"选项设置为与"高度"选项相同的数值，或者是高度值的 10 倍、100 倍等，将"垂直分隔线"选项组中"数量"选项设置为与"宽度"选项相同的数值，或者是宽度值的 10 倍、100 倍等，如图 2-41 所示。比如，如果将"宽度"设置为 60mm，"高度"

设置为40mm,则可以将"水平分隔线"选项组中的"数量"设置为40、400或4000等,将"垂直分隔线"选项组中的"数量"设置为60、600或6000等。

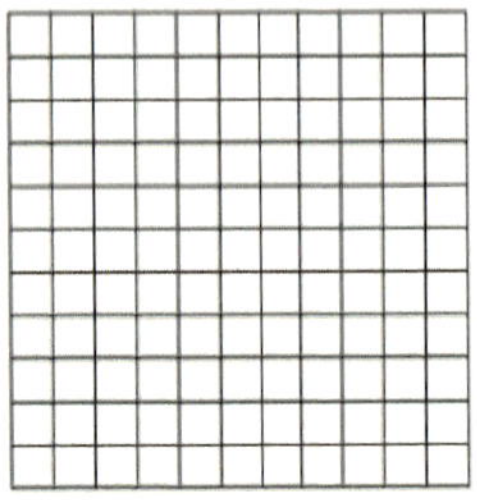

图 2-38　正方形网格

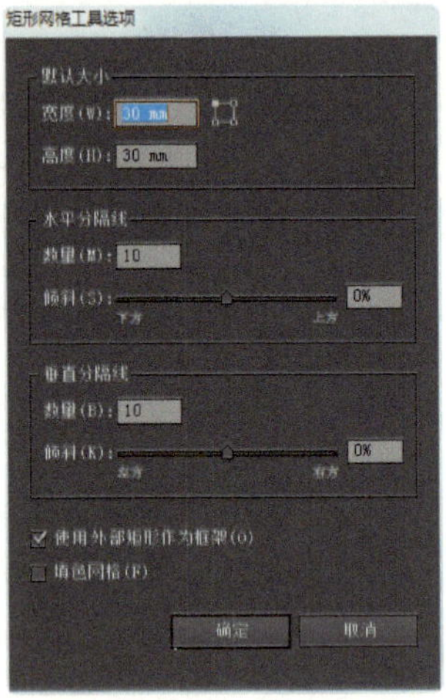

图 2-39　"矩形网格工具选项"对话框

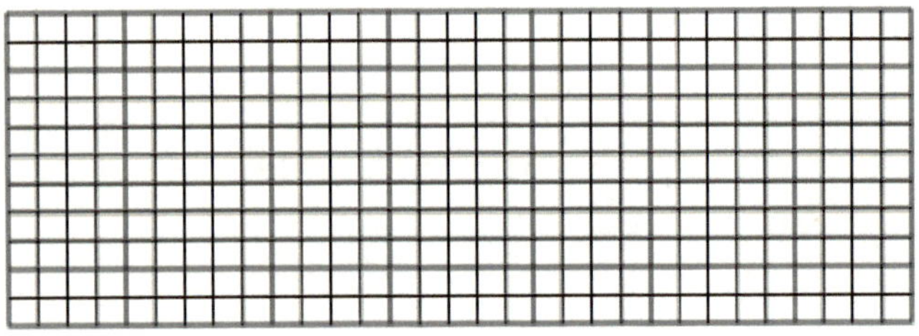

图 2-40　长方形网格

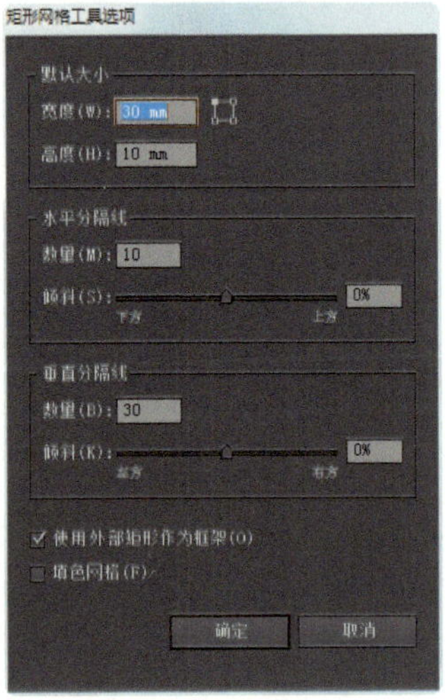

图 2-41　设置参数

　　选择"矩形网格工具",在绘图区域中单击后不释放鼠标左键并随意拖动鼠标,可以绘制不规则的网格,如图 2-42 所示。但是,使用这种方法绘制出的网格的分割线与上一次设置的分割线相同。例如,若刚才将分割线的数量分别设置为 10 和 30,则新绘制的网格的分割线数量同样是 10 和 30。

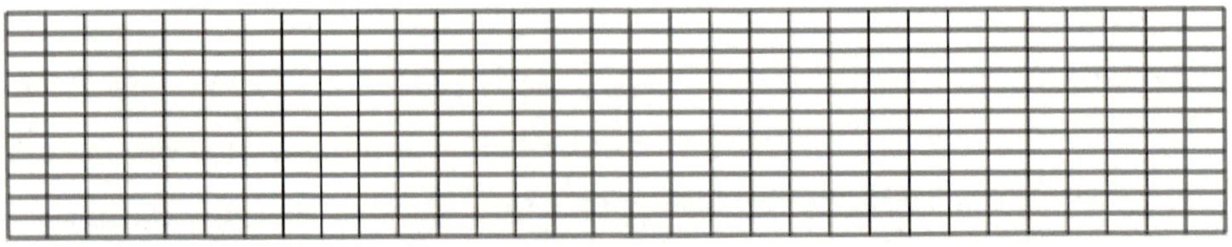

图 2-42　不规则的网格

提示

如果绘制的网格过小，则可以使用"选择工具"选中网格，按住 Shift 键并拖动网格的一角，即可等比例放大网格。

5. "极坐标网格工具"

"极坐标网格工具"可以将平面网格极坐标化，也可以精确设置圈数和分隔线数量，具体使用方法与"矩形网格工具"相同，这里不再赘述。

6. "描边"面板

选择线段工具后属性栏上方会出现"描边"链接文字，单击该链接文字即可打开临时"描边"面板，或者执行"窗口"→"描边"命令，打开"描边"面板，如图 2-43 所示。面板中右上方的菜单按钮可以显示或隐藏相关选项。

"描边"面板可以设置描边粗细、端点和边角形状等。其中，端点和边角形状分为平头、圆头和方头 3 种。勾选"虚线"复选框可以设置虚线形状。"箭头"选项可以设置开始和结束端点的箭头样式，如图 2-44 所示。"配置文件"选项可以设置线条的形状，如图 2-45 所示。

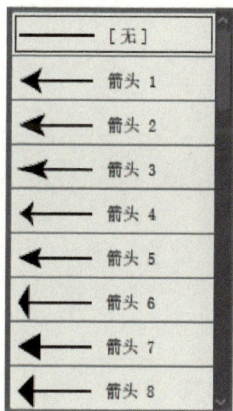

图 2-43 描边面板　　　　图 2-44 箭头样式　　　　图 2-45 线条形状

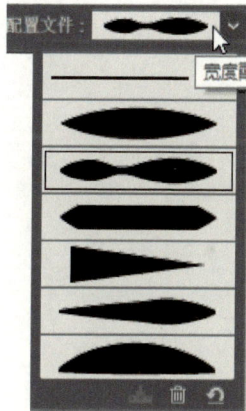

案例 3　　　　　　　　　虚线段——"描边"面板的运用

制作分析

虚线段是由一条直线段得到的，如图 2-46 所示。设置不同的虚线参数，可以得到不同效果的虚线段。

图 2-46 虚线段

操作步骤

（1）新建一个文件，设置"大小"为A4，绘制一条长度为100mm、角度为180°（见图2-47）的水平直线段，将填色设置为无，描边颜色设置为黑色，如图2-48所示。

（2）在直线段选中状态（见图2-49）下，打开"描边"面板，按照图2-50设置参数，勾选"虚线"复选框，此时下面的文本框将变为可输入状态，在其中输入每小段虚线的长度和间隙值。

图2-47　直线段参数设置

图2-48　设置直线段的颜色

图2-49　直线段选中状态

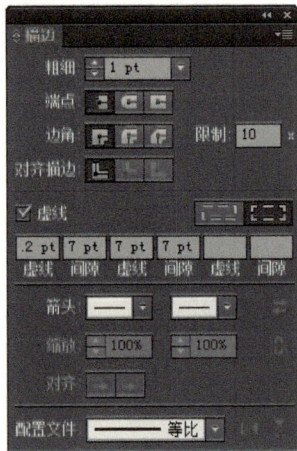

图2-50　虚线段参数设置

（3）最终得到如图2-46所示的虚线段。

案例4　　　　　　　放射线条——"描边"面板的运用

制作分析

图2-51所示为放射线条，该线条是运用"描边"面板绘制的。

操作步骤

（1）新建一个文件，设置"大小"为A4，选择"椭圆形工具"，在绘图区中单击，在弹出的对话框中将宽度设置为140mm，高度设置为140mm，绘制一个正圆。在属性栏中，将描边颜色设置为红色，描边粗细设置为 180pt，填充颜色设置为无，效果如图 2-52 所示。

（2）单击属性栏中的"描边"按钮 描边·，在打开的临时"描边"面板中将"限制"设置为 10，"对齐描边"设置为"使描边内侧对齐" 。

（3）勾选"虚线"复选框，在第一个文本框中输入 12pt，将其余参数设置为 0，如图 2-53 所示。得到的最终效果如图 2-51 所示。

图 2-51　放射线条　　　　　　图 2-52　正圆　　　　　　图 2-53　虚线参数

案例 5　　　　艺术线段——"直线段工具"的运用

制作分析

图 2-54 所示的艺术线段是由许多线段组成的，看似规则但又不规则，因此不需要精确设置参数，而需要采用特殊的处理方法来实现。

操作步骤

（1）新建一个 A4 大小的文件。

（2）选择"直线段工具"，按住"～"键，按住鼠标左键并随意在绘图区中拖动鼠标，鼠标指针经过的地方将形成不同的线条，如图 2-55 所示。

（3）使用"选择工具"，小心地框选不同区域的线条。

图 2-54　艺术线段　　　　　　　　　图 2-55　不同的线条

（4）在工具箱中，将填充颜色设置为无，描边颜色默认为 ，双击"描边色工具" ，弹出"拾色器"对话框（见图 2-56），在右侧色条中选择颜色，在左侧区域中设置明度，将描边颜色设置为自己喜欢的颜色。

图 2-56 "拾色器"对话框

（5）多次框选不同区域的线条，并更改描边颜色。

（6）设置完所有颜色后，选中所有线条，并按快捷键 Ctrl+G 进行编组。

提示

在框选线条时，不需要选中全部线条，只需选中线条最外侧的部分即可选中所有线条，这样可以避免多选。对于漏选的部分，可以按住 Shift 键进行加选。

思考与练习

（1）使用"线段工具"绘制一个包装盒展开结构图，如图 2-57 所示。其长、宽、高均为 50mm，贴边直线角度为 45°，长度为 5mm。

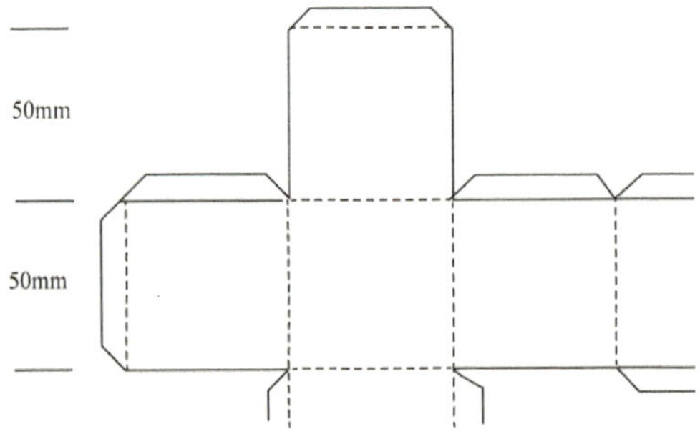

图 2-57 包装盒展开结构图

（2）绘制总宽为 50mm、高为 50mm、内部小方格为正方形的规则正方形网格。分割线数可自行设定，默认线宽为 1pt，颜色为黑色。

（3）绘制总宽为 60mm、高为 20mm、内部小方格为正方形的规则长方形网格。分割线数可自行设定，默认线宽为 1pt、颜色为黑色。

自我评价表

内容及技能要点	是否掌握		熟练程度		
	是	否	熟练	一般	不熟
实线直线段的绘制：精确尺寸绘制、随意绘制					
虚线直线段的绘制：设置虚线的形状及间距					
弧线段的绘制					
螺旋线段的绘制					
网格的绘制：正方形网格的绘制					
网格的绘制：长方形网格的绘制					
线段描边颜色的设置					
案例 3 的制作					
案例 4 的制作					
案例 5 的制作					
思考与练习					
自我总结在本节学习中遇到的知识是否掌握、技能难点是否解决					

2.3　形状生成器与实时上色

"形状生成器工具" ■（快捷键为 Shift+M）是一个用于通过合并或擦除简单形状来创建复杂形状的交互式工具，适用于简单的复合路径。

"形状生成器工具"可以高亮显示所选图形对象中可合并为新形状的边缘和选区。边缘是指一个路径中的一部分，该部分与所选对象的其他路径没有任何交集。选区是指一个边缘闭合的有界区域。在默认情况下，该工具处于合并模式，允许用户合并路径或选区。用户也可以按住 Alt 键（Windows 系统）或 Option 键（macOS 系统）切换至抹除模式，以删除任何不想要的边缘或选区。

"实时上色工具" （快捷键为 K）是一种创建彩色图画的工具。通过这种工具，用户可以将在绘图区中绘制的全部图形路径设置在同一平面上。也就是说，没有任何路径位于其他路径之上或之下。路径可以将绘画平面分割成几个区域，以便用户对任何区域进行上色，无论这些区域的边界是由单条路径还是多条路径确定的。这样，为图形对象上色就像在涂色簿上填色，或者用水彩为铅笔素描上色。

案例 6 　　　　　　茶壶图形——"形状生成工具"的运用

📖 制作分析

茶壶是先利用"椭圆形工具"和"弧线工具"绘制各部分图形，再通过"形状生成工具"将所有图形合并成一个图形而成的，如图 2-58 所示。

📖 操作步骤

（1）新建一个 A4 大小的文件。

（2）选择"圆角矩形工具"，在绘图区中单击，弹出"圆角矩形"对话框（见图 2-59），将"宽度"设置为 50mm，"高度"设置为 50mm，"圆角半径"设置为 10mm，绘制一个圆角矩形。

图 2-58　茶壶图形 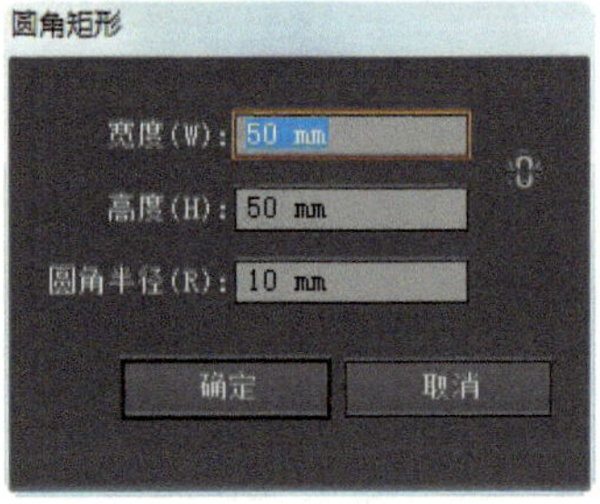　　　　　　　　图 2-59　"圆角矩形"对话框

（3）选择"椭圆形工具"，在绘图区中单击，弹出"椭圆"对话框，将"宽度"设置为 50mm，"高度"设置为 50mm。

（4）将两个图形放置到合适位置，使用"选择工具"框选这两个图形，单击属性栏中的"水平居中对齐"按钮 ，或者使用方向键微调上下位置（见图 2-60），形成壶身。

（5）在壶身的上方绘制一个小圆，并使其与壶身水平居中对齐，形成茶壶盖钮。

（6）选择"弧线工具"，在绘图区中按住鼠标左键不释放，同时从右下方向左上方拖动鼠标，画出弧线路径，将填充颜色设置为无，描边颜色设置为灰色，在属性栏中将描边粗细设置为 16pt。

（7）执行"对象"→"路径"→"轮廓化描边"命令，对弧线路径进行轮廓化描边（见图 2-61），将其转化成图形，并将其放置在壶身左侧，形成茶壶盖嘴。

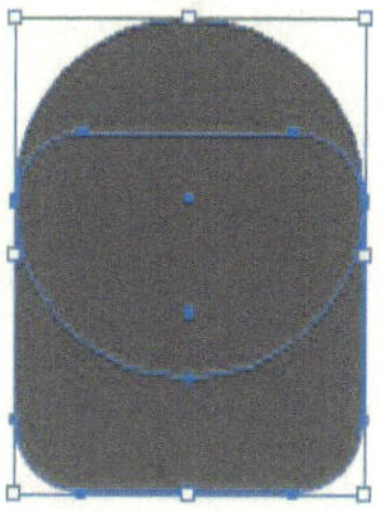

图 2-60　对齐图形

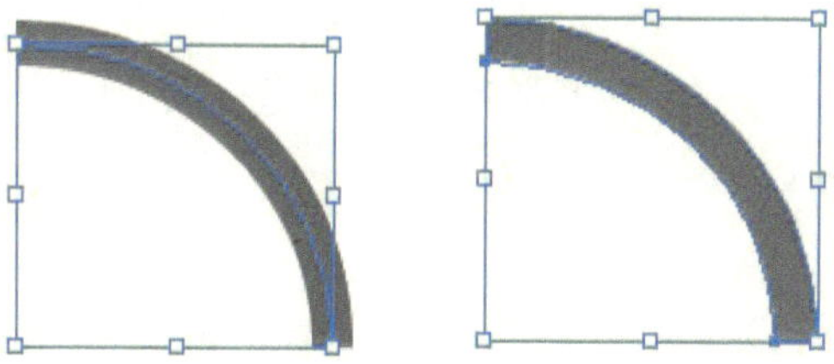

图 2-61　对弧线路径进行轮廓化描边

（8）使用"圆角矩形工具"绘制一个圆角矩形，同样将描边粗细设置为 16pt，将描边颜色设置为无。执行"对象"→"路径"→"轮廓化描边"命令，对圆角矩形进行轮廓化描边，形成茶壶手柄，将其放置在壶身右侧，并使用"选择工具"框选所有图形，如图 2-62 所示。

（9）选择"形状生成器工具" ，鼠标指针将变成一个黑色箭头并且具有加号，此时鼠标指针经过图形时会显示网格。按住鼠标左键不释放并拖动鼠标，合并鼠标指针经过的图形，如图 2-63 所示。

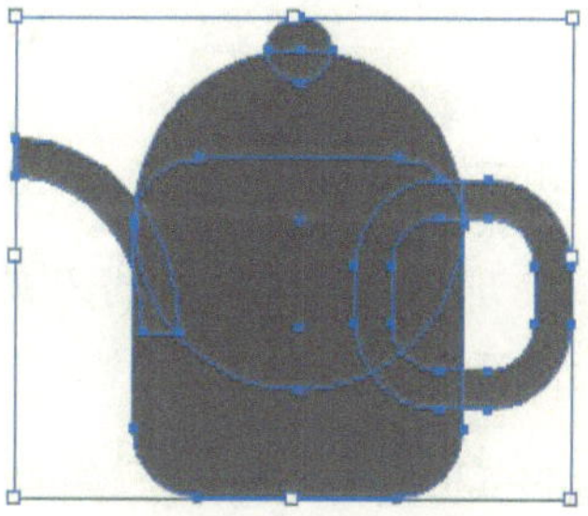

图 2-62　框选所有图形

图 2-63　合并图形

（10）依次合并需要合并的图形，不要忽略任何复杂的角落，如多个图形重叠的地方，这样即可得到如图 2-58 所示的茶壶图形。

（11）保存文件。

案例 7　　　　花形图案——"形状生成工具"的运用

制作分析

图 2-64 所示的图案是由 3 个圆形重叠部分组成的，先运用"形状生成工具"将多余的部分删除，从而得到重叠部分的形状，再运用"形状生成工具"将需要合并的部分合并，并填充渐变颜色。

操作步骤

（1）新建一个 A4 大小的文件。

（2）选择"多边形工具"，在绘图区中单击，弹出"多边形"对话框，将多边形边数设置为3，半径设置为30mm，填充颜色设置为无，描边颜色设置为黑色，绘制一个三角形；选择"镜像工具"，将三角形倒置（见图2-65），并执行"对象"→"锁定所选对象"命令（快捷键为Ctrl+2）。

图 2-64　花形图案

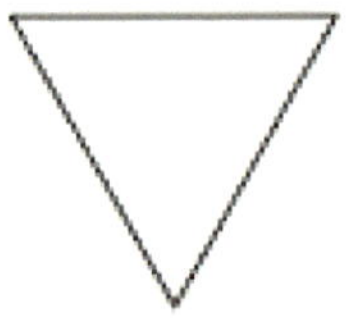

图 2-65　倒置三角形

提示

此处三角形仅作为参考，在绘制完图案后会将其删除。绘制完的三角形是尖角朝上的正三角形，需要运用"镜像工具"将其倒置。

（3）选择"椭圆形工具"，同时按住 Alt 键和 Shift 键，以三角形的一个角点为圆心绘制正圆，并复制出两个正圆；移动复制的两个正圆，使其圆心分别位于三角形另外两个角点上，如图2-66所示。

（4）执行"对象"→"全部解锁"命令（快捷键为Ctrl+Alt+2），选中三角形并按 Delete 键将其删除；将三个正圆的描边粗细设置为20pt，填充颜色设置为无；执行"对象"→"路径"→"轮廓化描边"命令，对其进行轮廓化描边，如图2-67所示。

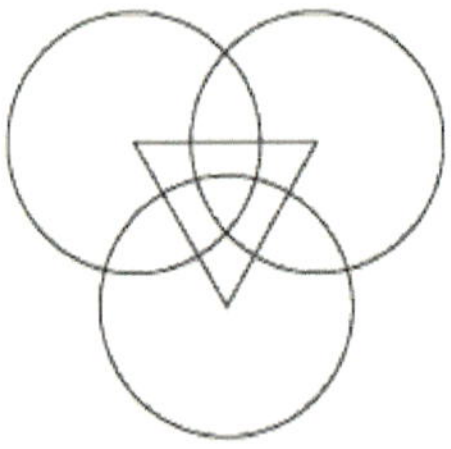

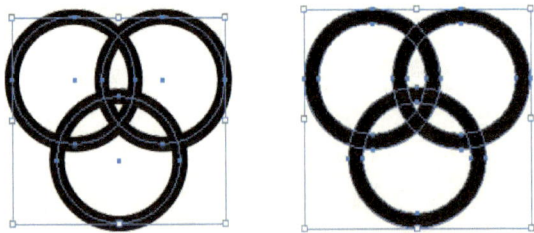

图 2-66　正圆位置

图 2-67　轮廓化描边

（5）选择"形状生成工具"，按住 Alt 键切换为抹除模式，单击图形中除相交处以外的部分，将这些部分删除，如图2-68（a）所示。

（6）释放 Alt 键，"形状生成器工具"将恢复为合并模式，按照图2-68（b）合并相应部分。

（7）将图形的渐变颜色设置为从黄色到蓝色渐变颜色（见图 2-69），运用"渐变工具"调整渐变方向，即可得到如图 2-64 所示的花形图案。

（a）删除多余部分　　（b）合并相应部分

图 2-68　删除多余部分并合并相应部分

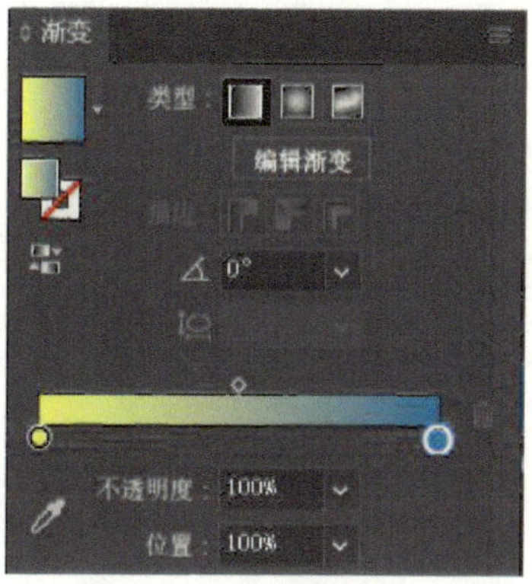

图 2-69　设置渐变颜色

（8）保存文件。

案例 8　格子图案——"实时上色工具"的运用

制作分析

为了让读者更好地掌握"实时上色工具"的用法，本案例将制作一个格子图案，如图 2-70 所示。该图案是使用"直线段工具"和"实时上色工具"完成的。

图 2-70　格子图案

操作步骤

（1）新建一个文件，设置"大小"为 A4。按住 Shift 键，使用"直线段工具"绘制两条垂直相交的直线，将填充颜色设置为无，描边颜色设置为黑色，描边粗细使用默认值 1pt，如图 2-71 所示。

（2）选择水平直线，按住 Alt 键，同时按住鼠标左键不释放并拖动鼠标，复制水平直线。在按住鼠标左键不释放的情况下按住 Shift 键，可以垂直向下复制直线。按 5 次快捷键 Ctrl+D，共复制出 7 条水平直线。参照相同的方法，再复制出 7 条垂直直线，形成网格，如图 2-72 所示。

（3）选中全部直线，如图 2-73 所示。

图 2-71　垂直相交的直线　　　　图 2-72　网格　　　　图 2-73　选中网格

（4）选择"实时上色工具"，将鼠标指针移动到选中的直线上并单击，这些直线将变为一个实时上色组，如图 2-74 所示。

（5）当将鼠标指针移动到某个封闭区域时，该区域将显示红色框，如图 2-75 所示。

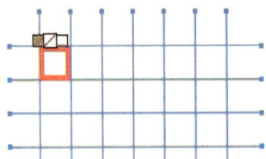

图 2-74　实时上色组　　　　　　图 2-75　鼠标指针位于封闭区域

（6）打开"色板"面板，单击上方的菜单按钮，在弹出的下拉列表中执行"打开色板库"→"大地色调"命令，如图 2-76 所示。

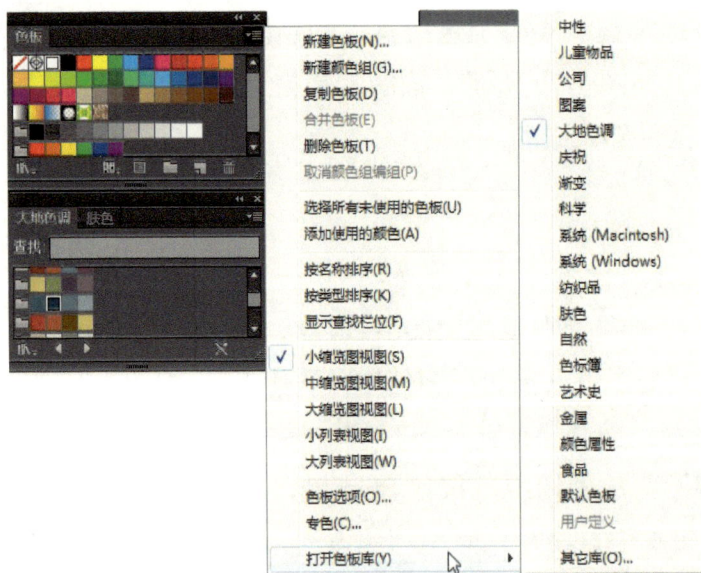

图 2-76　执行"大地色调"命令

（7）选择"大地色调"面板中的颜色，并单击封闭区域，将"大地色调"面板中的颜色填充到该区域中，如图 2-77 所示。

（8）使用"选择工具"选中所有直线，将描边粗细设置为3pt，如图 2-78 所示。

（9）选中所有直线，双击"描边色工具"，在弹出的"拾色器"对话框中选择深绿色，如图 2-79 所示。

图 2-77　填充网格

图 2-78　改变线条粗细

图 2-79　改变描边颜色

（10）使用"选择工具"框选所有直线，执行"对象"→"扩展"命令，弹出"扩展"对话框（见图 2-80），勾选"扩展"选项组中的"对象"、"填充"和"描边"复选框。

（11）右击选中的直线，在弹出的快捷菜单中执行"取消编组"命令，选择"形状生成器工具"，按住 Alt 键，逐个删除外部多余线条（见图 2-81），即可得到如图 2-70 所示的格子图案。

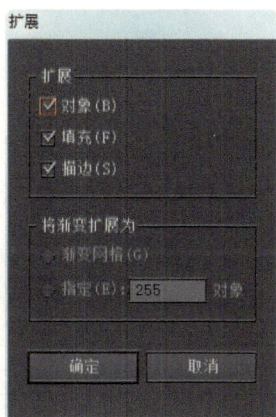

图 2-80　"扩展"对话框

图 2-81　删除多余线条

（12）保存文件。

提示

在进行合并实时上色时，应先选择实时上色组和要添加到组中的路径，再执行"对象"→"实时上色"→"合并"命令，或者单击"控制"面板中的"合并实时上色"按钮。

思考与练习

（1）运用"形状生成器工具"绘制如图 2-82 所示的图标。

图 2-82　图标

（2）运用"实时上色工具"绘制如图 2-83 所示的蜗牛壳图案。

图 2-83　蜗牛壳图案

自我评价表

内容及技能要点	是否掌握		熟练程度		
	是	否	熟练	一般	不熟
"形状生成器工具"的运用：合并图形					
"形状生成器工具"的运用：删除图形					
"实时上色工具"的运用					
案例 6 的制作					
案例 7 的制作					
案例 8 的制作					
思考与练习					
自我总结在本节学习中遇到的知识是否掌握、技能难点是否解决					

总结

　　本章介绍了绘制图形和填充颜色的基础知识。读者在学习本章后，应该能够运用基本形状工具绘制形状，并进行填色。本章的内容是循序渐进的，各个环节相互衔接，希望读者在学习过程中能够先从绘制基本图形开始，逐步掌握"直线段工具"、"弧线工具"、"螺旋线工具"、"网格工具"、"矩形工具"、"圆角矩形工具"、"椭圆形工具"、"多边形工具"及"星形工具"的使用方法，并且能够绘制相应的线段和几何图形。

　　读者通过学习案例，应该掌握使用"拾色器"对话框、"色板"面板、"颜色"面板和"渐变"面板进行填色的方法，能够运用"渐变工具"调整渐变效果，能够运用"形状生成器工具"绘制图形，能够运用"实时上色工具"进行封闭路径的填色等。考虑到实用性及难易程度等因素，本章没有详细介绍工具组中的个别工具，如"光晕工具"和"极坐标网格工具"等。

第 3 章

"钢笔工具" 与路径绘制

"钢笔工具"用于绘制具有曲线的路径。通过调整路径，用户可以绘制各种形状的图形。"铅笔工具"不仅可以绘制路径，还可以绘制具有笔触效果的线条。因此，"钢笔工具"和"铅笔工具"是 Illustrator CC 中非常重要的矢量绘图工具。本章将详细讲解"钢笔工具"的使用方法，要求读者通过学习，掌握使用"钢笔工具"绘制曲线路径的具体方法，并能够熟练运用快捷键调整路径，以及结合前面章节中介绍的颜色填充工具完成矢量图形的绘制。

3.1 "钢笔工具"

"钢笔工具" ✒ （快捷键为 P）是绘制路径的工具。路径是指以"贝塞尔曲线"为理论基础，由一条或多条直线段或曲线段组成的线条。路径由锚点和线段组成，而锚点用于标记路径段

图 3-1　路径

的端点。在曲线段上，每个被选中的锚点都会显示一条或两条方向线，方向线以方向点结束。方向线和方向点的位置决定了曲线段的大小和形状。移动方向线和方向点可以改变路径中曲线的形状。在如图 3-1 所示的路径中，A 表示曲线段；B 表示方向点；C 表示方向线；D 指示的小方框为实黑色方框，表示被选中的锚点；E 指示的小方框的内部为白色，表示未被选中的锚点。

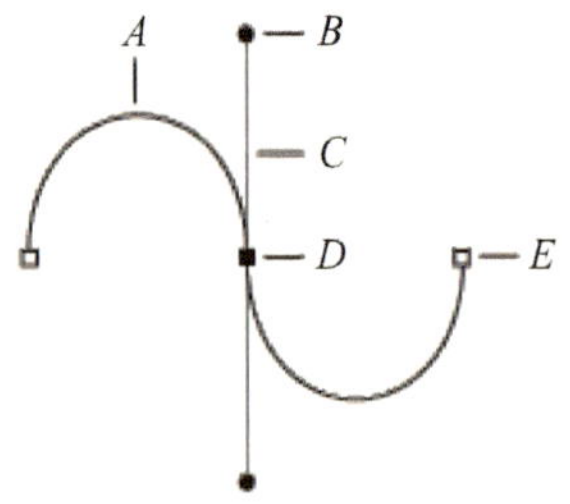

使用"钢笔工具"绘制路径的方法如下。

1. 直线路径

选择"钢笔工具"，在绘图区中单击确定起点，移动鼠标，在终点位置再次单击，即

可得到一条直线路径。在确定起点后，按住 Shift 键并单击确定终点，可以绘制一条角度为 45°、90°或 180°的直线路径，如图 3-2 所示。

2. 曲线路径

选择"钢笔工具"，在绘图区中单击确定起点，在单击确定终点时按住鼠标左键不释放并拖动鼠标，将显示方向线和方向点，即可绘制一条曲线路径，如图 3-3 所示。此时的路径为开放路径。

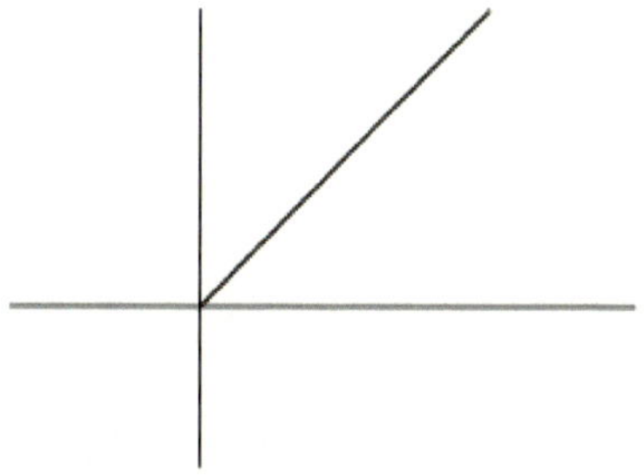

图 3-2　直线路径

图 3-3　曲线路径

3. 调节方向线

选择"直接选择工具" ▶（快捷键为 A），单击锚点以将其选中，同时显示方向线，此时拖动方向线端头的圆点手柄可以调节整条方向线，如图 3-4 所示。

4. 添加、删除锚点

长按"钢笔工具"右下角的三角形按钮，展开钢笔工具组（见图 3-5），选择"添加锚点工具" ✎，在路径上单击即可添加锚点。选择"删除锚点工具" ✎，单击添加的锚点，即可删除该锚点。

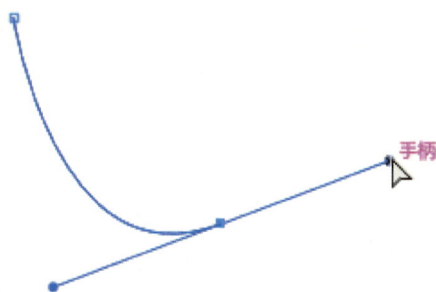

图 3-4　调节方向线

图 3-5　钢笔工具组

5. 转换锚点

（1）在钢笔工具组中选择"锚点工具" ▶，拖动路径的锚点，得到的效果与用"直接选择工具"拖动方向点一样，可改变方向点的位置。如果使用"转换点工具" ⌐ 拖动方向点，则仅能改变一条方向线的位置，如图 3-6 所示。

（2）单击终点处的锚点，可以将曲线转换为直线。同理，单击曲线中间的锚点，可以将曲线的圆弧锚点转换为尖角锚点，如图 3-7 所示。

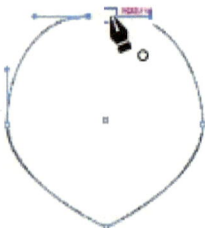

图 3-6　改变一条方向线的位置

图 3-7　转换锚点

提示

（1）"直接选择工具"可以选择单个锚点；当按住 Shift 键时，可以同时选择多个锚点。使用"直接选择工具"进行框选也可以粗略地选择多个锚点。

（2）在使用"钢笔工具"绘制完路径后，按 Ctrl 键可以将"钢笔工具"临时切换为"选择工具"。但是，如果先使用了"直接选择工具"，再使用"钢笔工具"，此时按 Ctrl 键会将"钢笔工具"切换为"直接选择工具"。

（3）在绘制路径时，按住 Alt 键可以将"钢笔工具"切换为"锚点工具"。

6. 绘制闭合路径

"钢笔工具"可绘制开放路径，也可绘制闭合路径。当绘制闭合路径时，将鼠标指针移动到起点位置，"钢笔工具"下方将显示一个小圆圈图标，单击起点，即可使路径闭合，如图 3-8 所示。

案例1　　　　心形图形——"钢笔工具"的运用

制作分析

图 3-9 所示的心形图形的轮廓是使用"钢笔工具"绘制的，并且使用"锚点工具"和"直接选择工具"进行了微调，内部填充了渐变颜色，从而体现出晶莹剔透的感觉。

图 3-8　绘制闭合路径

图 3-9　心形图形

操作步骤

（1）新建一个文件，设置"大小"为 A4。从标尺处拖动出几条参考线，如图 3-10 所示。

（2）选择"钢笔工具"并单击参考线的交点处，绘制闭合路径，画出直线几何形状，如图 3-11 所示。

（3）使用"锚点工具"单击左上方的锚点并拖动该锚点，得到弧形；在右上方的锚点上单击并拖动该锚点，得到心形形状，如图 3-12 所示。

（4）使用"锚点工具"和"直接选择工具"调整锚点、方向线及方向点，从而调整整个心形的形状，如图 3-13 所示。

图 3-10　参考线

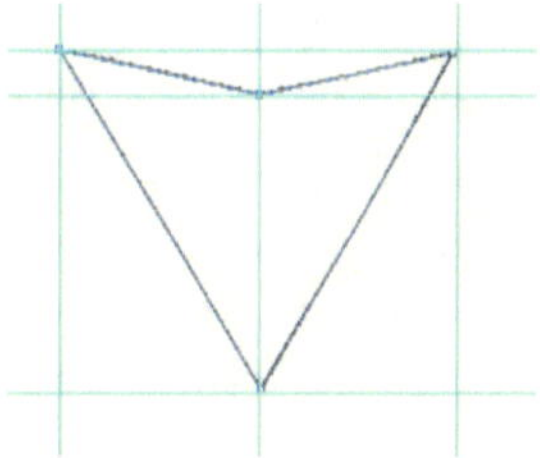

图 3-11　直线几何形状

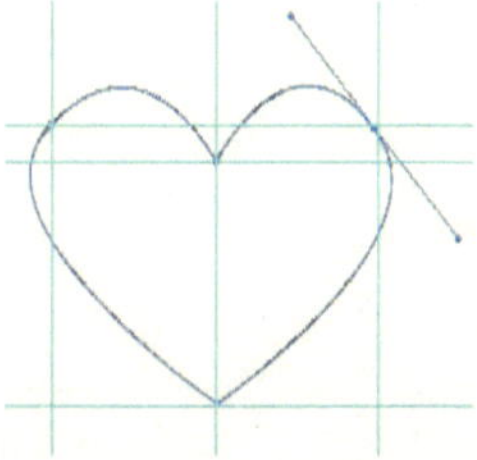

图 3-12　心形形状

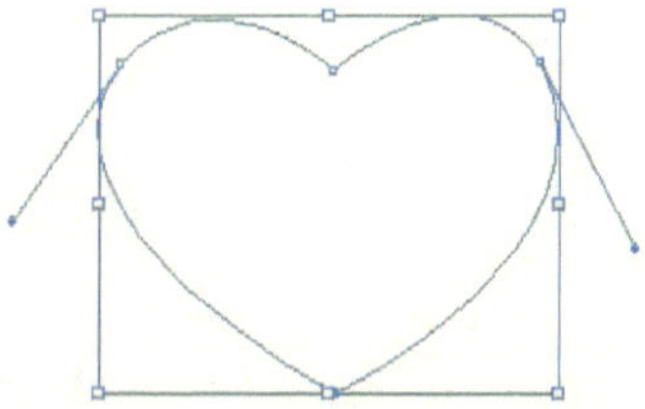

图 3-13　调整心形的形状

（5）为心形设置从浅蓝色（CMYK：10%，0%，0%，0%）到深蓝色（CMYK：90%，70%，0%，0%）的渐变颜色，将"类型"设置为"径向渐变"，如图 3-14 所示。

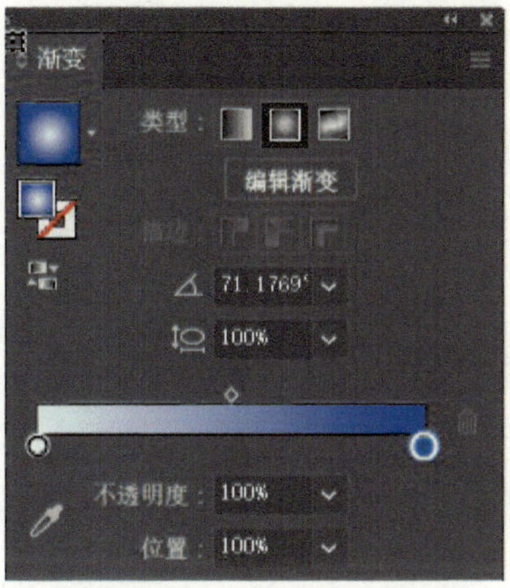

图 3-14　设置渐变颜色

（6）使用"渐变工具"调整渐变发射点和方向，如图 3-15 所示。

（7）参照相同的方法，使用"钢笔工具"绘制心形上的高光部分，并结合运用"锚点工具"和"直接选择工具"进行调整，如图 3-16 所示。

（8）为高光部分填充从 CMYK（49%，0%，0%，0%）到 CMYK（70%，37%，0%，0%）的渐变颜色，将"类型"设置为"径向渐变"，如图 3-17 所示。

图 3-15　调整渐变发射点和方向　　图 3-16　绘制高光部分　　图 3-17　填充高光渐变颜色

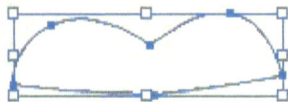

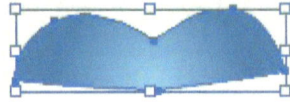

（9）将高光图形放置到心形中，得到如图 3-9 所示的心形图形。

（10）保存文件。

提示

每绘制完一条曲线，就按住 Ctrl 键并在空白处单击，结束绘制，以便继续绘制下一条曲线。

案例2　　　苹果标志——"钢笔工具"的运用

制作分析

本案例将介绍如何运用"钢笔工具"绘制图 3-18 中苹果和叶子的外形，以及运用渐变填充等工具制作苹果标志的光泽效果。

操作步骤

（1）新建一个 A4 大小的文件。

（2）从标尺处拖动出两条相交的参考线，并以垂直参考线为中轴线，拖动出两条与中轴线距离相等的纵向参考线，如图 3-19 所示。

（3）选择"椭圆形工具"，同时按住 Alt 键和 Shift 键，以参考线相交的中心点为圆心绘制正圆，如图 3-20 所示。

（4）使用"添加锚点工具" 在如图 3-21 所示的参考线与正圆的交点处添加 4 个锚点。

图 3-18　苹果标志

图 3-19　参考线

图 3-20　绘制正圆

图 3-21　添加锚点位置

（5）使用"直接选择工具"█选中正圆顶部的锚点，按下方向键将其调整到合适位置。参照相同的方法，选中正圆底部的锚点，按上方向键将其调整到合适位置，形成苹果果身，如图 3-22 所示。

（6）使用"直接选择工具"和"锚点工具"对苹果果身进行调整，将上部两个锚点分别向两侧移动，下部两个锚点向中间移动，并调整弧度，如图 3-23 所示。

（7）按住 Ctrl 键，同时在绘图区空白处单击，结束编辑状态，随后在绘图区空白处右击，在弹出的快捷菜单中执行"隐藏参考线"命令，隐藏参考线，如图 3-24 所示。

（8）复制出一个苹果果身并将其放在绘图区，为后面绘制高光部分做准备。

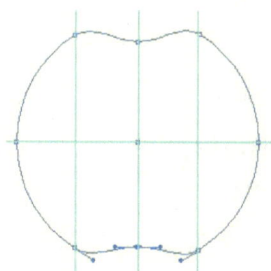

图 3-22　苹果果身

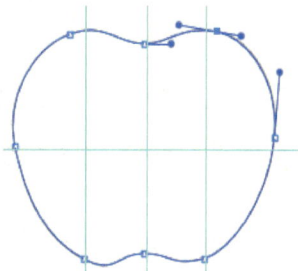

图 3-23　调整锚点和弧度

图 3-24　隐藏参考线

📝 提示

在调整锚点时，可以运用键盘上的方向键对锚点的位置进行微调，这样可以使左右两侧形状保持对称。

（9）在"渐变"面板中，将"类型"设置为"径向渐变"（见图3-25），双击第一个色标，在弹出的"颜色"面板中将颜色设置为CMYK（0%，48%，46%，0%），如图3-26所示。参照相同的方法，设置第二个色标，颜色为CMYK（0%，95%，90%，0%）。

图 3-25　设置渐变类型

图 3-26　设置渐变颜色

（10）使用"渐变工具"调整渐变发射点和方向，如图3-27所示。

（11）执行"对象"→"路径"→"偏移路径"命令，弹出"偏移路径"对话框，将"位移"设置为10pt（可根据所画苹果果身的大小自行调整参数），其余选项采用默认值（见图3-28），单击"确定"按钮，原图形的下方将显示一个稍大一些的图形。

图 3-27　调整渐变发射点和方向

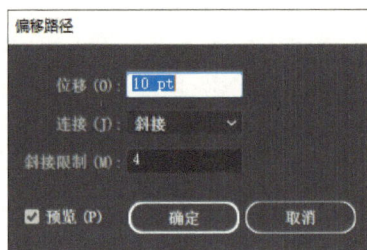

图 3-28　"偏移路径"对话框参数设置

📝 提示

在"偏移路径"对话框的"位移"文本框中，如果输入正值，则路径会按此值向外形成一个嵌套路径；如果输入负值，则路径会按此值向内形成一个嵌套路径。

（12）使用"选择工具"选择下方的新图形，并将其填充颜色设置为深一些的红色（颜色值为CMYK：33%，90%，79%，0%），如图3-29所示。

（13）在选中下方图形的情况下，先执行"对象"→"路径"→"偏移路径"命令，在弹出的"偏移路径"对话框中设置参数，再将颜色设置为更深的红色（颜色值为CMYK：

53%，100%，100%，38%），得到如图 3-30 所示的阴影。

图 3-29　填充下方图形的颜色　　　　　　　　图 3-30　阴影

（14）在作为备份的苹果果身上绘制如图 3-31 所示的不规则图形。

（15）选择"形状生成器工具"（快捷键为 Shift+M），按住 Alt 键并单击多余部分，将其删除，得到如图 3-32 所示的高光部分图形。

图 3-31　不规则图形　　　　　　　　　图 3-32　高光部分图形

（16）单击"渐变填充"按钮▨，得到如图 3-33 所示的渐变填充图形。

（17）打开"渐变"面板，将第一个和第二个色标均设置为白色，单击第二个色标，将"不透明度"设置为 0，"角度"设置为 -90°，如图 3-34 所示。

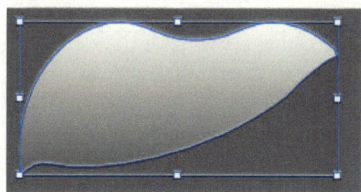

图 3-33　渐变填充图形　　　　　　　　图 3-34　"渐变"面板参数设置

（18）将得到的图形放置在前面绘制好的苹果果身上，如图 3-35 所示。

（19）使用"钢笔工具"绘制苹果的叶子。首先，使用"钢笔工具"绘制叶子一边的弧线段路径，并按住 Alt 键切换成"转换点工具"↖，单击锚点以取消显示方向线；然后，绘制另一边叶子的弧线段路径；最后，闭合路径，得到叶子形状，如图 3-36 所示。

（20）为叶子形状填充从 CMYK（20%，0%，90%，0%）到 CMYK（90%，27%，100%，

27%）的渐变颜色；按住 Alt 键，同时按住鼠标左键不释放并拖动叶子形状，复制出一个叶子形状，将其作为备份，以便绘制高光。

（21）对叶子形状进行两次偏移路径操作（每次偏移距离为 5pt 左右），并将偏移后底层叶子形状的填充颜色修改为 #0E542D，第二层叶子形状的填充颜色修改为 #1F7B3A，如图 3-37 所示。

（22）使用"钢笔工具"在作为备份的叶子形状上绘制图形，并使用"形状生成器工具"修剪出高光形状。参照相同的方法，为高光形状设置从白色到透明色的渐变颜色，并将其放到叶子形状的上方，如图 3-38 所示。

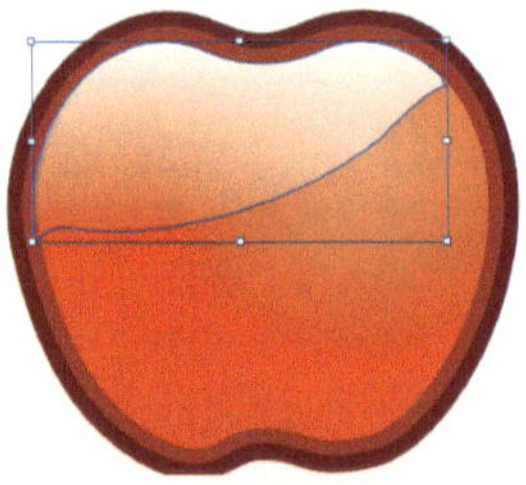

图 3-35　放置图形 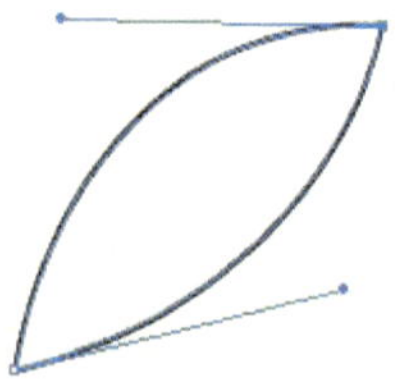　　　图 3-36　叶子形状 　　　图 3-37　修改填充颜色 　　　图 3-38　添加高光

（24）镜像复制出一个叶子形状，并调整其大小和方向；将叶子形状和苹果果身放到一起，并按快捷键 Ctrl+G 进行编组，即可得到如图 3-18 所示的苹果标志。

（25）保存文件。

思考与练习

（1）使用"钢笔工具"绘制如图 3-39 所示的祥云图案。（初学者可以先进行描摹练习）

图 3-39　祥云图案

（2）使用"钢笔工具"等绘制如图 3-40 所示的企鹅头像。

图 3-40　企鹅头像

自我评价表

内容及技能要点	是否掌握		熟练程度		
	是	否	熟练	一般	不熟
使用"钢笔工具"绘制路径：直线路径的绘制					
使用"钢笔工具"绘制路径：曲线路径的绘制					
使用"钢笔工具"绘制路径：开放路径的绘制					
使用"钢笔工具"绘制路径：闭合路径的绘制					
添加锚点和删除锚点					
使用"转换点工具"及其快捷键调整锚点和方向线					
使用"直接选择工具"及其快捷键调整锚点					
案例 1 的制作					
案例 2 的制作					
思考与练习					
自我总结在本节学习中遇到的知识是否掌握、技能难点是否解决					

3.2 路径的编辑

　　上一节不仅介绍了如何运用钢笔工具组中的"锚点工具"、"添加锚点工具"和"删除锚点工具"，还介绍了使用"直接选择工具"调整锚点的方法。这些都是对路径进行编辑的工具，可以对使用"钢笔工具"绘制的路径进行编辑。对路径的编辑还有多种方法，根据不同的图形，需要运用不同的编辑方法。本节将介绍"橡皮擦工具"、"剪刀工具"和"美工刀工具"等编辑路径工具，以及编辑路径的菜单命令。

1. 路径编辑工具

1)"橡皮擦工具"

"橡皮擦工具"（快捷键为 Shift+E）：可以抹除路径。

用法如下。

（1）抹除整条路径：直接在路径上擦除，直到将路径全部抹除。

（2）抹除中间部分路径：将一条闭合的路径分割成两条独立的闭合路径，如图 3-41

所示。

（3）抹除部分开放路径：如果路径是开放的，则在抹除中间部分路径后，将生成两条独立的开放路径，如图 3-42 所示。

（4）切割路径：双击"橡皮擦工具" ◆ ，弹出"橡皮擦工具"对话框，在其中修改橡皮擦尺寸。另外，可以通过按"["键缩小橡皮擦尺寸，按"]"键放大橡皮擦尺寸。

2）"剪刀工具" ✂

"剪刀工具"（快捷键为 C）：断开路径。

用法：使用"剪刀工具"在路径段和锚点上单击，即可将一条连续的路径断开。

3）"美工刀工具" ✎

"美工刀工具"（快捷键为 Ctrl+K）：在使用"美工刀工具"切割路径时，会将路径分割成几条闭合路径。

用法：选择"美工刀工具"，直接在路径上切割，如图 3-43 所示。

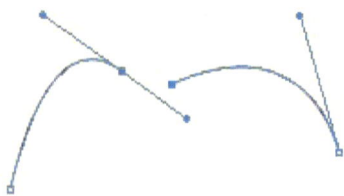

图 3-41　抹除中间部分路径　　　图 3-42　抹除部分开放路径　　　图 3-43　切割路径

2. 路径的菜单命令

（1）"对象"→"路径"→"连接"命令（快捷键为 Ctrl+J）：选择端点处的锚点。

用法：先使用"直接选择工具"选择两条开放路径的两个端点处的锚点（见图 3-44），再执行"对象"→"路径"→"连接"命令，即可将这两个端点连成一条直线，如图 3-45所示。

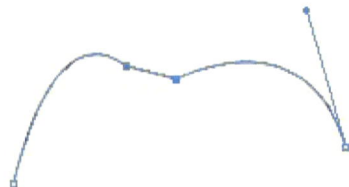

图 3-44　选中两个锚点　　　　　　　　　图 3-45　连接锚点

（2）"对象"→"路径"→"平均"命令（快捷键为 Alt+Ctrl+J）：连接锚点。该命令不仅可以连接端点处的锚点，还可以连接任何锚点。

用法：选中两个锚点，执行"对象"→"路径"→"平均"命令（快捷键为 Alt+Ctrl+J），在弹出"平均"对话框（见图 3-46）中进行设置。"平均"对话框中包含以下 3 个单选按钮。

① 水平：将所选锚点置于同一水平线上。

② 垂直：将所选锚点置于同一垂直线上。

③ 两者兼有：将所选锚点相交于一点。

（3）"对象"→"路径"→"轮廓化描边"命令：使路径的描边形成一个闭合路径，并将路径和填充内容分开。执行"轮廓化描边"命令前后的效果如图 3-47 所示。

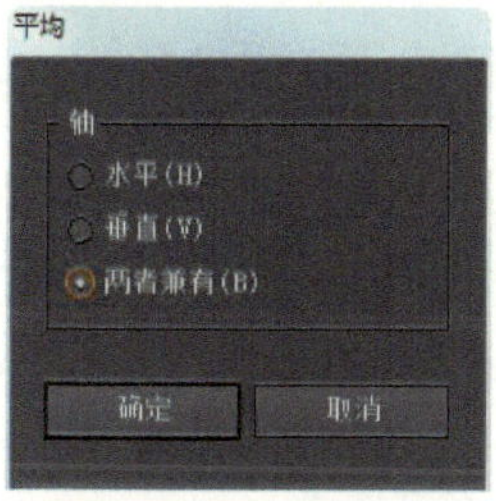

图 3-46 "平均"对话框

图 3-47 执行"轮廓化描边"命令前后的效果

（4）"对象"→"路径"→"偏移路径"命令：形成比原路径外框大或小的新路径，对路径进行扩展或收缩。

执行该命令，弹出"偏移路径"对话框，其中部分选项的含义如下。

① 偏移：若在该文本框中输入负值，则按此值向内形成一条嵌套路径。

② 接合：分为斜接、圆角和斜角。

③ 斜接限制：调整此值，将会改变线段转折处的效果。

（5）"对象"→"路径"→"添加锚点"命令：在执行该命令后，将在所选路径上的每两个锚点之间添加一个新的锚点。

（6）"对象"→"路径"→"分割下方对象"命令：将一个对象切割穿过另一个对象，并丢弃切割对象，仅保留被切割对象的下方部分。

（7）"对象"→"路径"→"清理"：删除视图为预览模式时的游离点（不可见的多余锚点）、未上色对象（填充颜色和描边颜色都是透明色的对象、不可见的对象路径）及空白文字路径。

案例3　　传统窗格图案——路径编辑工具的运用

制作分析

本案例以中国传统图案为样板，运用"多边形工具"、"圆角矩形工具"、"剪刀工具"及"偏移路径"命令等制作祥云和抽象的山，从而组成一幅如图 3-48 所示的传统窗格图案。

图 3-48 传统窗格图案

操作步骤

（1）新建一个文件，将"取向"设置为横版，"大小"设置为A4，"颜色模式"设置为CMYK。

（2）绘制一个与绘图区大小相同的矩形作为背景，将填充颜色设置为CMYK（0%，15%，30%，0%），并按快捷键Ctrl+2锁定矩形。

（3）将填充颜色设置为无，边框颜色设置为绿色（CMYK：75%，15%，55%，0%），在属性栏中将描边粗细设置为8pt。

（4）选择"多边形工具" ⬡，在绘图区中单击，在弹出的"多边形"对话框中设置"边数"为3，其余选项采用默认值，绘制一个正三角形，如图3-49所示。

（5）拖曳定界框将正三角形拉扁，如图3-50所示。

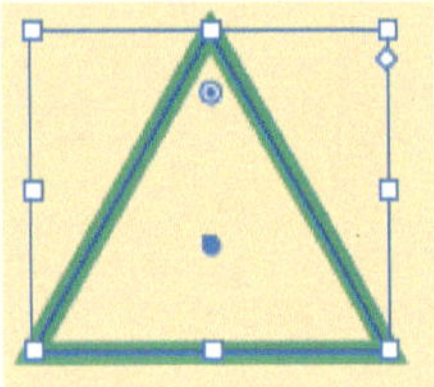

图3-49　绘制正三角形

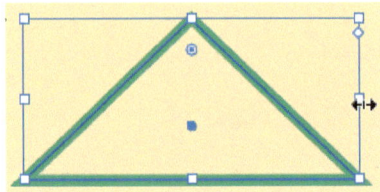

图3-50　拖曳定界框

（6）选择"剪刀工具" ✂，在正三角形下方的两个角点处单击，将路径剪断。注意：一定要在显示锚点两个字的地方单击，如图3-51所示。

（7）删除断开的直线，如图3-52所示。

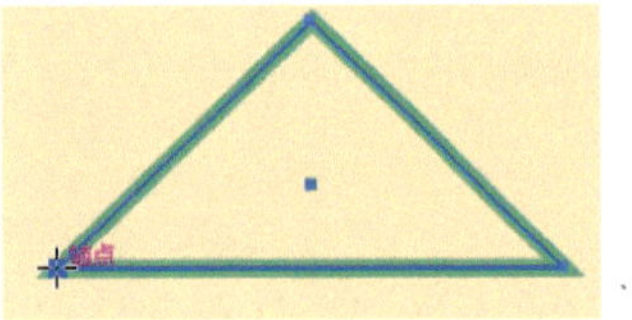

图3-51　剪断锚点

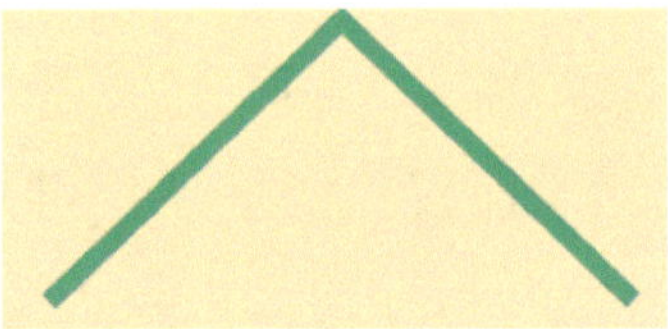

图3-52　删除直线

提示

由于线条比较粗，在将其剪断时容易剪错，因此可以执行"视图"→"轮廓"命令（快捷键为Ctrl+Y）进入轮廓模式，此时线条将变成很细的单线，如图3-53所示。剪断后检查是否存在多余的断点。如果存在多余的断点，则应将其删除。

（8）选中断开的三角形尖顶，执行"对象"→"变换"→"分别变换"命令，在弹出的"分别变换"对话框中将"移动"选项组中的"垂直"设置为10mm（见图3-54），单击"复制"按钮。

（9）按两次快捷键Ctrl+D重复执行移动操作，得到如图3-55所示山尖图案。

（10）选中所有线条，执行"对象"→"路径"→"轮廓化描边"命令，将线条扩展成形状，如图 3-56 所示。

图 3-53　轮廓模式下的线条

图 3-54　移动参数

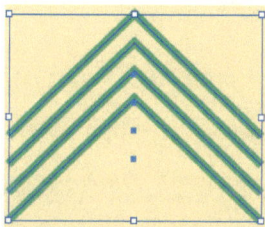

图 3-55　山尖图案

图 3-56　扩展线条

（11）绘制一个矩形，将填充颜色设置为任意颜色，描边颜色设置为无，使其盖住山尖的下半部分，如图 3-57 所示。

（12）同时框选矩形和所有山尖线条，选择"形状生成器工具"，按住 Alt 键并使用鼠标删除下方多余部分，如图 3-58 所示。

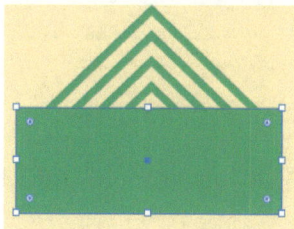

图 3-57　绘制矩形

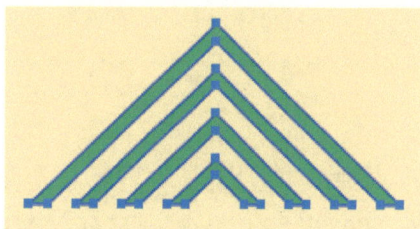

图 3-58　删除下方多余部分

（13）选择"选择工具"，同时选中山尖图案，按快捷键 Ctrl+G 进行编组。按住 Alt 键，同时按住鼠标左键不释放并拖动山尖图案，复制出两个山尖图案，并调整它们的大小和位置，如图 3-59 所示。

（14）设置填充颜色为无，描边颜色为与山尖颜色相同的颜色，描边粗细为 5pt；选择"圆角矩形工具"，在绘图区中单击，在弹出的"圆角矩形"对话框中设置"圆角半径"为 100mm，"宽度"为 165mm，"高度"18mm，单击"确定"按钮，得到一个圆角矩形；移动该圆角矩形至山脚下，如图 3-60 所示。

图 3-59　复制的山尖图案

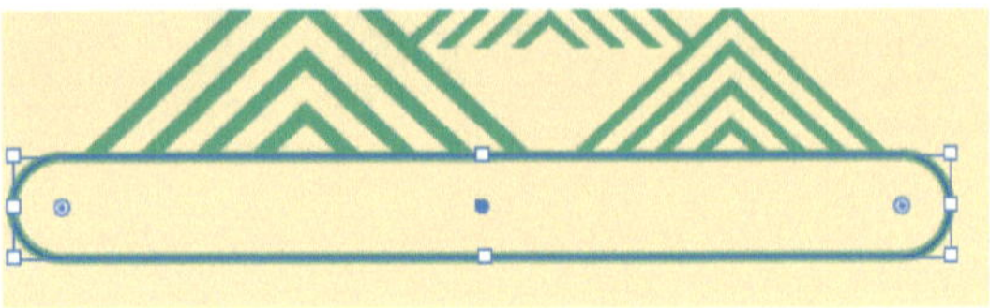

图 3-60　圆角矩形的位置

（15）复制出一个圆角矩形，如图 3-61 所示。在复制的过程中按住 Shift 键可以水平复制圆角矩形。

（16）选中原来的圆角矩形，按快捷键 Ctrl+2 进行锁定。使用"剪刀工具"分别在复制圆角矩形的右上的和右下的两个锚点上单击，选择"选择工具"将左边部分删除，如图 3-62 所示。

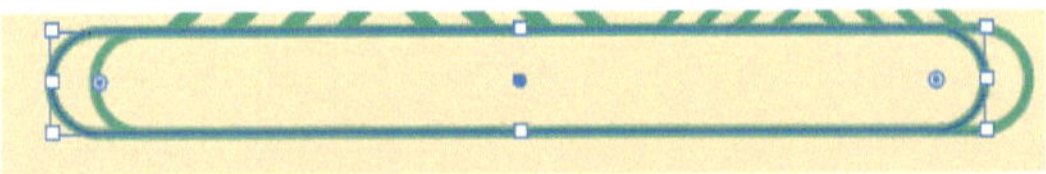

图 3-61　复制圆角矩形

图 3-62　删除左边部分

（17）按快捷键 Ctrl+Alt+2 取消全部锁定。选择作为背景的矩形，按快捷键 Ctrl+2 进行锁定。此时，除了背景矩形，其余图形都是解锁状态。

（18）使用"直接选择工具" ▶ 框选圆角矩形左边锚点，先按 Delete 将其删除（见图 3-63），形成一条云雾线条。

（19）绘制一个小一些的圆角矩形，并将其放置在云雾线条的下方，如图 3-64 所示。

图 3-63　删除左边锚点

图 3-64　放置小圆角矩形

（20）使用"剪刀工具"剪断左上角和右下角的锚点，使用"选择工具" ▶ 选中右上部分，将其删除（见图 3-65），得到另外一条云雾线条。

（21）按快捷键 Ctrl+Y 进入轮廓模式，将两条云雾线条靠近。

（22）使用"直接选择工具" ▶ 同时选中两条云雾线条上要进行连接的锚点，执行"对象"→"路径"→"连接"命令（快捷键为 Ctrl+J），将两条云雾线条连接在一起，如图 3-66 所示。

图 3-65　删除不需要部分

图 3-66　连接断开的锚点

（23）按快捷键 Ctrl+Y 回到预览视图。使用"直接选择工具" ▶ 选中右下边直线的锚点，向右将直线拉长（按住 Shift 可水平向左拉长），绘制祥云，如图 3-67 所示。

（24）将填充颜色设置为无，描边颜色设置为绿色，描边粗细设置为 5pt；使用"圆角矩形工具"，在山和祥云外面绘制一个圆角半径为 20mm 的圆角矩形，作为边框，如图 3-68 所示。

图 3-67　拉长直线

图 3-68　边框

（25）使用"选择工具" ▶，按住 Alt 键并单击圆角矩形内的小圆点，调整边框，得到如图 3-69 所示图形。

（26）执行"对象"→"路径"→"偏移路径"命令，弹出"偏移路径"对话框，将位移设置为 5mm，结果如图 3-70 所示。

图 3-69　调整边框

图 3-70　偏移边框

（27）绘制正圆，执行"对象"→"路径"→"偏移路径"命令，在弹出的"偏移路径"对话框中设置参数，形成太阳图案，最终效果如图 3-48 所示。

案例 4　　花卉图案——路径编辑工具的运用

制作分析

要制作如图 3-71 所示的花卉图案，应首先使用"钢笔工具"绘制一条弧线，并在进行镜像复制后连接每条路径，然后对整条路径进行一次旋转复制，将每两个锚点连接成一条路径，形成一个闭合路径，最后进行多次复制缩放操作，并填充相应颜色。

🟠 操作步骤

（1）新建一个文件，设置"大小"为A4；从标尺处拖动出一条参考线，并使用"选择工具"选中该参考线，使用"旋转工具"旋转复制出一条角度为30°的参考线，按4次快捷键Ctrl+D复制出4条参考线，得到如图3-72所示的参考线。

图 3-71　花卉图案

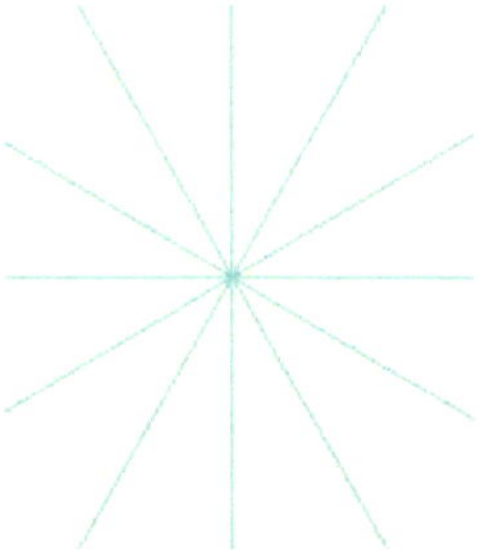

图 3-72　参考线

📘 提示

如果在拖动出参考线后，参考线处于锁定状态，则执行"视图"→"参考线"命令，查看是否已勾选"锁定参考线"命令。若取消勾选该命令，则参考线为解锁状态，可对其进行移动、复制、旋转等操作。

（2）以参考线交点为圆心，绘制一个圆形作为基准，并将填充颜色设置为无，描边颜色设置为黑色，描边粗细设置为1pt；框选所有参考线和圆形，执行"对象"→"锁定"→"所选对象"命令进行锁定，如图3-73所示。

（3）执行"视图"→"轮廓模式"命令（快捷键为Ctrl+Y），进入轮廓模式，便于对齐锚点；从纵向参考线一端绘制一条终点在圆心（中心点）处的弧线，如图3-74所示。

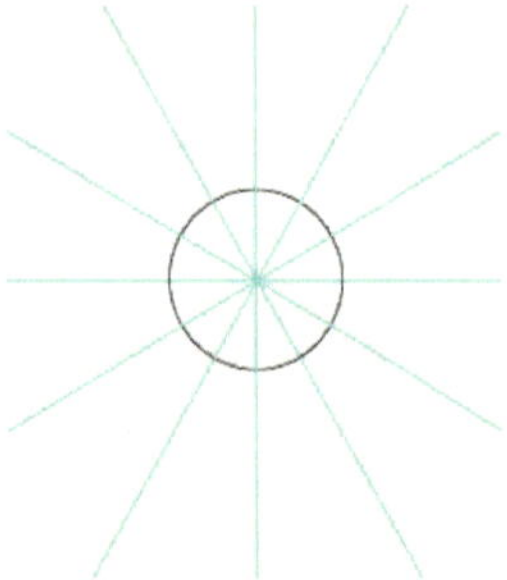

图 3-73　锁定所有参考线和圆形

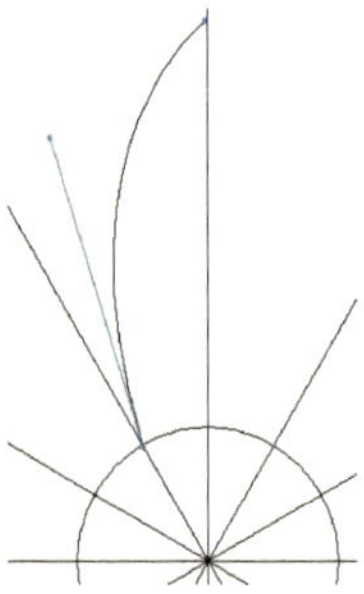

图 3-74　绘制弧线

（4）使用"放大镜工具"将弧线与中心点处放大，查看锚点位置是否与参考线对齐。如果有偏差，则需要运用"直接选择工具"进行调整，如图3-75所示。

（5）镜像复制弧线，如图 3-76 所示。

（6）调整复制的弧线，使上部与左边弧线上部的锚点重合，如图 3-77 所示。

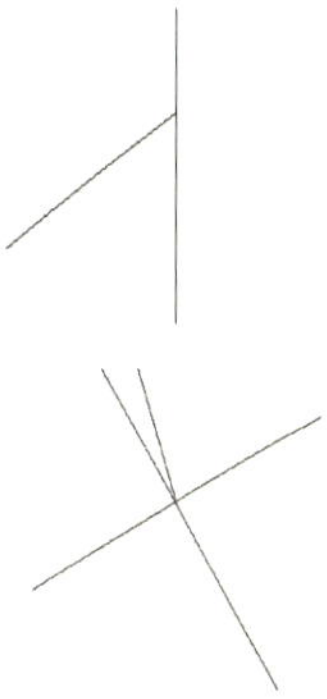

| 图 3-75　调整锚点与参考线 | 图 3-76　镜像复制弧线 | 图 3-77　重合锚点 |

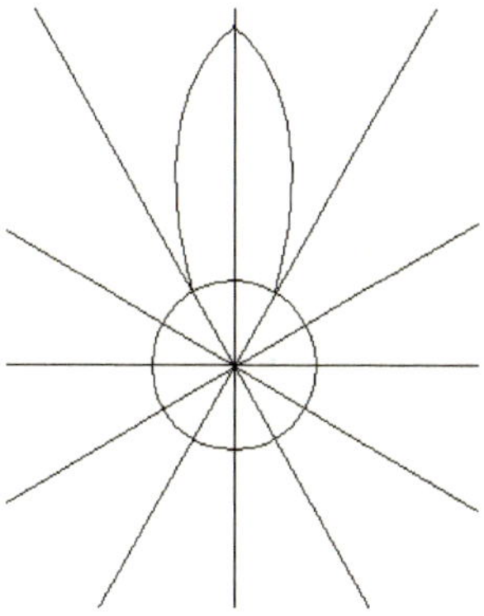

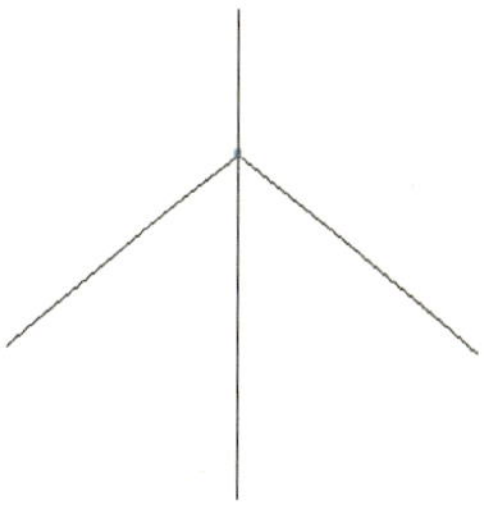

（7）使用"直接选择工具"框选两条弧线段端点处的两个相交的锚点，执行"对象"→"路径"→"连接"命令，使锚点合并，将两条路径连接成一条路径。

提示

"对象"→"路径"→"连接"命令仅对两个锚点产生作用，若选择了多个锚点，则会弹出如图 3-78 所示的提示对话框，提示仅能选择两个锚点。若两个锚点重合后执行该命令，则两个锚点将合并成一个锚点。

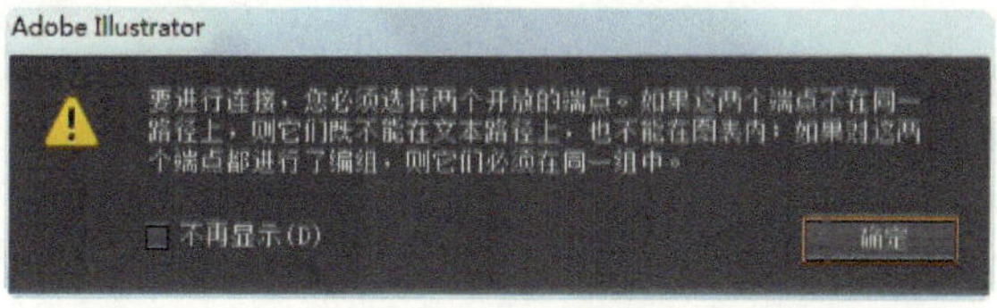

图 3-78　提示对话框

（8）选中连接好的路径，进行旋转复制，按住 Alt 键，将旋转中心点设置在中心点处，将旋转角度设置为 60°。按快捷键 Ctrl+D 重复执行旋转复制命令，形成一圈花瓣。

（9）使用"放大镜工具"局部放大图形，使用"直接选择工具"进行调整，将锚点与中心点对齐，绘制好花瓣，如图 3-79 所示。

（10）执行"对象"→"全部解锁"命令（快捷键为 Ctrl+Alt+2），将所有参考线及圆形解锁，选中它们并按 Delete 键。

（11）选中两个花瓣路径相交处的两个锚点，执行"对象"→"路径"→"连接"命令。重复执行上述操作，直至将整个花瓣的路径合并为一个闭合的路径，得到一个花形图形，如图 3-80 所示。

图 3-79　花瓣

图 3-80　花形图形

（12）复制出一个花形图形（快捷键为 Ctrl+C 和 Ctrl+F）。使用"选择工具"选中定界框的一角并进行拖动，按快捷键 Alt+Shift 以原有中心点为中心进行等比例缩放。重复此操作，直到得到如图 3-81 所示的花卉图案线稿。

（13）执行"视图"→"预览"命令（快捷键为 Ctrl+Y），回到预览模式，为每层花瓣填充不同的颜色，如图 3-82 所示。

（14）保存文件。

图 3-81　花卉图案线稿

图 3-82　填充颜色

思考与练习

运用"钢笔工具"、路径调整工具及路径菜单命令绘制如图 3-83 所示的裂纹花瓶。

图 3-83　裂纹花瓶

自我评价表

内容及技能要点	是否掌握		熟练程度		
	是	否	熟练	一般	不熟
"橡皮擦工具"的运用：抹除路径					
"剪刀工具"的运用：断开路径					
"美工刀工具"的运用：分割几条闭合路径					
"钢笔工具"的运用：绘制闭合路径					
"对象"→"路径"→"连接"命令的运用：连接路径					
"对象"→"路径"→"平均"命令的运用：连接锚点					
"对象"→"路径"→"轮廓化描边"命令的运用					
"对象"→"路径"→"分割下方对象"命令的运用					
"对象"→"路径"→"偏移路径"命令的运用					
案例 3 的制作					
案例 4 的制作					
思考与练习					
自我总结在本节学习中遇到的知识是否掌握、技能难点是否解决					

3.3 "铅笔工具"与"平滑工具"

（1）"铅笔工具" ✎ （快捷键为 N）：绘制不规则路径。

用法：选择"铅笔工具"，按住鼠标左键不释放并在绘图区中自由拖动鼠标。在按住鼠标左键不释放的状态下按住 Alt 键，"铅笔工具"图标下方会显示一个代表闭合的圆圈，松开鼠标左键会自动闭合路径，如图 3-84 所示。

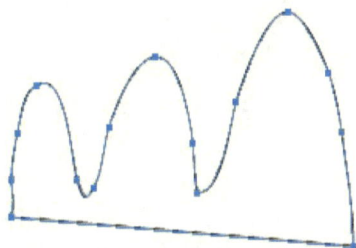

图 3-84　闭合路径

（2）"平滑工具" ![icon]：对路径的尖角处进行平滑处理。

用法：双击"平滑工具"，弹出"平滑工具选项"对话框（见图3-85）。在该对话框中可以设置保真度和平滑度，以确定平滑的效果。选中需要进行平滑操作的路径，选择"平滑工具"，按住鼠标左键并拖动鼠标，使鼠标指针滑过需要平滑的锚点，路径即可变得更加平滑。图3-86所示为平滑前和平滑后的路径。

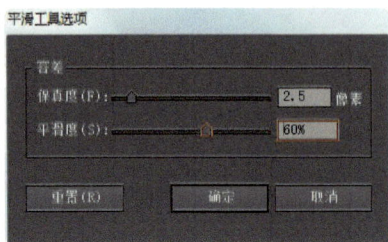

图 3-85　"平滑工具选项"对话框　　　　图 3-86　平滑前和平滑后的路径

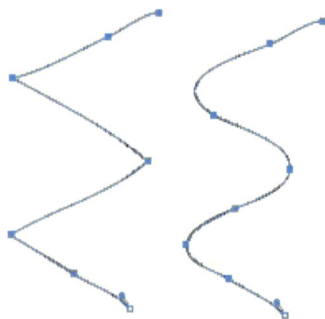

案例5　　　　　　小树——"铅笔工具"和"平滑工具"的运用

制作分析

图3-87中小树的绘制方式比较灵活，树干的线条比较直，因此使用"钢笔工具"进行绘制，树叶使用"铅笔工具"进行绘制，以呈现更真实的效果。最后，使用"平滑工具"调整树叶部分的平滑度，使整体绘制更加自然。

图 3-87　小树

操作步骤

（1）新建一个A4大小的文件。使用"钢笔工具"绘制树干外形。由于树干线条比较直，因此在绘制时直接单击即可，不需要拖动鼠标，如图3-88所示。

（2）为树干填充褐色，并使用"铅笔工具"在树干上绘制树洞及树干的纹理，如图 3-89 所示。

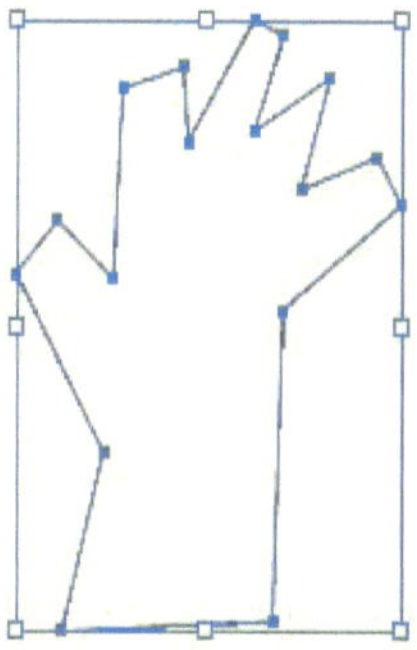

图 3-88　绘制树干外形

图 3-89　绘制树洞及树干的纹理

提示

（1）在使用"铅笔工具"绘制不规则路径时，绘制好的路径锚点将处于选中状态。当"铅笔工具"图标的下方显示"×"时，可以进行下一条路径的绘制。当靠近绘制好的路径时，"铅笔工具"图标下方的"×"会消失，再次绘制路径，新绘制的路径将代替先绘制好的路径，而先绘制好的路径会消失。

（2）如果不想让先绘制好的路径消失，则可在绘制好第一条路径后按住 Ctrl 键并在绘图区空白处单击，取消路径锚点的选中状态，继续绘制下一条路径。

（3）选择"选择工具"，按住 Shift 键并逐个选中树干上的所有纹理，执行"窗口"→"画笔"命令，打开"画笔"面板，如图 3-90 所示；选择"炭笔、羽毛"画笔，将树干上的纹理设置成使用炭笔绘制的效果，如图 3-91 所示。

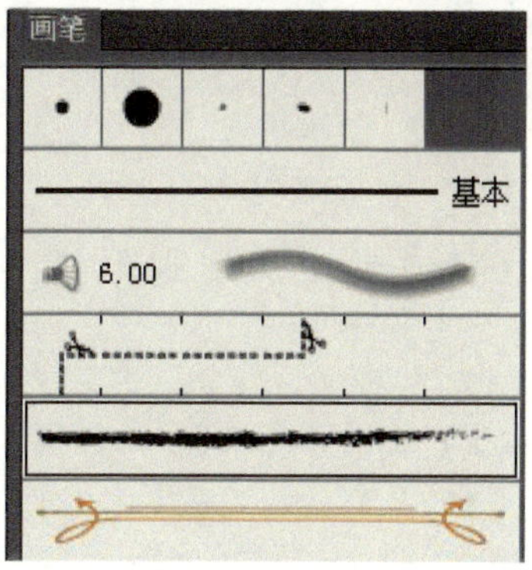

图 3-90　"画笔"面板

图 3-91　设置炭笔效果

（4）使用"铅笔工具"绘制一片树叶，在绘制的过程中可以按住 Alt 键切换成"平滑工具"，调整树叶的平滑度，并填充颜色，如图 3-92 所示。

提示

在绘制闭合的叶子时，不要一段一段地绘制，可以在接近终点时按住 Alt 键，同时松开鼠标左键，路径会自动闭合。

（5）使用"铅笔工具"绘制树叶，形成如图 3-93 所示的一簇树叶。选中需要调整顺序的叶片并右击，在弹出的快捷菜单中执行"排列"命令，调整树叶的层次；框选所有树叶并进行编组（快捷键为 Ctrl+G）。

图 3-92　绘制树叶 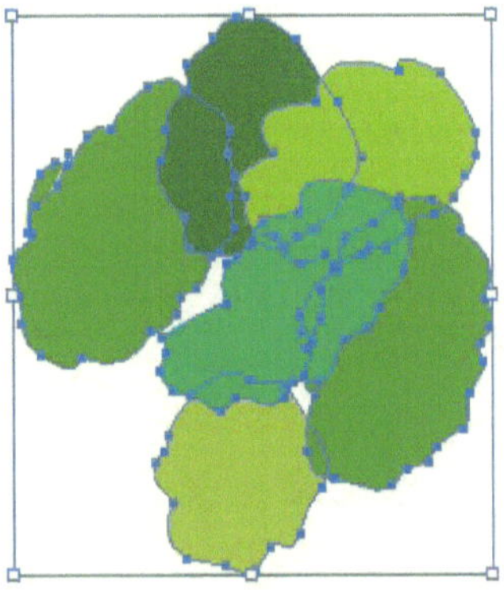　　　　　　　　　　　图 3-93　一簇树叶

（6）按住 Alt 键并移动树叶编组，以复制该编组，可以复制出多个；将树叶编组放置到合适位置，选择需要调整层次的树叶编组并右击，在弹出的快捷菜单中执行"排列"命令，得到小树的整体造型，如图 3-87 所示。

（7）保存文件。

提示

"铅笔工具"和"平滑工具"一般隐藏在 Shaper 工具组中。按住"Shaper 工具"两秒，弹出隐藏工具组，其中除了"铅笔工具"和"平滑工具"，还有"路径橡皮擦工具"和"连接工具"。

（1）"Shaper 工具"。

通过该工具可以自由绘制图形，在绘制完成后，路径将自动变成规则形状，如图 3-94 所示。

图 3-94　使用"Shaper 工具"绘制图形

（2）"路径橡皮擦工具" 。

选中图形路径,使用"路径橡皮擦工具"在锚点处进行擦除,可擦除局部路径,如图 3-95 所示。

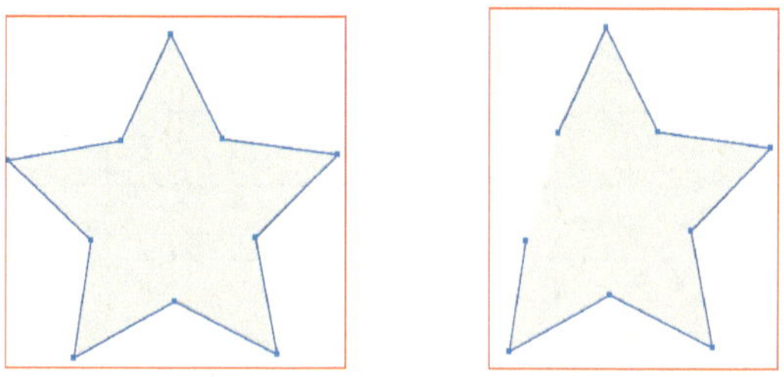

图 3-95 使用"路径橡皮擦工具"擦除局部路径

（3）"连接工具" 。

选择该工具,按住鼠标左键并在断开路径的两个锚点之间拖动鼠标,可以将断开的路径连接上,如图 3-96 所示

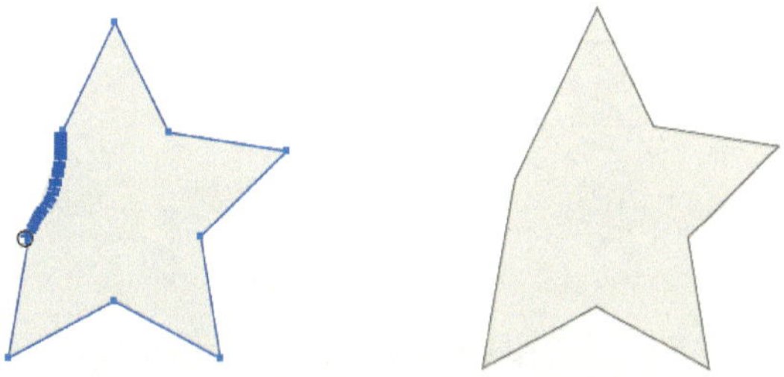

图 3-96 使用"连接工具"连接路径

思考与练习

根据图 3-97 设计并绘制卡通插图。

图 3-97 卡通插图

自我评价表

内容及技能要点	是否掌握		熟练程度		
	是	否	熟练	一般	不熟
使用"铅笔工具"绘制路径					
在"画笔"面板中选择画笔					
使用"平滑工具"调整路径					
案例5的制作					
思考与练习					
自我总结在本节学习中遇到的知识是否掌握、技能难点是否解决					

总结

　　矢量图是由数学对象定义的直线和曲线构成的，基本单位是路径和锚点。"钢笔工具"是 Illustrator CC 中较为强大的绘制矢量图形的工具，可以绘制各种精确的图形。本章介绍了使用"钢笔工具"绘制路径的方法，以及路径调整工具、路径菜单命令。在学习完本章后，读者应掌握"钢笔工具"的基本用法，包括钢笔工具组中的"添加锚点工具"、"删除锚点工具"和"锚点工具"，能熟练运用快捷键对路径进行调整，能够运用路径编辑工具对路径进行剪切、抹除等操作，从而制作出具有特殊效果的路径。

　　"铅笔工具"也是绘制路径的工具。读者不仅可以使用"铅笔工具"绘制自由路径，还可以设置铅笔的笔触，从而实现特定的艺术效果。

第4章

图形的运算

图形的运算是指通过相加、相减、交集等操作，运用运算原理使图形组合成新的图形。本章将介绍图形运算的基本规律和方法。在学习完本章后，读者应掌握运用"路径查找器"面板进行图形运算的方法，了解通过复合路径与"路径查找器"面板对图形进行运算的区别，并制作出具有特殊效果的矢量图形。

4.1　对图形进行运算的方法

在制作较复杂的图形时，需要对两个甚至多个图形进行相加、相减等操作，以获得所需图形。这需要对图形进行运算。

图形运算的浮动面板是"路径查找器"。执行"窗口"→"路径查找器"命令（快捷键为 Shift+Ctrl+F9），打开"路径查找器"面板，如图 4-1 所示，该面板中包含两个选项组，分别是"形状模式"和"路径查找器"。"形状模式"选项组主要用于对形状进行修改，而"路径查找器"选项组则主要用于对路径进行修改。

1. "形状模式"选项组

"形状模式"选项组：对图形的形状进行运算。

（1）联集▣：将多个独立的形状相加，使它们变成一个特殊形状。

（2）减去顶层▣：减去下方图形与上方图形相交的部分，同时对上方图形进行透明化处理。

（3）交集▣：保留图形相交的部分，去除其余部分。

（4）差集▣：自动去除重叠部分图形，仅保留重叠部分以外的图形。

（5）扩展 扩展 ：该按钮一般呈灰色不可单击状态。当按住 Alt 键并单击上列运算按钮时，图形将发生变化，但路径依然保持不变（见图 4-2），此时"扩展"按钮将变为可单击状态。当单击该按钮后，路径会消失。

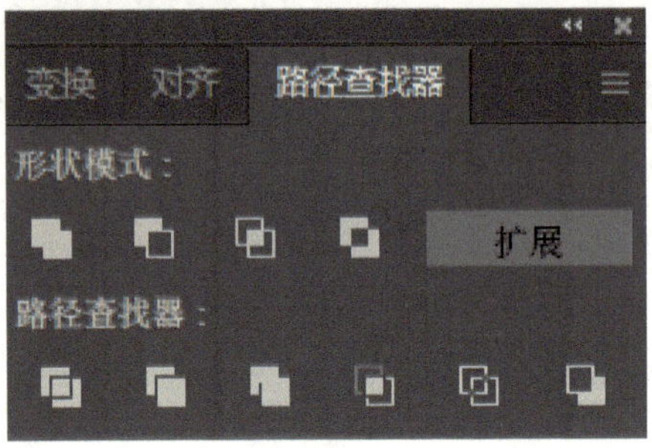

图 4-1 "路径查找器"面板

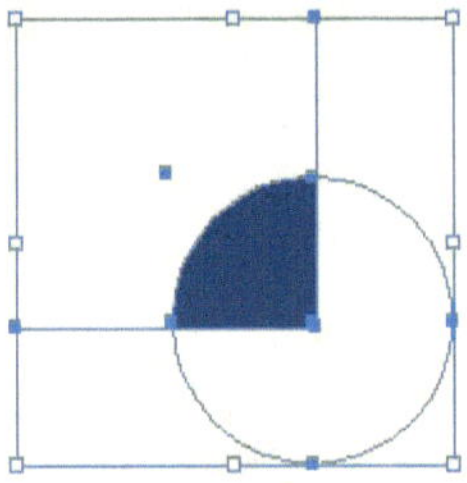

图 4-2 按住 Alt 键并单击运算按钮的效果

2."路径查找器"选项组

"路径查找器"选项组：对图形的路径进行运算。

（1）分割▣：两个或多个图形的路径相交，彼此的路径将被分割成多个部分。

（2）修边▣：减去下方图形与上方图形相交的部分，上方图形保持不变。

（3）合并▣：合并相交的图形路径。

（4）裁剪▣：保留上方图形与下方图形相交的部分，去除其余部分图形和路径。

（5）轮廓▣：将对象分割为线段或边缘。在单击此按钮后，自动将图形转化为轮廓线段，并且将相交的部分分割成独立线段。

（6）减去后方对象▣：减去上方图形中与下方图形相交的部分，同时去除后方图形。

提示

在对路径应用"路径查找器"选项组中的运算后，除了"减去后方对象"运算不需要取消编组，其余运算都要取消编组，方法为右击图形，在弹出的快捷菜单中执行"取消编组"命令。

"形状模式"和"路径查找器"选项组的运用有相通的地方。一个图形可以分别使用这两个选项组中的对应功能进行运算，得到的效果是相同的。

图 4-3 所示为图形运算效果，这是对一个方形和一个圆形运用交集运算后产生的效果。下面分别运用两种方法来绘制如图 4-3（b）所示的图形。

方法一：运用形状工具进行绘制。

（1）绘制一个正方形和一个圆形，并使它们部分重叠。

（2）同时选中这两个图形（见图 4-4），单击"路径查找器"面板的"形状模式"选项组中的"交集"按钮▣，去除两个图形相交部分之外的部分，效果如图 4-5 所示。

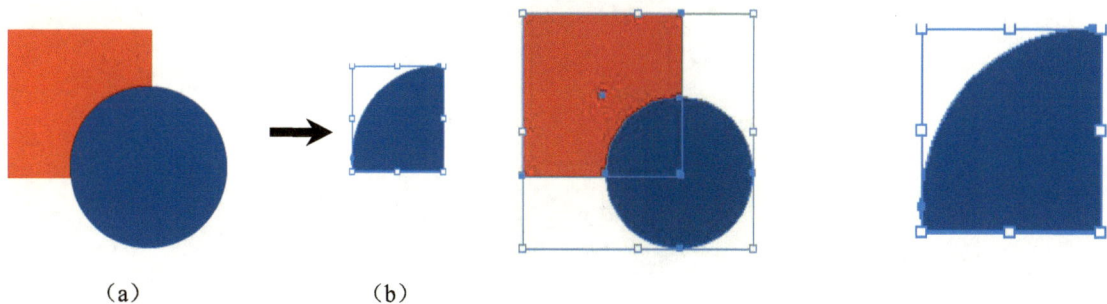

（a）　　　　（b）

图 4-3　图形运算效果　　　图 4-4　同时选中两个图形　　图 4-5　进行交集运算后的效果

方法二：运用"路径查找器"选项组进行绘制。

（1）参照上述方法，绘制一个正方形和一个圆形，并使它们部分重叠。

（2）同时选中这两个图形，单击"路径查找器"面板的"路径查找器"选项组中的"裁剪"按钮▣。此时，仅保留重叠的部分及圆形的路径，如图 4-6 所示。

（3）右击剪裁后的图形，在弹出的快捷菜单中执行"取消编组"命令，如图 4-7 所示；删除多余的路径，即可得到如图 4-3（b）所示的图形。新图形的颜色是根据下方图形的颜色决定的，由于下方正方形的颜色是红色的，因此新图形的颜色也是红色的。

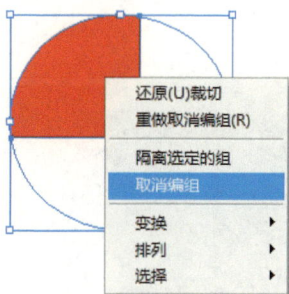

图 4-6　裁剪效果　　　　　　图 4-7　执行"取消编组"命令

案例 1　　　齿轮图标——"联集"与"差集"按钮的运用

🍊制作分析

图 4-8 所示的齿轮图标是由一个大圆、一个小圆和多个矩形组成的，其中小圆是中空的，所用工具包括"形状模式"选项组中的"联集"按钮▣和"差集"按钮▣。由于运用了"形状模式"选项组中的工具，因此在进行加减运算后需要对图形进行扩展，以去除路径。

图 4-8　齿轮图标

操作步骤

（1）新建一个文件，设置"大小"为 A4，并打开标尺（快捷键为 Ctrl+R），从标尺处拖动出一横一纵两条垂直相交的参考线，用于确定圆心。

（2）以参考线交点为圆心，在圆心处单击后不释放鼠标左键，同时按住 Alt 键和 Shift 键，拖动鼠标绘制一个正圆。

（3）在正圆上方绘制一个矩形，要与纵向参考线垂直对齐，如图 4-9 所示。

（4）选择"旋转工具"，按住 Alt 键并在圆心位置单击，弹出"旋转"对话框（见图 4-10），将"角度"设置为 30°，并单击"复制"按钮。

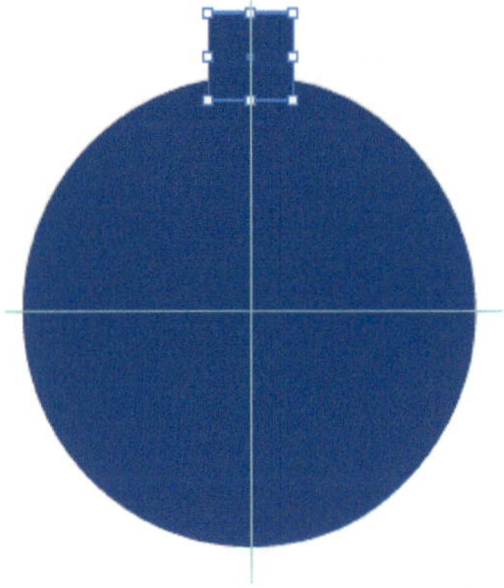

图 4-9　对齐矩形

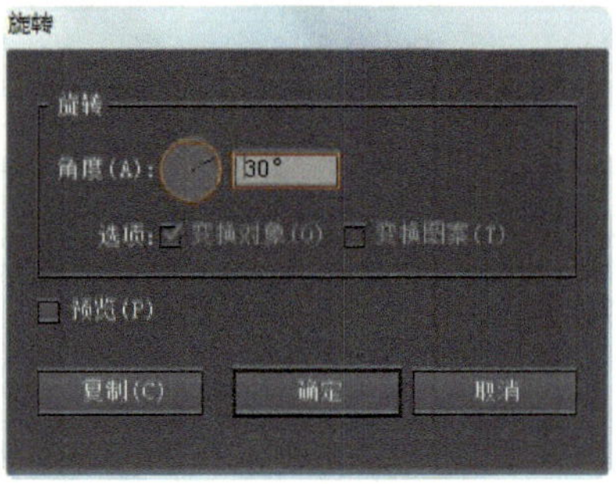

图 4-10　"旋转"对话框

（5）执行"对象"→"变换"→"再次变换图形"命令（快捷键为 Ctrl+D）；多次按快捷键 Ctrl+D，使矩形围绕圆形一圈，形成外齿轮形；选中所有图形，如图 4-11 所示。

（6）打开"路径查找器"面板，单击"形状模式"选项组中的"联集"按钮，得到如图 4-12 所示的外齿轮图形。

（7）同样以参考线交点为圆心，绘制一个小圆（见图 4-13），选中小圆和外齿轮图形。

（8）单击"差集"按钮，即可得到如图 4-14 所示的图标。读者可以自由变换图标的颜色。

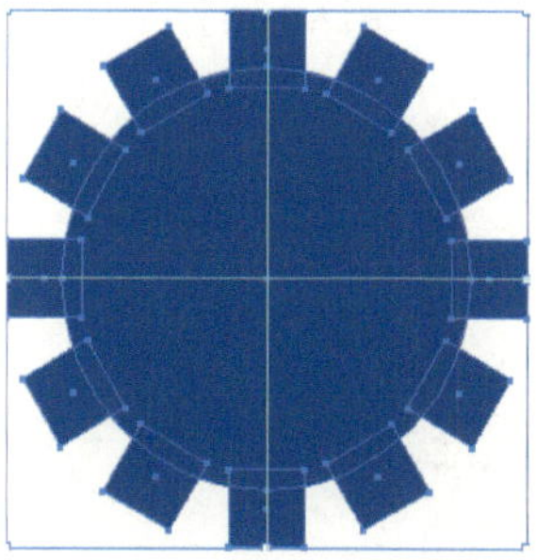

图 4-11　选中所有图形

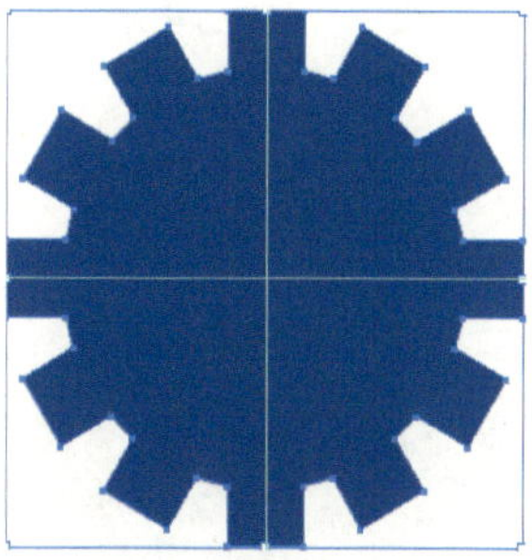

图 4-12　进行集联运算后的图形

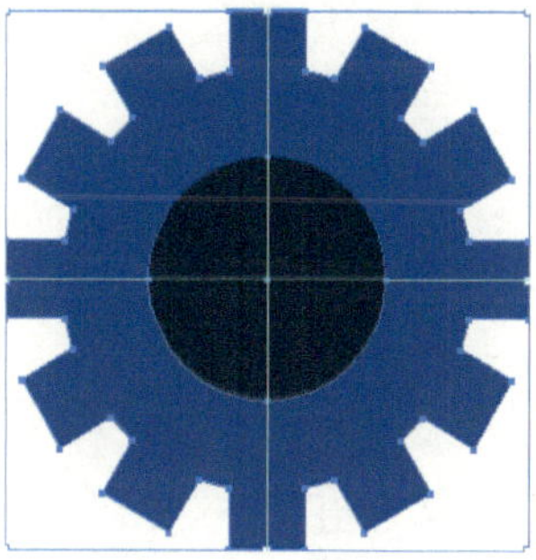

图 4-13　绘制小圆

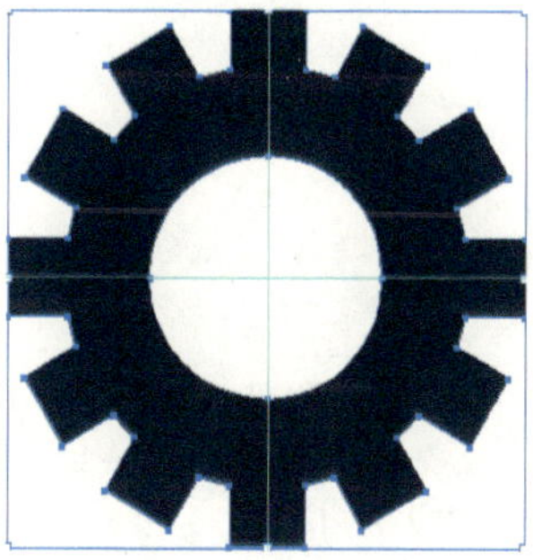

图 4-14　齿轮完成效果

思考与练习 1

（1）请尝试使用"路径查找器"选项组绘制与图 4-8 相同的齿轮图标。

（2）利用图形的运算绘制图 4-15 所示的图形。

图 4-15　图形

案例 2　　　　　　　　　鱼鳞纹——"分割"按钮的运用

制作分析

图 4-16 所示的鱼鳞纹是一个中国传统图案，它又被称为祥云纹、水纹。该图案的绘制需要使用"变换"命令、"路径查找器"选项组中的"分割"按钮，并且需要创建图案。

在绘制过程中，要非常注重细节，因此读者需要仔细观察图案，耐心制作。

图 4-16　鱼鳞纹

操作步骤

（1）新建一个文件，设置"取向"为横版，"大小"为 A4，"颜色模式"为 CMYK。使用"矩形工具"绘制一个与文件大小相同的矩形，将填充颜色设置为红色，并进行锁定。

（2）将描边颜色设置为金黄色（CMYK：15%，25%，90%，0%），描边粗细设置为 5pt，填充颜色设置为无。选择"椭圆形工具"，在绘图区中单击，在弹出的"椭圆"对话框中设置参数（见图 4-17），绘制出一个正圆。

（3）执行"对象"→"变换"→"分别变换"命令，在弹出的对话框中将水平缩放设置为 80%，垂直缩放设置为 80%，垂直移动设置为 5mm，单击"复制"按钮；按两次快捷键 Ctrl+D，生成多个圆环，如图 4-18 所示。

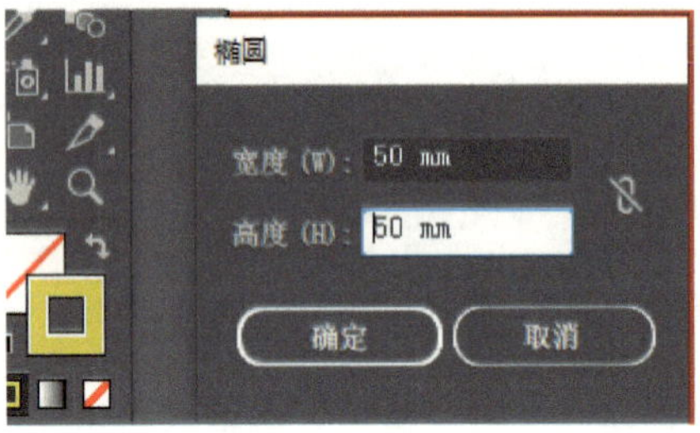

图 4-17　参数设置

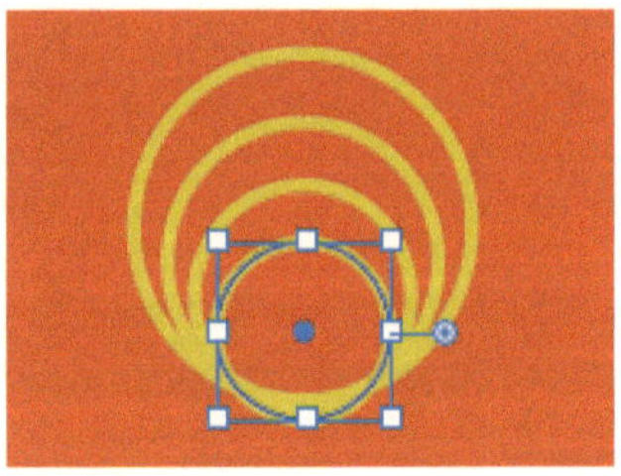

图 4-18　多个圆环

（4）使用"选择工具"选中所有圆环，打开"对齐"面板（快捷键 Shift+F7），单击"垂直底对齐"按钮 ，使所选圆环对齐至下方的一个点，如图 4-19 所示。

（5）按住 Alt 键，同时使用鼠标复制最外面的大圆环，并将描边颜色设置为无，填充颜色设置为任意颜色；按住快捷键 Alt+Shift，同时使用鼠标水平复制一个填色的圆；分别将这两个圆放置在圆环的两侧，并调整位置，如图 4-20 所示。

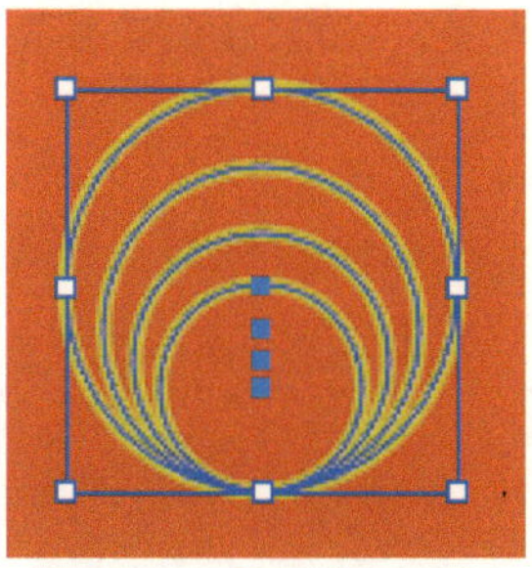

图 4-19　垂直底对齐

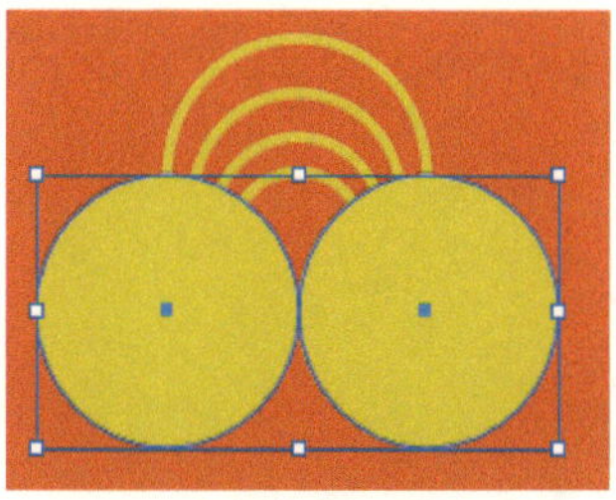

图 4-20　调整位置

（6）选中上部的多个圆环，执行"对象"→"扩展"，在弹出的"扩展"对话框中勾选"填充"和"描边"复选框，单击"确定"按钮。

（7）使用"选择工具"框选所有图形，打开"路径查找器"面板（快捷键为 Shift+Ctrl+F9），单击"分割"按钮 ▣ ，如图 4-21 所示。

（8）在绘图区中右击，在弹出的快捷菜单中执行"取消编组"命令。选中下方多余部分，将其删除（见图 4-22），从而得到一个类似于鱼鳞的图案。

图 4-21　分割图形

图 4-22　删除图形

提示

这里需要删除隐藏的路径。读者可以按快捷键 Ctrl+Y 进入轮廓模式查看隐藏的路径（见图 4-23 中的箭头）。

图 4-23　查看隐藏的路径

（9）选中图案，执行"对象"→"图案"→"新建"命令，弹出如图 4-24 所示的提示对话框，单击"确定"按钮。

（10）在弹出的"图案选项"对话框（见图 4-25）中将"拼贴类型"设置为"砖形（按

行）"，"砖形位移"设置为1/2，选中"高度"文本框中的数字，按下鼠标滑轮并进行滑动，调整上下高度距离，直到所有图案紧密贴合为止。

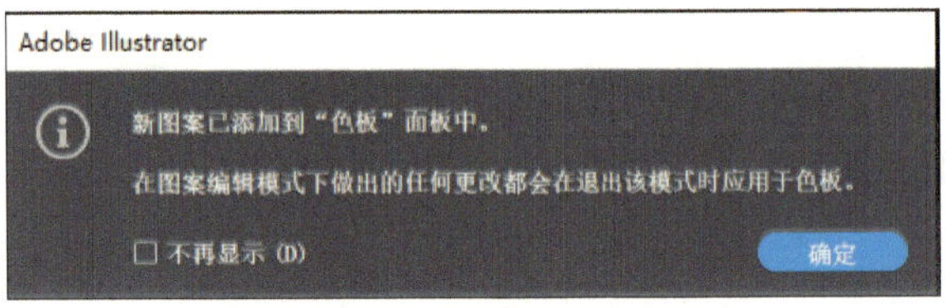

图 4-24　提示对话框

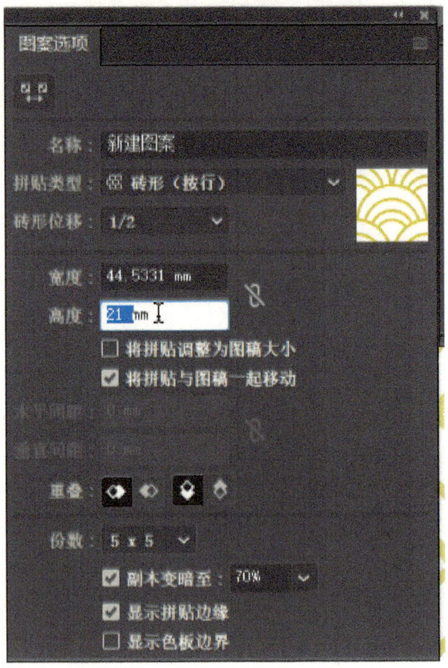

图 4-25　"图案选项"对话框

（11）单击属性栏中的"完成"按钮（见图 4-26），结束编辑。

图 4-26　单击"完成"按钮

（12）在绘图区中删除刚才绘制的鱼鳞图案（因为该图案已经保存在"色板"面板中）。

（13）使用"矩形工具"绘制一个与绘图区大小相同的矩形，将边框颜色设置为无，填充颜色设置为任意颜色；单击"色板"面板中刚才保存的鱼鳞图案，即可将其填充到整个矩形中，最终效果如图 4-16 所示。

（14）保存文件。

思考与练习2

完成如图 4-27 所示的图形的制作，并运用所学方法设计一个标志。

图 4-27　图形

案例 3 　　花卉图案——"交集"与"分割"按钮的运用

制作分析

图 4-28 所示的花卉图案与上一章中运用路径绘制的花卉图案有所不同。在上一章中，绘制完的路径是一个闭合的花瓣路径，而本案例中的花瓣路径是通过对圆形进行交集运算后，再进行旋转复制、分割和填充不同颜色制作出的。

操作步骤

（1）新建一个文件，设置"大小"为 A4，并从标尺处拖动出一横一纵两条垂直相交的参考线。

（2）选择"椭圆形工具"，按住 Alt 键，单击参考线交叉点后按住鼠标左键不释放并拖动鼠标，同时按住 Shift 键，绘制一个正圆。

（3）使用"选择工具"，按住 Alt 键，同时拖动绘制好的正圆，水平复制出一个正圆，并将其移动到合适位置，使这两个正圆相交，如图 4-29 所示。

图 4-28　花卉图案

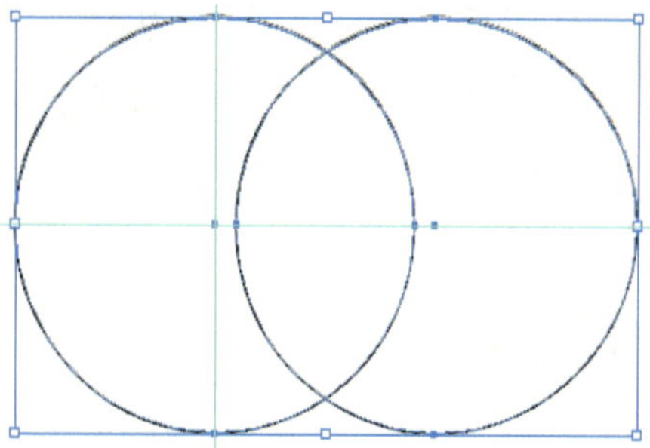

图 4-29　相交

在复制正圆时，可以按住 Shift 键并进行水平移动。

（4）同时选中两个正圆，单击"交集"按钮 ▣，得到一个花瓣路径。

（5）将花瓣路径拖动到与两条参考线相交的位置，并将下尖角移动到与水平参考线相交的位置，如图 4-30 所示。

（6）选中花瓣路径，并选择"旋转工具"，按住 Alt 键，在参考线交点处单击，弹出"旋转"对话框，将"角度"设置为 30°，单击"复制"按钮。

（7）多次按快捷键 Ctrl+D 进行旋转复制，使花瓣路径围绕成一圈，共做出 12 条花瓣路径，如图 4-31 所示。

（8）同时选中所有花瓣路径，单击"分割"按钮 ▣，并取消编组；使用"选择工具"选择其中被分割的小图块并填充颜色，如图 4-32 所示。

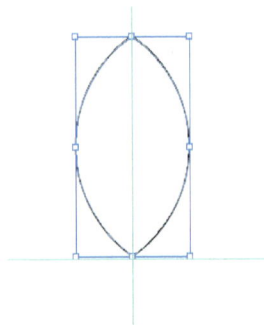

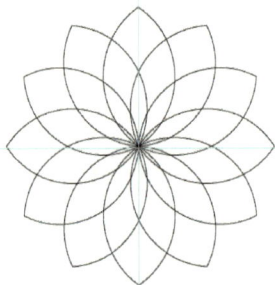

图 4-30　花瓣形　　　　图 4-31　旋转复制出多条花瓣路径　　　　图 4-32　填充颜色

在进行标志设计时，使用的颜色不宜过多，以类似色和同一色为主色调。图案设计也应如此，可以逐层填充相同的颜色。在使用"选择工具"选择被分割的小图块时，需要同时精确地选择多个图块。因此，需要按住 Shift 键并逐个单击图块，以同时选择同一层的图块。

思考与练习3

（1）运用图形的运算制作如图 4-33 所示的小闹钟图标。

（2）运用图形的运算制作如图 4-34 所示的彩色星星图标。

（3）运用"钢笔工具"和图形的运算制作如图 4-35 所示的彩色鱼图标。

图 4-33　小闹钟图标　　　　图 4-34　彩色星星图标　　　　图 4-35　彩色鱼图标

自我评价表

内容及技能要点	是否掌握		熟练程度		
	是	否	熟练	一般	不熟
"路径查找器"面板的运用：对图形的形状进行运算					
"路径查找器"面板的运用：对图形的路径进行运算					
案例 1 的制作					
案例 2 的制作					
案例 3 的制作					
思考与练习					
自我总结在本节学习中遇到的知识是否掌握、技能难点是否解决					

4.2　复合路径

复合路径是指将两条独立的路径结合在一起，从而创建挖空效果。与"路径查找器"面板中的图形运算不同，复合路径不会被拆分为两条独立路径，除非使用"释放复合路径"命令将其还原。而路径查找器中的差集运算会将图形重叠部分挖空，取消编组后可以将其还原为独立的路径。复合路径如图 4-36 所示，进行差集运算并取消编组后的路径如图 4-37 所示。

建立及释放复合路径的方法如下。

（1）绘制两个图形，并填充不同的颜色，如图 4-38 所示。

（2）框选这两个图形，执行"对象"→"复合路径"→"建立"命令（快捷键为 Ctrl+8），建立复合路径，如图 4-39 所示。此时，复合路径的颜色将全都变为底层图形的颜色。

图 4-36　复合路径

图 4-37　进行差集运算并取消编组后的路径

图 4-38　绘制图形并填充颜色

图 4-39　建立复合路径

（3）右击复合路径，在弹出的快捷菜单中执行"释放复合路径"命令，将路径还原为两条独立路径，但颜色不会还原，如图 4-40 所示。

提示

在复合路径中，两个图形会互相挖空。当同时对多个图形执行建立复合路径时，它们只与底层的第一个图形进行合成操作，如图 4-41 所示。

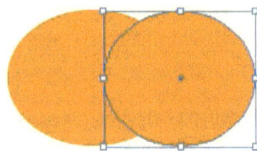

图 4-40　释放复合路径

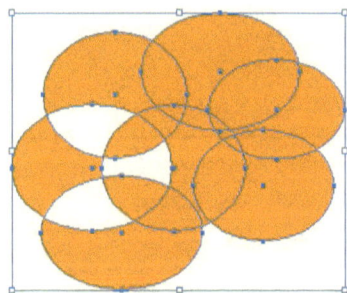

图 4-41　对多个图形同时使用复合路径

案例 4　　　　　中国风字体——复合路径的运用

制作分析

图 4-42 所示的中国风字体很特殊，它不是通过"文字工具"直接输入文字得到的，而

是使用图形绘制的。艺术字"中国"中间的山形背景是挖空效果，可以运用建立复合路径命令和"路径查找器"面板来实现。

图 4-42　中国风字体

操作步骤

（1）新建一个文件，设置"宽度"为297mm，"高度"为210mm，"取向"为横版，"颜色模式"为CMYK。

（2）选择"圆角矩形工具"，在绘图区中单击，弹出"圆角矩形"对话框，将"宽度"设置为41mm，"高度"设置为30mm，"圆角半径"设置为10mm（见图4-43），绘制一个圆角矩形。

（3）选中圆角矩形，执行"对象"→"路径"→"偏移路径"命令，弹出"偏移路径"对话框，将"位移"设置为8mm（见图4-44），单击"确定"按钮，偏移路径（见图4-45），得到一个大一点的圆角矩形。

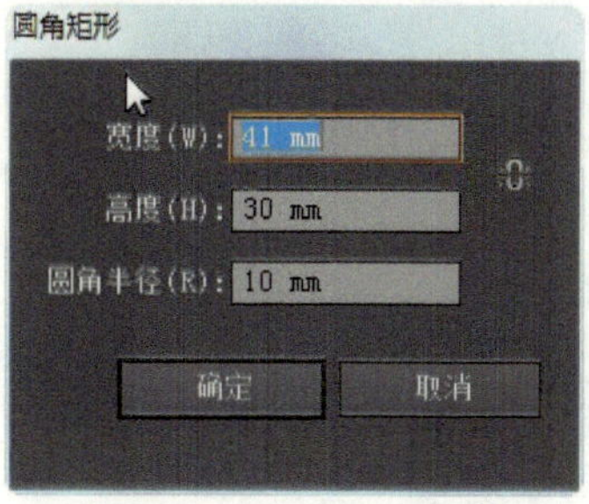

图 4-43　圆角矩形参数设置（1）

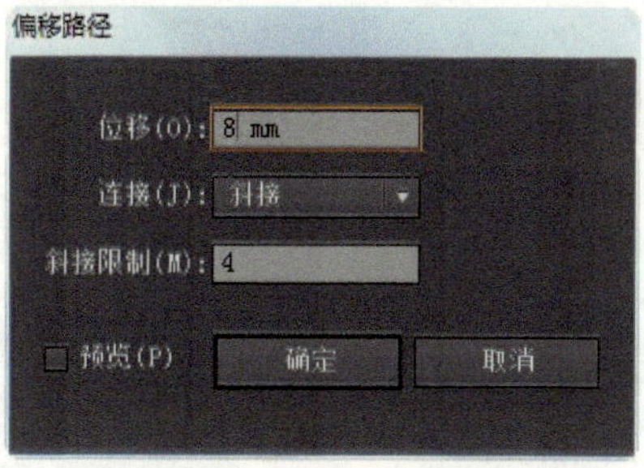

图 4-44　偏移路径参数设置

（4）将中间较小的圆角矩形拖出，作为备用。

（5）使用"钢笔工具"绘制一个山形图形，将描边颜色设置为无，填充颜色设置为任意颜色；选中绘制的山形图形并右击，在弹出的快捷菜单中执行"排列"→"置于顶层"命令（快捷键为Ctrl+Shift+]）；将山形图形移动至备用的小圆角矩形上方，如图4-46所示；复制出一个山形图形，将其放置在一旁作为备用。

（6）同时选中山形图形和小圆角矩形，打开"路径查找器"面板，单击"减去顶层"按钮，得到减去顶层的山形如图4-47所示。

图 4-45　偏移路径　　　　图 4-46　移动位置　　　　图 4-47　减去顶层的山形

（7）选中减去顶层的山形并右击，在弹出的快捷菜单中执行"排列"→"置于顶层"命令（快捷键为 Ctrl+shift+]）。

提示

（1）使用偏移路径功能复制缩放圆角矩形。不使用直接复制缩放圆角矩形方法的好处是能够保证所得的圆角矩形完全等比例缩放，包括圆角半径。

（2）在建立复合路径时，应将希望被挖空的部分放置在顶层。

（3）执行"编辑"→"首选项"命令，在弹出的对话框中选择"单位"选项卡，可以将"常规"和"描边"单位都设置为 mm。

（8）绘制一个圆角矩形，同时选中新绘制的圆角矩形和大圆角矩形，打开"对齐"面板，分别单击"水平居中对齐"按钮和"垂直居中对齐"按钮，对齐矩形，如图 4-48 所示。

（9）打开"路径查找器"面板，单击"联集"按钮，结果如图 4-49 所示。

（10）将如图 4-47 所示的图形放置在大圆角矩形上，并选中这两个图形，分别单击"对齐"面板中的"水平居中对齐"按钮和"垂直居中对齐"按钮，对齐图形，如图 4-50 所示。

（11）右击图形，在弹出的快捷菜单中执行"建立复合路径"命令，建立复合路径（见图 4-51），从而制作出艺术字"中"的外形。

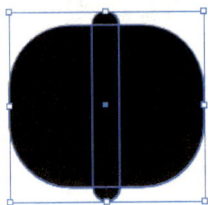

图 4-48　对齐矩形　　　图 4-49　联集结果　　　图 4-50　对齐图形　　　图 4-51　建立复合路径

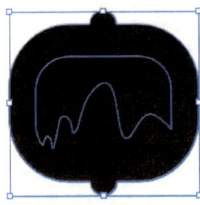

（12）将艺术字"中"的外形颜色设置为渐变颜色。打开"渐变"面板，将第一个色标的颜色设置设为 CMYK（87%，50%，50%，0%），第二个色标的颜色设置为 CMYK（40%，27%，55%，0%），将"类型"设置为"线性渐变"，"角度"设置为 -90°，结果如图 4-52 所示。

（13）将前面备用山形图形的填充颜色设置为无，描边颜色设置为与艺术字"中"一样的渐变颜色，描边粗细设置为 0.35mm。

（14）使用"剪刀工具"单击山形图形下方两角处的锚点，剪断下方的线条，如图 4-53 所示。

（15）使用"选择工具" ▷ 选中下方的线条，将其删除，形成山形线条，如图 4-54 所示。

图 4-52　填充渐变颜色　　　　图 4-53　剪断线条　　　　图 4-54　山形线条

（16）复制出多个山形线条，适当调整形状，并将其放置在艺术字"中"的外形上。将下方两条山形线条下的描边颜色设置为白色，如图 4-55 所示。

（17）选中两条白色山形线条，执行"对象"→"扩展"命令，在弹出的"扩展"对话框中勾选"填充"和"描边"复选框，单击"确定"按钮。

（18）选中执行扩展后的两条白色山形线条和艺术字"中"的外形，单击"路径查找器"面板中的"分割"按钮 🔳；在选中两条白色山形线条和艺术字"中"外形的情况下右击，在弹出的快捷菜单中执行"取消编组"命令；将两条白色山形线条删除，将山形分割成几部分。

（19）使用"选择工具" ▷ 选择下方山形部分，渐变颜色保持不变，使用"渐变工具"重新绘制一种渐变颜色，与上方渐变颜色进行区分，做出山的层次，效果如图 4-56 所示。

（20）使用"椭圆形工具"绘制几个椭圆形，将描边设置为无，渐变颜色设置为与山相同的渐变颜色。同时选中所有椭圆形，单击"路径查找器"面板中的"联集"按钮 🔳，形成椭圆联集图形；在椭圆联集图形的下方绘制长方形，同时选中长方形和椭圆联集图形，单击"路径查找器"面板中的"减去顶层"按钮 🔳，形成云朵图形，如图 4-57 所示。

图 4-55　设置线条　　　　图 4-56　山的层次　　　　图 4-57　云朵图形

（21）复制出一个云朵图形，互换描边颜色和填充颜色。将两个云朵图形放入艺术字"中"外形内部的右上方（见图 4-58），艺术字"中"制作完成。

（22）绘制一个宽度为 40mm、高度为 36mm、圆角半径为 10mm 的圆角矩形。

（23）选中步骤（22）中绘制的圆角矩形，执行"对象"→"路径"→"偏移路径"命令，弹出"偏移路径"对话框，将"位移"设置为 8mm。

（24）同时选中偏移后的圆角矩形和原圆角矩形，执行"对象"→"复合路径"→"建立"命令（快捷键为 Ctrl+8），形成艺术字"国"的轮廓，如图 4-59 所示。

（25）选择"圆角矩形工具"，在绘图区中单击，在弹出的"圆角矩形"对话框中按照图 4-60 设置参数，绘制出一个圆角矩形。

图 4-58　云朵图形位置　　　图 4-59　艺术字"国"的轮廓　　图 4-60　圆角矩形参数设置（2）

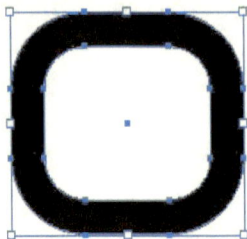

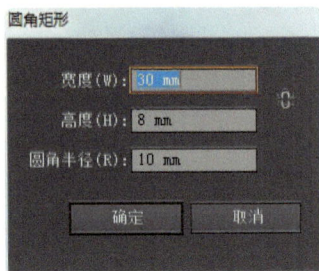

（26）按住 Alt+Shift 键，并使用鼠标向下复制出两个圆角矩形，如图 4-61 所示。

（27）绘制一个宽度为 8mm、高度为 30mm、圆角半径为 10mm 的圆角矩形，以及一个宽为度 8mm、高度为 10mm、圆角半径为 10mm 的圆角矩形，拼成艺术字"国"，如图 4-62 所示。

（28）同时选中艺术字"国"所有图形，单击"路径查找"面板中的"联集"按钮 ▣。

（29）选中艺术字"国"，使用"吸管工具" ✐ 吸取艺术字"中"的颜色，填充与艺术字"中"相同的渐变颜色，如图 4-63 所示。

（30）从艺术字"中"中复制出两条山形线条到艺术字"国"的下方，执行"对象"→"扩展"命令，在弹出的"扩展"对话框中勾选"填充"和"描边"复选框，单击"确定"按钮；选中艺术字"国"和山形线条，单击"路径查找器"面板中的"分割"按钮 ▣，并重新设置下方山形部分的渐变效果，做出山的层次，艺术字"国"制作完成，如图 4-64 所示。

图 4-61　复制圆角矩形　　图 4-62　艺术字"国"　　图 4-63　填充渐变颜色　　图 4-64　艺术字"国"

（31）绘制一个圆角矩形，将填充颜色设置为红色；输入书法文字"风"（如果没有相应书法字体，则可以使用素材文件中的"风"字），将填充颜色设置为白色，做出印章效果。

（32）调整整体文字的大小。至此，艺术字制作完成。

（33）保存文件。

思考与练习

参考图 4-65，运用复合路径和"路径查找器"面板绘制具有层次感的图标。

图 4-65　具有层次感的图标

自我评价表

内容及技能要点	是否掌握		熟练程度		
	是	否	熟练	一般	不熟
复合路径的建立					
复合路径的释放					
多条复合路径的建立					
案例 4 的制作					
思考与练习					
自我总结在本节学习中遇到的知识是否掌握、技能难点是否解决					

总结

本章主要介绍了"路径查找器"面板中的几个常用按钮及复合路径的功能，通过案例，帮助读者了解并掌握图形的运算方法和"路径查找器"面板的使用方法，掌握建立简单复合路径的方法。"路径查找器"面板在设计领域应用十分广泛，特别是在标志设计、字体设计及 UI 小图标设计等方面。复合路径大多用于制作复杂的图形，特别是文字图形。希望读者在学习案例时能够举一反三，独立完成思考与练习题。

第 5 章

渐变网格与混合

图形的渐变效果有两种：一种是颜色的渐变，另一种是形状的渐变。颜色的渐变不仅可以使用渐变填充工具完成，还可以使用"渐变网格工具"进行处理。图形的形状渐变和颜色渐变可以通过"混合工具"进行设置。本章将介绍"渐变网格工具"及"混合工具"，读者可了解渐变效果的多样性。通过学习，读者应该掌握"渐变网格工具"绘制肌理、材质等效果的方法，掌握使用"混合工具"对图形的形状和色彩进行渐变的方法。

5.1 渐变网格

Illustrator CC 不仅可以绘制具有平面效果的图形，还可以绘制具有立体效果或质感表现的图形，如布面、花瓣、玻璃等。这些效果需要通过渐变网格填充对象来实现。对图形对象添加渐变网格后，可以通过网格中的不同网格点来设置每一小部分的颜色，也可以通过拉伸、调整网格点的节柄来实现颜色渐变，从而使画面呈现逼真的效果。

1. 将渐变填充对象扩展为渐变网格

将渐变填充对象扩展为渐变网格，需要使用不同的工具编辑网格锚点和颜色。

（1）绘制一个圆形，并填充渐变颜色，如图 5-1 所示。

（2）执行"对象"→"扩展"命令，在弹出的"扩展"对话框（见图 5-2）中勾选"填充"复选框，选中"渐变网格"单选按钮，将圆形对象转换成渐变网格对象。

（3）使用"渐变网格工具" （鼠标指针经过对象时会变成 形状）在对象上单击，添加网格的经线和纬线，如图 5-3 所示。

（4）使用"渐变网格工具"选中经线与纬线相交的点（网格点）；通过"拾色器"对话框、"色板"面板或"颜色"面板编辑颜色，即可修改所选网格点周围的颜色，如图 5-4 所示。

图 5-1　填充渐变颜色　　　　图 5-2　"扩展"对话框　　　　图 5-3　添加渐变网格的经线和纬线

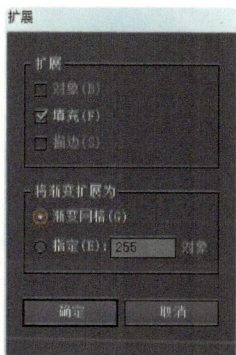

图 5-4　设置颜色

2. 对填充颜色的图形对象进行渐变网格编辑

（1）绘制一个圆形，并填充颜色，如图 5-5 所示。

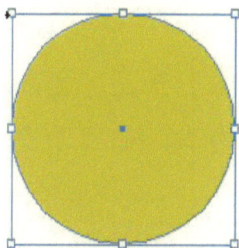

（2）使用"渐变网格工具"在圆形上单击，将添加经线和纬线相交的网格线，如图 5-6 所示。

图 5-5　填充颜色　　　　　　　　　　　　图 5-6　添加网格线（1）

（3）继续单击，将添加其他经线和纬线相交的网格线，如图 5-7 所示。

提示

如果在横向网格线上单击，则会添加一条竖向网格线（经线）；如果在竖向网格线上单击，则会添加一条横向网格线（纬线）。如果在图形对象上其他位置单击，则添加两条垂直交叉的网格线。

（4）选择"套索工具" ，选中网格上的多个网格点，如图 5-8 所示。

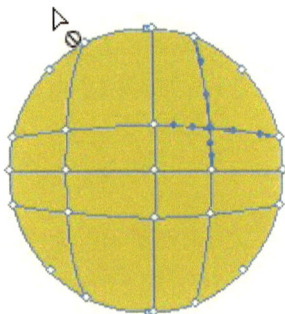

图 5-7 添加网格线（2）   图 5-8 选中网格点

（5）通过工具箱中的"拾色器工具"或"色板"面板、"颜色"面板，改变图 5-8 中选中部分的颜色，如图 5-9 所示。

（6）在网格点被"套索工具"选中的情况下，可以用"直接选择工具" 拖动该点，以改变其位置，从而改变颜色渐变的位置，如图 5-10 所示。

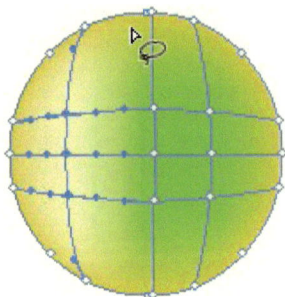

图 5-9 改变选中部分的颜色   图 5-10 改变颜色渐变的位置

提示

任何由路径组成的物体或位图都可被转换成渐变网格对象。但是，复合路径、文本及链接的像素图形不能被转换成渐变网格对象。此外，一旦将物体转换成渐变网格对象，就无法将其还原。

案例 1　　　　　　　　　鸡蛋——"渐变网格工具"的运用

制作分析

　　鸡蛋是比较圆滑、有规律的物体（见图 5-11），因此绘制起来相对简单。对初学者来说，通过绘制鸡蛋可以简单地了解和掌握"渐变网格工具"的基本使用方法。

图 5-11　鸡蛋

操作步骤

　　（1）新建一个文件，设置"大小"为 A4。使用"椭圆形工具"绘制鸡蛋的外形，并将填充颜色设置为 CMYK（5%，55%，55%，0%），如图 5-12 所示。

　　（2）选择"渐变网格工具"，在鸡蛋外形的左上方单击，将添加两条垂直交叉的网格线。选中网格点，并将该处的填充颜色设置为 CMYK（9%，70%，64%，0%），绘制出高光，如图 5-13 所示。

　　（3）选择"渐变网格工具"，在鸡蛋外形的右上方横向网格线上单击，将出现一条竖向网格线；选中网格点，将该处的填充颜色设置为 CMYK（9%，70%，64%，0%），绘制出暗部，如图 5-14 所示。

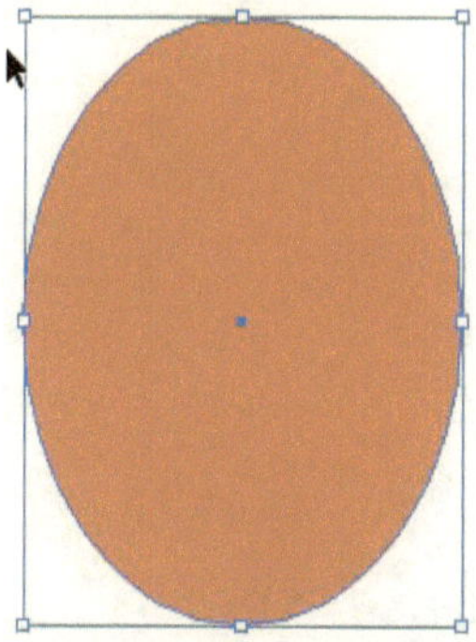

图 5-12　绘制鸡蛋外形并填充颜色

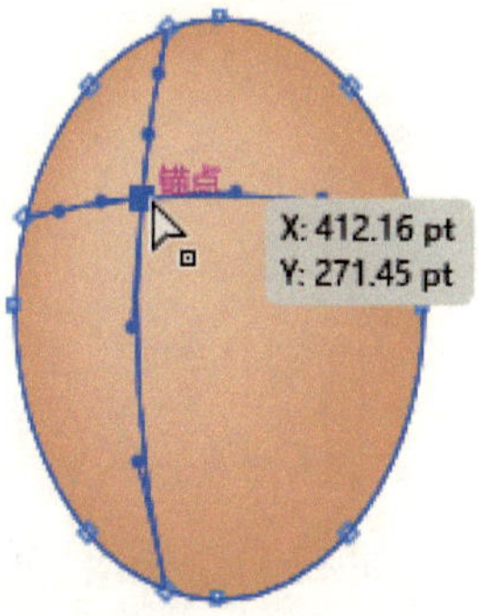

图 5-13　绘制高光

（4）在右下角添加网格线，将填充颜色设置为稍淡一点儿的颜色，即 CMYK（5%，18%，12%，0%），绘制出反光，如图 5-15 所示。

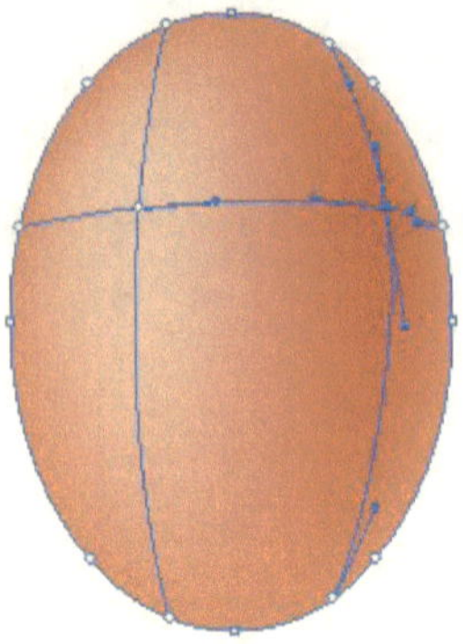

图 5-14　绘制暗部

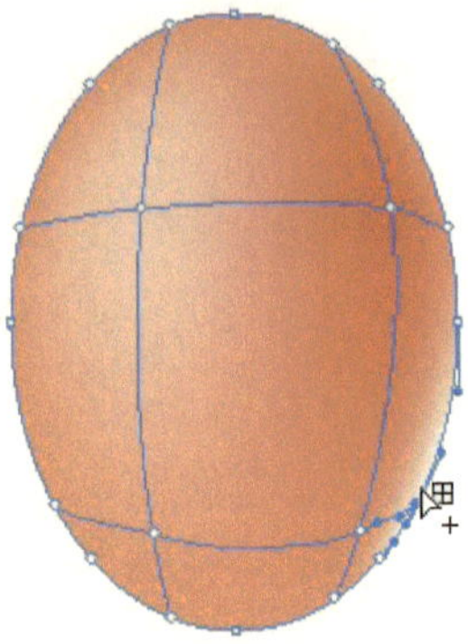

图 5-15　绘制反光

（5）使用"椭圆形工具"绘制一个小一些的椭圆形，并将填充颜色设置为从黑色到白色的渐变颜色，绘制出阴影，如图 5-16 所示。将椭圆形放置在鸡蛋外形的下方。

（6）选中椭圆形并右击，弹出如图 5-17 所示的快捷菜单，执行"排列"→"置于底层"命令，得到如图 5-11 所示的效果。

图 5-16　绘制阴影

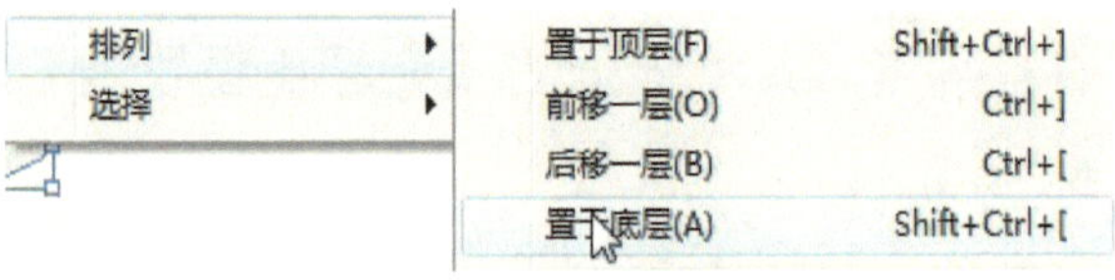

图 5-17　快捷菜单

（7）保存文件。

案例 2　　　　　荷花——"渐变网格工具"的运用

制作分析

图 5-18 所示的荷花是通过"钢笔工具"和"渐变网格工具"绘制出一片花瓣，并对其进行复制和调整而成的。荷花的外形不规则，在绘制时可以随意一些。

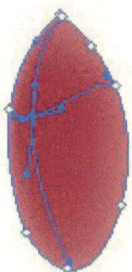

图 5-18　荷花

操作步骤

（1）新建一个 A4 大小的文件。

（2）使用"钢笔工具"绘制出一片花瓣，并将填充颜色设置为粉色，参考颜色值为 CMYK（6%，71%，12%，0%），如图 5-19 所示。

（3）使用"渐变网格工具"在花瓣的左上方添加网格线，并将填充颜色设置为较深的粉红色，参考颜色值为 CMYK（23%，94%，38%，0%），如图 5-20（a）所示。

（4）在花瓣的右上方添加网格线，并将填充颜色设置为较淡的粉红色，参考颜色值为 CMYK（7%，54%，4%，0%），如图 5-20（b）所示。

（5）选择"直接选择工具"，按住 Shift 键，使用鼠标选中下方的 3 个网格点，或者使用"套索工具"选中下方的 3 个网格点，将填充颜色设置为白色，做出花瓣的渐变效果，如图 5-20（c）所示。

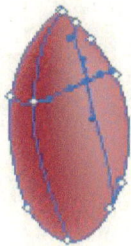

（a）较深的粉红色　　（b）较淡的粉红色　　（c）渐变效果

图 5-19　绘制花瓣（1）　　　　图 5-20　参考颜色

（6）参照相同的方法，绘制出第二片花瓣，并添加网格线，将中间设置为较淡的颜色，上面设置为较深的颜色（颜色值可参照上一片花瓣的颜色值），如图 5-21 所示。

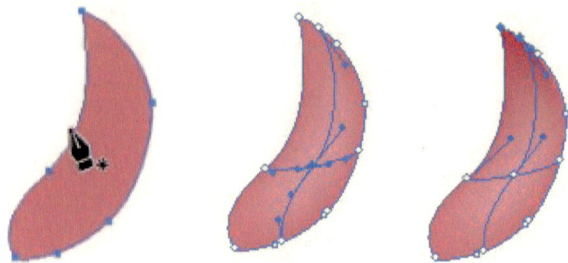

图 5-21　绘制花瓣（2）

（7）选中新绘制的花瓣并右击，在弹出的快捷菜单中执行"排列"→"后移一层"命令（快捷键为 Ctrl+[），将该花瓣置于后面，如图 5-22 所示。

（8）镜像复制出第二片花瓣，将其放在第一片花瓣的左侧，并调整顺序，如图 5-23 所示。

（9）使用"直接选择工具"选中花瓣左上方的几个网格点，按住鼠标左键不释放并向上拖动鼠标，将花瓣拉长；选中右侧的锚点，按住鼠标左键不释放并向内拖动鼠标，以调整花瓣形状，如图 5-24 所示。

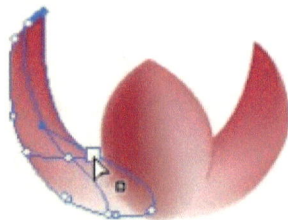

图 5-22　调整顺序　　图 5-23　镜像复制花瓣并调整顺序　　图 5-24　调整花瓣形状

（10）复制中间的花瓣，并选中上面的 3 个网格点，将填充颜色设置为淡粉色，参考颜色值为 CMYK（3%，42%，4%，0%）。选中中间及下方的 3 个锚点，将填充颜色设置为白色 [见图 5-25（a）]，并复制出几片花瓣备用。

（11）镜像复制花瓣，并使用"直接选择工具"进行调整，得到如图 5-25（b）所示的花瓣。

（12）复制并调整花瓣的形状，并进行组合，如图 5-26 所示。

（13）复制花瓣并进行调整，右击花瓣，在弹出的快捷菜单中执行"排列"命令，按照相应顺序排列花瓣的层次，得到如图 5-27 所示的荷花。

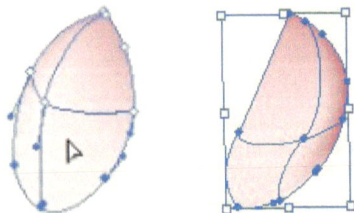

（a）设置颜色　　　（b）调整花瓣

图 5-25　复制并调整花瓣　　　图 5-26　复制、调整并组合花瓣　　　图 5-27　荷花

提示

在使用"排列"命令调整层次顺序时,可按住快捷键进行快速调整。图 5-28 所示为"排列"子菜单,其中命令后的组合键是对应的快捷键。

置于顶层(F)	Shift+Ctrl+]
前移一层(O)	Ctrl+]
后移一层(B)	Ctrl+[
置于底层(A)	Shift+Ctrl+[

图 5-28　"排列"子菜单

（14）使用"铅笔工具"绘制一个莲蓬,并将线条设置为黑色炭笔线条,如图 5-29 所示。

（15）将莲蓬放置到荷花中间,并通过"排列"子菜单调整层次,如图 5-30 所示。

图 5-29　绘制莲蓬

图 5-30　将莲蓬放入荷花并调整层次

（16）使用"铅笔工具"绘制一条线,将描边粗细设置为 3pt,描边画笔设置为黑色炭笔,将线条放置在荷花的下方作为花茎,如图 5-31 所示。

（17）使用"铅笔工具"绘制荷叶的外形,并使用"平滑工具"对外形进行平滑设置,得到如图 5-32 所示的图形。

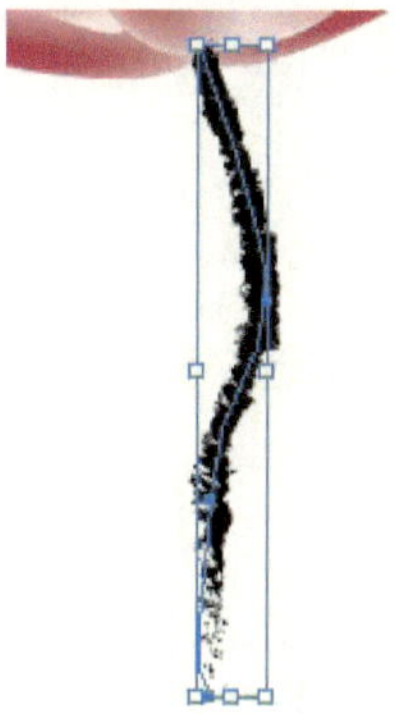

图 5-31　绘制花茎

图 5-32　进行平滑设置后的荷叶

（18）复制一片荷叶作为备份,将其中一片荷叶的描边画笔设置为黑色炭笔,填充颜色设置为无,如图 5-33 所示。

（19）将另一片荷叶的填充颜色设置为绿色，参考颜色值为 CMYK（78%，44%，100%，5%），并添加网格线；使用"套索工具"选中最外面一圈网格点，将填充颜色设置为淡绿色，参考颜色值为 CMYK（21%，0%，27%，0%），形成荷叶的描边，如图 5-34 所示。

图 5-33　荷叶描边

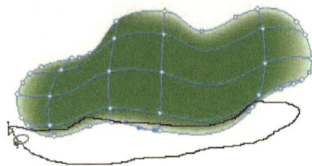

图 5-34　添加网格线

提示

当需要删除多余的网格点时，按住 Alt 键并单击网格点即可将其删除。

（20）选择中心的网格点，将填充颜色设置为深绿色，参考颜色值为 CMYK（84%，57%，100%，30%）；选中该中心网格点周围的 4 个网格点，将填充颜色设置为淡绿色，参考颜色值为 CMYK（63%，8%，83%，0%），完成荷叶的叶面绘制，如图 5-35 所示。

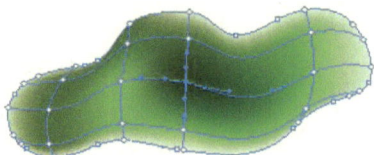

图 5-35　荷叶的叶面

（21）组合荷叶的描边和叶面，使用"铅笔工具"在荷叶上方绘制叶子的脉络，将描边粗细设置为 3pt，描边画笔设置为黑色炭笔。

（22）复制荷叶并使用"直接选择工具"调整荷叶的形状，得到如图 5-36 所示的荷叶。

（23）将荷叶放置到步骤（16）中绘制的花茎上，并复制出一片花瓣作为花苞，再次复制并调整花茎，将其放置到花苞的下方；调整层次顺序，完成荷花的绘制，最终效果如图 5-37 所示。

图 5-36　复制并调整荷叶

图 5-37　荷花最终效果

思考与练习

（1）绘制如图 5-38 所示的立体树叶。

（2）绘制如图 5-39 所示的逼真水蜜桃。

图 5-38　立体树叶

图 5-39　逼真水蜜桃

自我评价表

内容及技能要点	是否掌握		熟练程度		
	是	否	熟练	一般	不熟
"渐变网格工具"的运用：添加网格线					
"套索工具"的运用：调整网格点					
渐变网格的运用：填充渐变颜色					
案例 1 的制作					
案例 2 的制作					
思考与练习					
自我总结在本节学习中遇到的知识是否掌握、技能难点是否解决					

5.2　混合

混合可以在多个图形对象之间产生一系列颜色和形状的渐变，得到平滑的过渡效果。另外，可以通过指定的步数来设置逐渐变形、变色的过程。混合的路径默认状态为直线路径，不会发生弯曲，但可以通过钢笔工具组及"直接选择工具"对混合路径进行调整，从而改变路径。

1. 执行"对象"→"混合"命令进行混合

（1）绘制两个形状、颜色各不相同的图形，中间留有一定间隔，同时选中这两个图形，如图 5-40 所示。

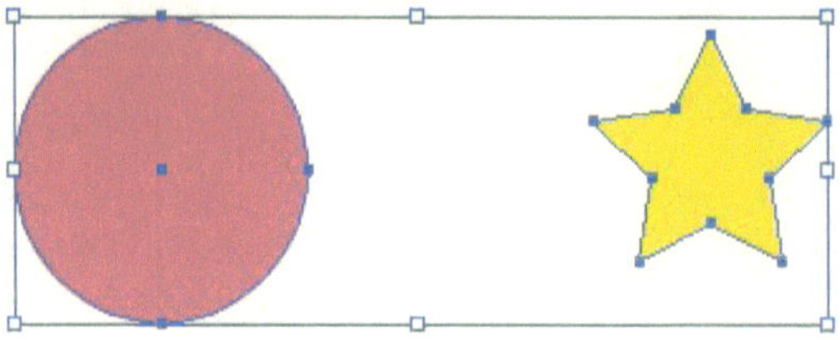

图 5-40　选中图形

（2）执行"对象"→"混合"→"混合选项"命令，弹出"混合选项"对话框，如图 5-41 所示。

"间距"下拉列表中包含 3 个选项：平滑颜色、指定的步数、指定的距离，如图 5-42 所示。

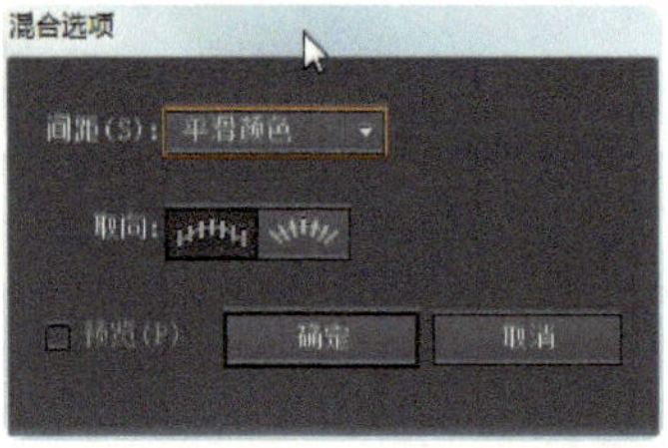

图 5-41　"混合选项"对话框

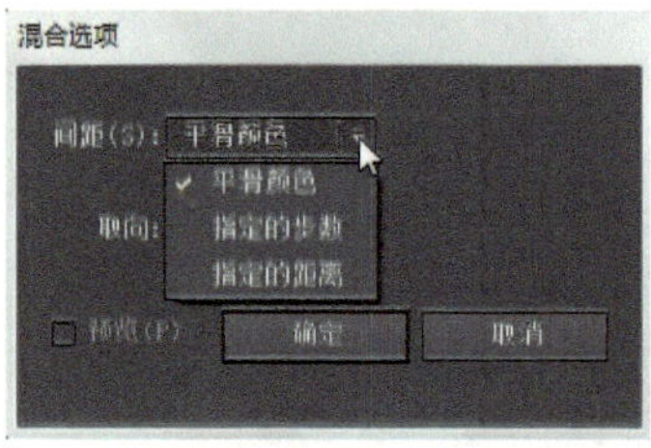

图 5-42　"间距"下拉列表

① 平滑颜色：产生图形、颜色均匀平滑的过渡渐变。执行"对象"→"混合"→"混合选项"命令，在弹出的"混合选项"对话框中选择该选项，即可得到如图 5-43 所示的效果。

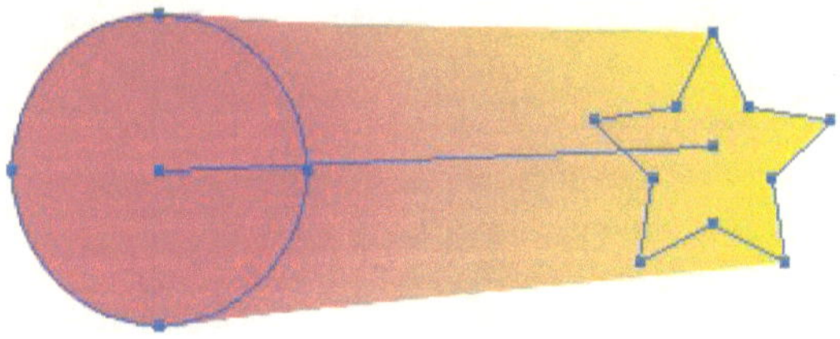

图 5-43　平滑效果

② 指定的步数：设置混合的步数，即图形经过几步渐变成另一个图形。例如，执行"对象"→"混合"→"混合选项"命令，在弹出的"混合选项"对话框中选择该选项，并将步数设置为"8"，即可得到如图 5-44 所示的效果。步数越多，混合效果越平滑。

③ 指定的距离：根据设置的距离计算渐变步数。例如，执行"对象"→"混合"→"混合选项"命令，在弹出的"混合选项"对话框中选择该选项，并将距离设置为 20mm，即可得到如图 5-45 所示的效果。距离越小，混合效果越平滑。文件大小及原本两个图形位置不同，

混合效果也会不同。

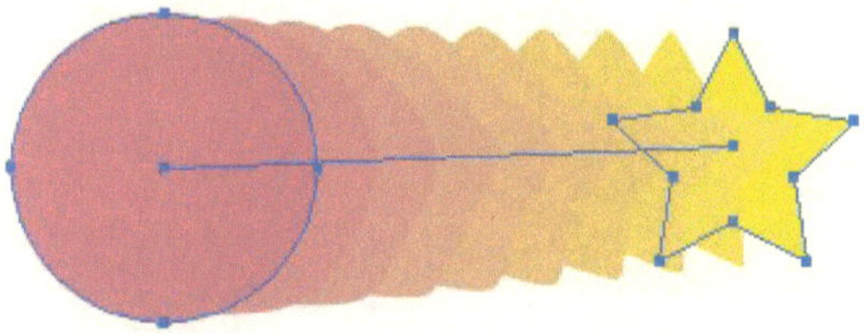

图 5-44　指定的步数效果

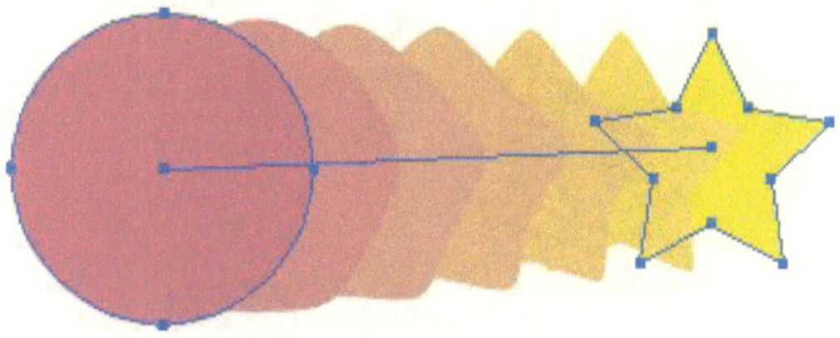

图 5-45　指定的距离效果

2. 运用"混合工具" 进行混合

（1）绘制两个图形，双击"混合工具"，弹出"混合选项"对话框，设置间距。

（2）选择"混合工具"，鼠标指针将变为 形状，将鼠标指针移动到第一个图形上，当其变为 形状时单击；将鼠标指针移动到第二个图形的下方，当其变为 形状时单击，即可混合这两个图形。这种方法的效果与执行"对象"→"混合"→"混合选项"命令的效果相同。

提示

当不设置"混合选项"对话框中的"间距"选项，而直接使用"混合工具"进行混合渐变时，若第一次使用 Illustrator CC，则一般混合效果为默认的平滑过渡效果。若设置过"混合选项"对话框中的"间距"选项，并且之后没有更改过，则后面的所有混合效果都是第一次设置的效果。

3. 改变混合后的路径方向和图形颜色

（1）使用"选择工具" 双击混合图形，进入隔离模式的可单独编辑状态，使用"选择工具"选中左边图形并拖动该图形，单击"色板"面板中的颜色块以改变颜色，结果如图 5-46 和图 5-47 所示。

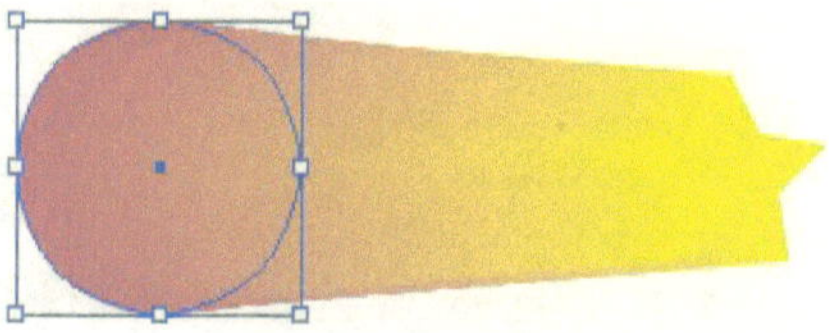

图 5-46　移动前

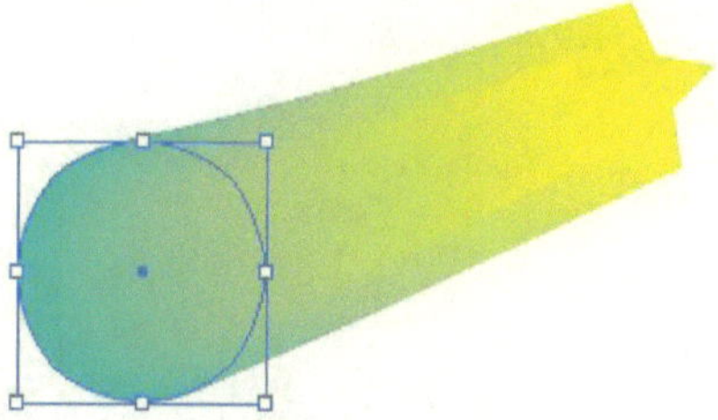

图 5-47　移动后

（2）如果在可编辑状态中继续绘制图形，则自动生成混合图形，如图 5-48 所示。

（3）使用"选择工具"在绘图区空白处双击，退出隔离模式的可单独编辑状态，之后绘制的图形将不会与原混合图形有联系，如图 5-49 所示。

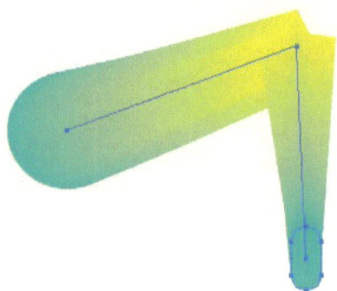

图 5-48　在可编辑状态下继续绘制图形　　　　图 5-49　取消可编辑状态并继续绘制图形

提示

在隔离模式下，可以单独选中开始和结束的图形，同时会选中路径。在不可编辑状态下，只能选中整个混合过的图形。在可编辑的状态下，可以选中已经混合过的图形，设置或修改其混合选项。

4．使用钢笔工具组将直线路径改变为曲线路径

（1）使用"选择工具"双击混合图形，进入隔离模式的可单独编辑状态，选中路径，如图 5-50 所示。

（2）将"钢笔工具"移动到左边图形中心的锚点上，当鼠标指针变为 形状时单击，可以以该锚点为连接点，绘制下一条路径，此时左边的图形会跟随路径一起移动，如图 5-51 所示。

图 5-50　选中路径　　　　　　　　　　　图 5-51　绘制混合路径

提示

在绘制如图 5-51 所示的混合图形时，先绘制左边的圆形，后绘制右边的星形，默认状态为从左向右进行混合，因此从左边开始绘制下一段路径。若使用"钢笔工具"单击右边星形中心的锚点，则星形和圆形的位置会互换（见图 5-52），下一段路径还是以圆形上的锚点为起点。即使使用"混合工具"从右向左进行混合，但在使用"钢笔工具"绘制下一段路径时还是以第一个绘制的图形为起点。

图 5-52　图形互换

5．替换混合轴

（1）在混合图形的下方绘制一条路径（将填充颜色设置为无，描边颜色设置为随意颜色），如图 5-53 所示。

（2）同时选中混合图形和路径，执行"对象"→"混合"→"替换混合轴"命令，替换混合轴，如图 5-54 所示。

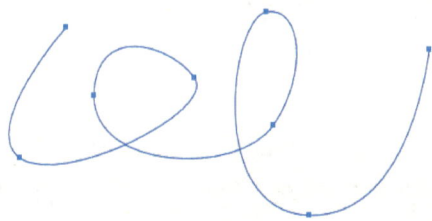

图 5-53　绘制路径

图 5-54　替换混合轴

案例 3　　　　　　　　烈焰红唇——"混合工具"的运用

🌰制作分析

图 5-55 所示的嘴唇的立体效果是通过"混合工具"完成的，不规则图形的渐变效果是无法通过"渐变工具"完成的。

图 5-55　烈焰红唇

◆操作步骤

（1）新建一个 A4 大小的文件。使用"钢笔工具"在绘图区中绘制一个上嘴唇形状的图形，并将填充颜色设置为桃红色，参考颜色值为 CMYK（15%，94%，45%，0%），如图 5-56 所示。

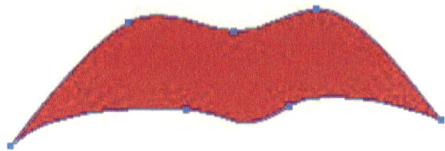

（2）执行"编辑"→"复制"命令和"编辑"→"贴在前面"命令，原位复制一个上嘴唇形状，并将其缩小，如图 5-57 所示。

图 5-56　上嘴唇形状　　　　　　　　　图 5-57　复制并缩小上嘴唇形状

（3）使用"直接选择工具"选择上方图形的局部锚点，调整图形，并将填充颜色设置为淡粉色，参考颜色值为 CMYK（7%，77%，18%，0%），如图 5-58 所示。

提示

当使用"直接选择工具"框选锚点时，可能会不小心选中下方的图形，此时可以执行"对象"→"锁定"→"所选对象"命令（快捷键为 Ctrl+2）暂时锁定下方的图形，待上方图形调整完成后，执行"对象"→"全部解锁"命令（快捷键为 Ctrl+Alt+2）解锁下方的图形。

（4）执行"对象"→"混合"→"混合选项"命令，在弹出的"混合选项"对话框中将"间距"设置为"平滑颜色"；选择"平滑工具"，先单击桃红色区域，再单击粉红色区域，从而产生混合效果，如图 5-59 所示。

图 5-58　调整局部　　　　　　　　　　　图 5-59　混合效果

（5）若产生的混合效果不理想，则可以双击混合图形进入隔离模式的可单独编辑状态，并使用"钢笔工具"和"直接选择工具"等对局部进行修改和调整，如图 5-60 所示。

（6）使用"钢笔工具"绘制高光，如图 5-61 所示。

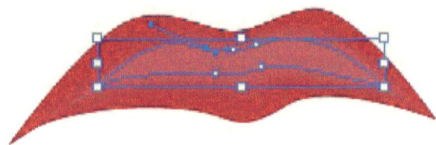

图 5-60　调整混合后的图形　　　　　　　图 5-61　绘制高光

（7）参照相同的方法，绘制下嘴唇形状，如图 5-62 所示。

（8）将两个嘴唇形状组织好并放置到合适位置，得到最终效果，如图 5-63 所示。

图 5-62　绘制下嘴唇形状

图 5-63　最终效果

（9）保存文件。

案例 4　　　　　炫彩文字"DEAR" —— "混合工具"的运用

制作分析

图 5-64 所示的炫彩文字"DEAR"是运用"剪刀工具"、"混合工具"和"路径查找器"面板等完成的。字体设计以圆形为基本元素，并对圆形进行分割。为了保证图形的统一性，字母"e"采用小写形式，其余字母采用大写形式。

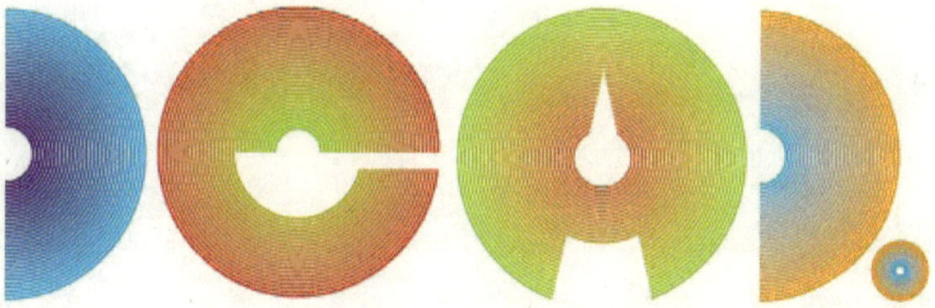

图 5-64　炫彩文字"DEAR"

操作步骤

（1）新建一个宽为 210mm、高为 150mm 的文件。选择"椭圆形工具"，在绘图区中单击，在弹出的"椭圆"对话框中将"宽度"和"高度"均设置为 57mm，绘制直径为 57mm 的大圆；将填充颜色设置为无，描边颜色设置为黑色，描边粗细采用默认值 1pt，如图 5-65 所示。

（2）绘制一个宽度和高度均为 11mm 的小圆，并将填充颜色设置为无，描边颜色设置为黑色，描边粗细设置为 1pt，如图 5-66 所示。框选这两个圆，打开"对齐"面板，分别单击"水平居中对齐"按钮 ![按钮] 和"垂直居中对齐"按钮 ![按钮]。

（3）同时选中这两个圆，按住 Alt 键，同时按住鼠标左键不释放并拖动 3 次这两个圆，复制出 3 份，作为备用。

（4）使用"剪刀工具"分别在两个圆的上方和下方锚点处（见图5-67中的红色圈标注位置）单击，将两个圆分成左右两个部分。

（5）删除左部分，得到两条弧形，如图5-68所示。

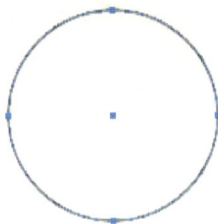
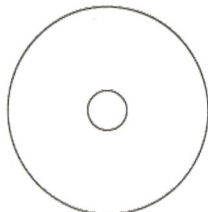
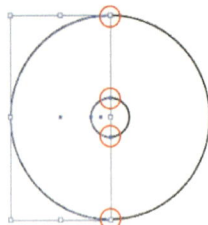

图 5-65　绘制大圆　　　　　图 5-66　绘制小圆　　　　　图 5-67　位置（1）

（6）选中右侧弧形，双击工具箱中的"描边颜色工具"，在弹出的"拾色器"对话框中将颜色设置为CMYK（70%，15%，0%，0%），即蓝色，并在"色板"面板中单击"新建色板"按钮▣，将该颜色存储到"色板"面板中。

（7）选中中间的小弧线，双击工具箱中的"描边颜色工具"，在弹出的"拾色器"对话框中将颜色设置为CMYK（75%，100%，0%，0%），即紫色，如图5-69所示。

（8）双击"混合工具"，在弹出的"混合选项"对话框中将"间距"设置为"指定的步数"，步数设置为30，如图5-70所示。

图 5-68　删除左部分　　　　图 5-69　设置弧线颜色（1）　　　图 5-70　设置混合选项

（9）使用"混合工具"分别单击两条弧线，得到字母"D"，如图5-71所示。

（10）选择作为备份的大圆和小圆，选择"剪刀工具"，按照图5-72中的红色圈标注位置，分别单击左侧和右侧的锚点，将大圆和小圆分成上下两部分弧线。

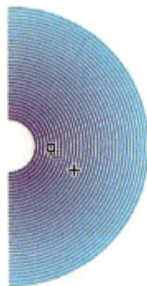
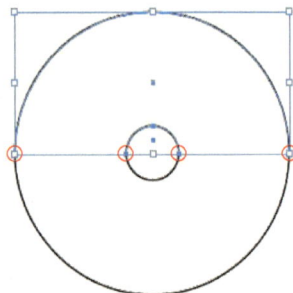

图 5-71　字母"D"　　　　　　图 5-72　位置（2）

（11）将外侧弧线颜色设置为 CMYK（0%，90%，85%，0%），即橙色，将内侧弧线颜色设置为 CMYK（50%，0%，100%，0%），即黄绿色，如图 5-73 所示。将这两种颜色存储到"色板"面板中。

（12）选择"混合工具"，依次单击上半部分中的一大一小两条弧线，对上半部分弧线进行混合，如图 5-74 所示。

（13）选中混合的上半部分弧线，执行"对象"→"锁定"→"所选对象"命令，锁定上半部分混合图形。

（14）混合下半部分弧线，如图 5-75 所示。

图 5-73　设置弧线颜色（2）　　　图 5-74　混合上半部分弧线　　　图 5-75　混合下半部分弧线

> **提示**
>
> 这里需要分别对分割的上下两半部分进行混合。将上半部分混合完后，按 Ctrl 键切换为"选择工具"，在绘图区空白处单击，结束上一个混合过程，随后执行下半部分的混合，否则软件会默认继续混合，将上下两部分混合到一起。

（15）执行"对象"→"扩展"命令，弹出"扩展"对话框（见图 5-76），勾选"对象"、"填充"和"描边"复选框，将混合图形扩展成独立的组合图形，如图 5-77 所示。

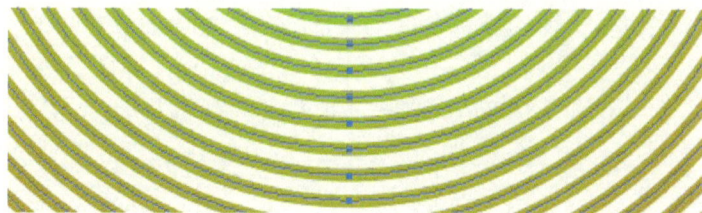

图 5-76　"扩展"对话框　　　　　图 5-77　第一次"扩展"后局部放大效果

（16）此时，弧线是以线条描边的形式展现的，不能进行图形运算，需要再执行一次"扩展"命令，将描边转换成图形，如图 5-78 所示。

图 5-78　第二次"扩展"后局部放大效果

（17）绘制矩形，将填充颜色和描边颜色均设置为无，将矩形放置在右侧，如图 5-79 所示。

提示

在对图形和图形组进行运算时，应将填充颜色和描边颜色设置为无，否则运算后不必要的填充颜色和描边颜色会存在于图形之间，难以被删除。

（18）使用"选择工具"框选矩形和下半部分混合图形，打开"路径查找器"面板（快捷键为 Ctrl+Shift+F9），单击"分割"按钮 。

（19）在分割后的图形上右击，在弹出的快捷菜单中执行"取消编组"命令，使用"选择工具"仔细框选被分割的图形，并将其删除，如图 5-80 和图 5-81 所示。

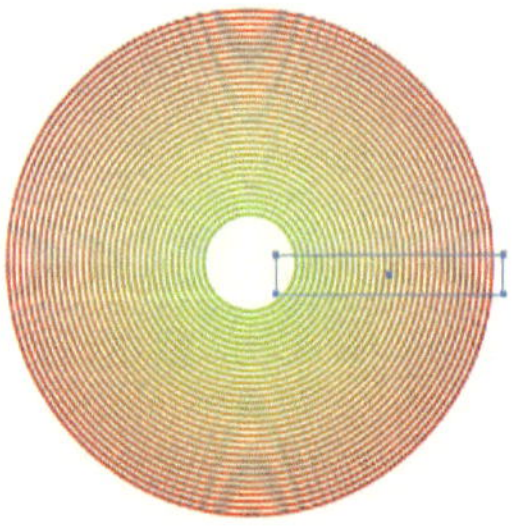

图 5-79　绘制矩形 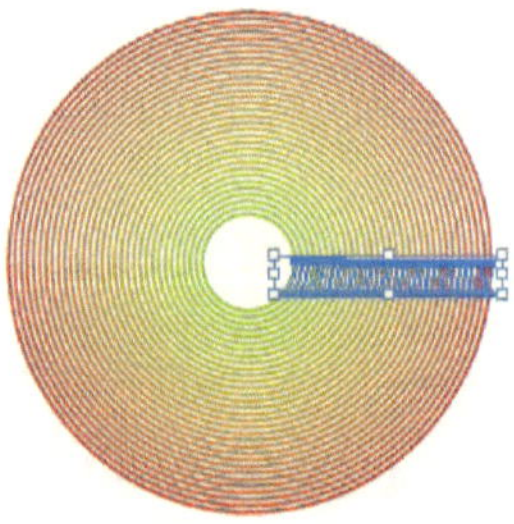　　　　图 5-80　框选被分割的图形 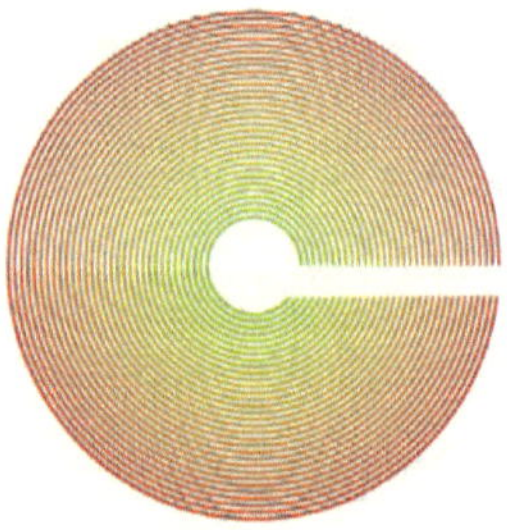　　　　图 5-81　删除被分割的图形

提示

在使用"选择工具"进行框选时，可将绘图区放大到合适大小，以便进行操作。由于上方的混合弧线已经被锁定，因此在框选时上面可以适当多框选一些。

（20）框选下方部分弧线，将多余的弧线删除，将弧线全部解锁（快捷键为 Ctrl+Alt+2）。框选上下两部分图形，并将其编组（快捷键为 Ctrl+G），得到字母"e"，如图 5-82 所示。

（21）选择另外一个作为备份的大圆和小圆。首先选中大圆，并在"色板"面板中单击存储的颜色黄绿色；然后选中小圆，并在"色板"中单击存储的颜色橙色；最后使用"混合工具"进行混合，如图 5-83 所示。

（22）执行两次"对象"→"扩展"命令，将混合图形变为独立的图形组合。

图 5-82　字母 "e"

图 5-83　混合两个圆

（23）使用"钢笔工具"绘制三角形（见图 5-84），将填充颜色和描边颜色均设置为无。

（24）同时框选所有圆和三角形，打开"路径查找器"面板（快捷键为 Ctrl+Shift+F9），单击"分割"按钮，右击所选图形，在弹出的快捷菜单中执行"取消编组"命令。

（25）仔细框选分割出来的三角形区域，删除该部分线条，得到字母 "A"，并对该图形进行编组（快捷键为 Ctrl+G），如图 5-85 和图 5-86 所示。

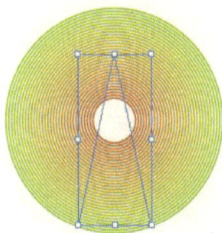

图 5-84　绘制三角形

图 5-85　框选分割区域

图 5-86　删除分割区域

（26）复制前步骤（9）中制作的字母 "D" 并将其放置在最后面，双击字母 "D" 进入隔离模式的可单独编辑状态，使用"选择工具"选中右侧大弧线，单击"色板"面板中的橙色，选中左侧小弧线，单击"色板"面板中的蓝色，对混合图形的颜色进行调整，如图 5-87 所示。

（27）选择最后一个作为备份的大圆和小圆，将大圆的描边颜色设置为 CMYK（0%，90%，85%，0%），小圆的描边颜色设置为 CMYK（70%，15%，0%，0%），使用"混合工具"进行混合，将混合图形缩小并放置在右下方，与上一个图形组成字母 "R"，对两个图形进行编组（快捷键为 Ctrl+G），如图 5-88 所示。

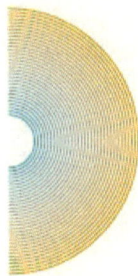

图 5-87　调整颜色

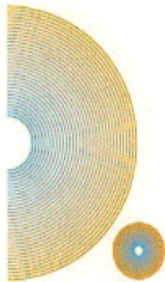

图 5-88　字母 "R"

（28）将所有的图形排列组合到同一水平线上（见图5-89），得到最终效果。

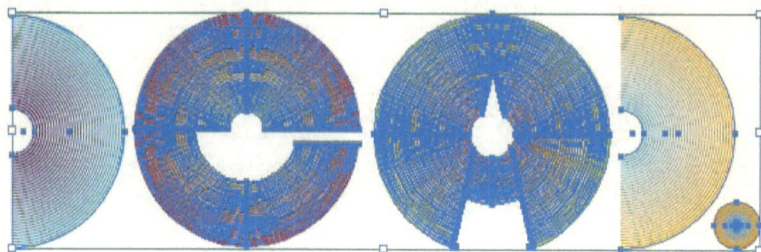

图 5-89　排列组合图形

（29）保存文件。

思考与练习

（1）运用"混合工具"绘制如图5-90所示的花卉图案。

图 5-90　花卉图案

（2）结合第4章中的鱼鳞纹，运用"混合工具"制作如图5-91所示的水底纹图案。

图 5-91　水底纹图案

自我评价表

内容及技能要点	是否掌握		熟练程度		
	是	否	熟练	一般	不熟
"对象"→"混合"命令的运用：进行图形混合					
混合选项的设置：平滑颜色的混合					
混合选项的设置：指定步数的混合					
混合选项的设置：指定距离的混合					
"混合工具"的运用					
使用"选择工具"改变混合后的路径方向和图形颜色					
使用"钢笔工具"改变混合后的路径方向					
案例 3 的制作					
案例 4 的制作					
思考与练习					
自我总结在本节学习中遇到的知识是否掌握、技能难点是否解决					

总结

　　本章学习了一些关于渐变的技巧。使用"渐变网格工具"可以绘制出逼真的三维视图。插画家和广告设计师通常使用"渐变网格工具"制作各种特效，并将其应用到图像合成中。"混合工具"可以根据指定的步数进行渐变，不仅可以对颜色进行渐变，还可以对形状进行渐变。通过学习本章，读者应该了解并掌握通过"渐变网格工具"添加网格点和设置颜色的方法，能够绘制简单的三维、艺术效果图形。同时，在学习"混合工具"后，读者应该掌握"混合工具"及混合命令的各种设置技巧，能够根据需要设置混合参数，从而得到想要的效果。

第 **6** 章

"图层"面板与蒙版

图层类似于一张一张的画纸。一个完整图形的绘制往往是由很多图层叠加而成的。蒙版类似于为图层中的图形添加的遮罩。本章将讲解图层与蒙版的相关知识，读者通过学习，需要了解"图层"面板中各个按钮的功能，掌握不透明蒙版和剪切蒙版的运用，并根据图层和蒙版的知识对图形图像进行处理。

6.1 "图层"面板

图层用于管理组成图稿的所有对象。当图形复杂时，图层类似于一个结构清晰的文件夹，可以分类保存图稿。在对图形进行修改时，通过图层可以修改局部图形，以免破坏不需要修改的图形。通过移动图层的顺序可以改变对象的叠放顺序。

执行"窗口"→"图层"命令，打开"图层"面板，如图6-1所示。

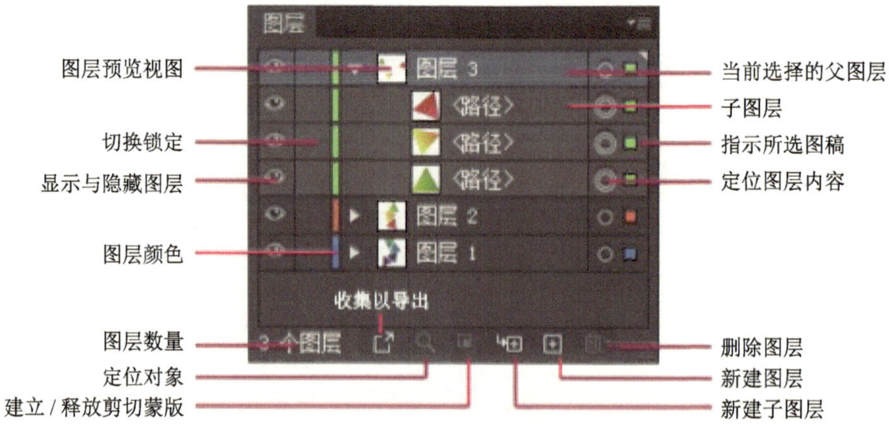

图层预览视图 —— 图层 3 —— 当前选择的父图层
—— 〈路径〉 —— 子图层
切换锁定 —— 〈路径〉 —— 指示所选图稿
显示与隐藏图层 —— 〈路径〉 —— 定位图层内容
—— 图层 2
图层颜色 —— 图层 1
收集以导出
图层数量 —— 3 个图层 —— 删除图层
定位对象 —— 新建图层
建立/释放剪切蒙版 —— 新建子图层

图6-1 "图层"面板

（1）创建新图层：在新建文件时，将自动在"图层"面板中生成"图层 1"。单击"新建图层"按钮⊞，即可创建一个新图层，名称为"图层 2"。继续单击此按钮，将依次创建新图层"图层 3""图层 4"等。在复制图层时，按住鼠标左键，并将图层拖动到"新建图层"按钮⊞上，即可完成复制，并且会复制图层中的内容。

（2）创建子图层：在开始绘制图形时，会在当前图层下自动创建子图层，如图 6-2 所示。另外，单击"新建子图层"按钮⊞也可以创建子图层。例如，在选中"图层 3"的状态下单击此按钮，可以在"图层 3"的下方创建一个子图层"图层 4"，如图 6-3 所示。在子图层中绘制的图形会在父图层中显示，即在"图层 4"中绘制的图形，将在"图层 3"中显示。通过在同一图层下创建多个子图层可以组成一个图层组。这样可以在父图层中统一进行编辑，也可以单独在子图层中进行局部编辑，从而方便管理。

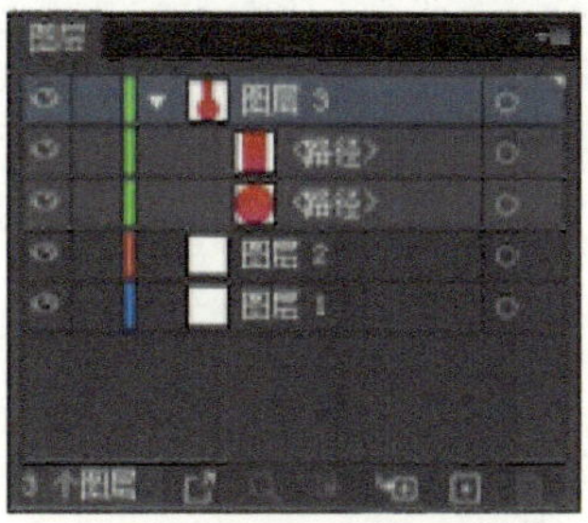

图 6-2　自动创建的子图层

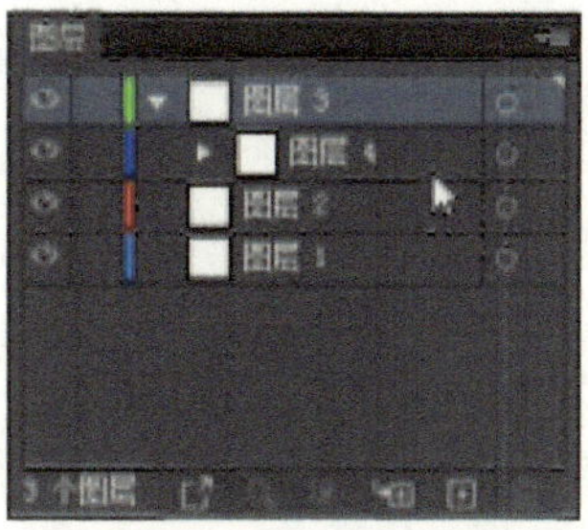

图 6-3　单击"新建子图层"按钮创建子图层

（3）切换可视性：当图层前面显示按钮👁时，说明当前图层为预览视图状态，如图 6-4 所示。单击按钮👁，取消预览视图状态，将隐藏当前图层。按住 Ctrl 键并单击按钮👁，即可将预览视图切换到轮廓视图（见图 6-5），同时按钮会变成👁。

图 6-4　预览视图

图 6-5　轮廓视图

提示

预览视图和轮廓视图的切换：执行"视图"→"轮廓"或"视图"→"预览"命令，或者直接按快捷键 Ctrl+Y。

（4）图层颜色：图层前方的颜色块代表在该图层上绘制的参考线、路径、定界框等元素在选中状态下的颜色。例如，当图层颜色为红色时，在绘图区中选中的参考线、路径、锚点、定界框等元素的颜色均为红色，如图 6-6 所示。

（5）锁定图层：单击眼睛图标后面的方格，将显示一个锁形图标按钮🔒，表示已锁定该图层，此时不能编辑图层中的内容。单击锁形图标按钮🔒，可取消锁定，同时锁形图标会消失，如图 6-7 所示。

（6）修改图层的名称和颜色：双击某个图层，在弹出的"图层选项"对话框（见图 6-8）中即可修改名称和颜色等。

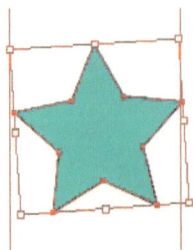

图 6-6　图层颜色　　　　图 6-7　锁定图层　　　　图 6-8　"图层选项"对话框

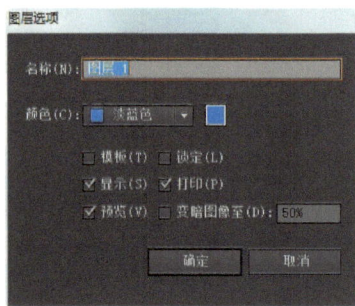

（7）定位对象：当单击"定位对象"按钮🔍时，将依次定位到子图层。

（8）删除图层：选中不需要的图层，单击"删除图层"按钮🗑，即可将其删除。

（9）在"图层"面板中选择对象：每个图层后面都有"定位图层内容"按钮◎，单击此按钮，该按钮将变为双层圆按钮◎，同时选中该图层上的图形对象。在单击"定位图层内容"按钮后，如果出现彩色方框（"指示所选图稿" ▣），则说明该图层中有内容；如果没有出现彩色方框，则说明该图层中没有内容。

📝**提示**

若单击父图层中的"定位图层内容"按钮◎，则同时选中该父图层下所有子图层中的图形内容。

（10）调整图层顺序：通过拖动图层可以调整图层顺序。通过调整图层的顺序可以调整不同图层中图形对象的叠放次序。

📝**提示**

在通过拖动图层来调整图层顺序时，若同时按住 Alt 键，则可以将图层复制到指定位置。

思考与练习

（1）新建 3 个图层，练习通过拖动图层来调整顺序。

（2）为其中一个图层创建子图层。

（3）为图层命名。

（4）修改图层的颜色。

自我评价表

内容及技能要点	是否掌握		熟练程度		
	是	否	熟练	一般	不熟
创建新图层					
创建子图层					
切换可视性					
修改图层的颜色					
锁定图层					
修改图层的名称					
删除图层					
调整图层的顺序					
定位对象					
思考与练习					
自我总结在本节学习中遇到的知识是否掌握、技能难点是否解决					

6.2 蒙版

蒙版用于对对象进行遮罩，隐藏不需要的内容，或者显示遮罩对象的特定部分。通常，Illustrator CC 中包括两种类型蒙版：剪切蒙版和不透明蒙版。剪切蒙版可以控制遮罩的区域，不透明蒙版可以控制遮罩的显示程度。

1. 创建剪切蒙版

（1）对同一图层上的图形对象创建剪切路径：将蒙版图形放在被遮罩图形的上方（见图 6-9），单击"图层"面板下方的"建立 / 释放剪切蒙版"按钮 ▣，即可保留被遮罩图形与蒙版图形重叠的部分，隐藏其余部分（包括蒙版图形），如图 6-10 所示。

图 6-9　蒙版图形在被遮罩图形上方

图 6-10　创建剪切蒙版

（2）对不同图层上的对象创建剪切蒙版：保证作为蒙版的图形在被遮罩图形的图层上，选中所有要创建蒙版的图形，执行"对象"→"剪切蒙版"→"建立"命令，或者右击所选图形，在弹出的快捷菜单中执行"创建剪切蒙版"命令。

2. 创建不透明蒙版

当蒙版图形（作为蒙版的图形）的颜色为白色时，不能体现透明效果。当蒙版图形的颜色为黑色时，在制作蒙版后，图形将完全被遮罩。当蒙版图形的颜色为灰色时，在制作蒙版后，图形将呈现半透明状。

（1）绘制两个图形，将蒙版图形放在上方，颜色设置为灰色（RGB：135，135，135）；下方图形的颜色任意设置，如图 6-11 所示。

（2）同时选中这两个图形，并执行"窗口"→"透明度"命令，打开"透明度"面板（快捷键为 Shift+Ctrl+F10），如图 6-12 所示。

（3）在"透明度"面板中单击"制作蒙版"按钮，即可制作一个半透明状态的图形，效果如图 6-13 所示。

图 6-11　绘制两个图形

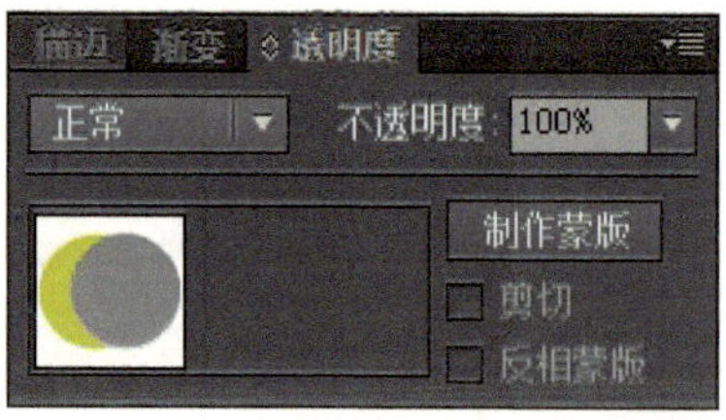

图 6-12　"透明度"面板

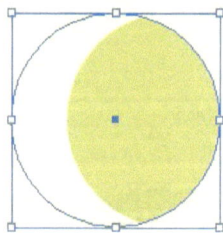

图 6-13　半透明图形效果

| 案例1 | 画册内页图片排版——创建蒙版 |

🔲 制作分析

要排版画册中的图片，需要对拍摄的照片进行剪裁，并将不同尺寸的图片按照一定比例对齐排版。此时，可以使用蒙版进行裁剪遮罩，以及实现羽化效果等。图 6-14 所示为画册内页示例。

图 6-14　画册内页示例

操作步骤

（1）新建一个高度为 210mm、宽度为 210mm 的文件。

（2）在"图层 1"中执行文件置入操作，置入案例与素材文件夹的"第 6 章图层与蒙版"文件夹中的"6.2 蒙版 \ 素材 \ 图片 1"，取消勾选"置入"对话框中的"链接"复选框，如图 6-15 所示。

（3）鼠标指针将变为如图 6-16 所示状态。在绘图区中单击以确定置入图片，按住 Shift键并拖动定界框调整图片 1 的大小（见图 6-17），并将其放置在绘图区的下方。

图 6-15　取消勾选"链接"复选框

图 6-16　鼠标指针形状

（4）在图片 1 的上方绘制一个能够遮住图片的矩形，作为蒙版图形，并将填充颜色设置为从黑色到白色到黑色的渐变颜色，如图 6-18 所示。

图 6-17　调整图片 1 的大小

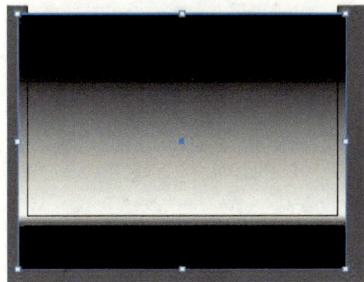

图 6-18　蒙版图形（1）

（5）同时框选矩形和图片 1，在"透明度"面板中单击"制作蒙版"按钮，效果如图 6-19所示。

（6）在"图层"面板中将"图层1"锁定，单击"新建图层"按钮，新建"图层2"。置入"图片2"并调整大小，将图片2放置到合适位置，如图6-20所示。

图 6-19　制作蒙版后的效果

图 6-20　图片 2 的位置

（7）在图片2的上方绘制一个矩形，将部分图片遮住，如图6-21所示。

（8）单击"图层"面板中的"建立/释放剪切蒙版"按钮 ，建立剪切蒙版，如图6-22所示。

图 6-21　蒙版图形（2）

图 6-22　建立剪切蒙版

（9）新建"图层3"，置入"图片3"，调整其大小，并在图片3的上方绘制与"图层2"上的蒙版图形高度相同的矩形，将填充颜色设置为从白色到黑色的渐变颜色，如图6-23所示。

（10）同时框选蒙版图形和被遮罩图片，在"透明度"面板中单击"制作蒙版"按钮，建立不透明蒙版，如图6-24所示。

图 6-23　蒙版图形（3）

图 6-24　建立不透明蒙版

（11）单击"图层1"前方的锁形图标按钮 ，将图层解锁。单击"图层1"前方的三角形按钮，使"图层1"的子图层"<图像>"显示出来，如图6-25所示。

（12）单击"<图像>"图层后面的定位符号 ，选中该图层中的图片和不透明蒙版。此时，"透明度"面板将显示图片和不透明蒙版的缩略图。单击蒙版缩略图，如图 6-26 所示。

图 6-25　显示"图层 1"的子图层　　　　　图 6-26　单击蒙版缩略图

（13）在"图层 1"的蒙版中置入"旅游指南"文字图片，并调整位置，如图 6-27 所示。

图 6-27　在蒙版中置入图片并调整位置

（14）调整各图层中图片的位置，最终效果如图 6-14 所示。

（15）保存文件。

案例 2　　　　　可爱波点大熊猫——蒙版的运用

制作分析

要实现波点图案背景，需要定义一个图案，并将其填充在背景中。动物图像必须是黑白的，以实现蒙版效果。

可爱波点大熊猫如图 6-28 所示。

图 6-28　可爱波点大熊猫

操作步骤

（1）新建一个文件，设置"大小"为 A4，选择"椭圆形工具"，按住 Shift 键并使用鼠标绘制一个正圆，将描边颜色设置为无，如图 6-29 所示。

（2）同时按住 Alt 键和 Shift 键，沿 45°方向复制出一个正圆，按 4 次快捷键 Ctrl+D 进行 4 次复制操作，效果如图 6-30 所示。

（3）同时选中一列正圆，水平复制出一列，按 3 次快捷键 Ctrl+D 进行 3 次复制操作，如图 6-31 所示。

图 6-29　绘制正圆　　　图 6-30　多次复制操作（1）　　　图 6-31　多次复制操作（2）

（4）选择部分正圆并将其删除，得到如图 6-32 所示的圆形阵列。

（5）分别为正圆填充颜色。为了使后续拼合图案时尽量没有缝隙，将四角正圆的填充颜色设置为相同颜色，左侧和右侧正圆的填充颜色设置为相同的颜色，上方和下方正圆的填充颜色设置为相同的颜色，中间正圆的填充颜色设置为其他颜色，如图 6-33 所示。

（6）对所有正圆进行编组（快捷键为 Ctrl+G），以四角正圆的圆心为正方形的 4 个顶点绘制一个正方形，并将其放置到所有正圆的上方；选中全部图形，如图 6-34 所示。

图 6-32　圆形阵列　　　图 6-33　设置正圆的颜色　　　图 6-34　选中全部图形

（7）选择"形状生成器工具" 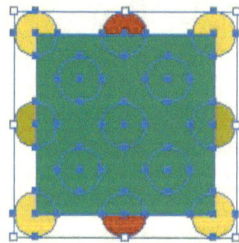，在按住 Alt 键的同时单击除正方形区域以外的正圆，如图 6-35 所示。

（8）删除上方的正方形，并将得到的图案缩小，如图 6-36 所示。

（9）拖动上一步骤中绘制的图案到"色板"面板中，新建图案色板（见图 6-37），完成自定义图案，并将绘图区中的图案删除。

图 6-35　单击要删除区域　　　图 6-36　缩小图案　　　图 6-37　新建图案色板

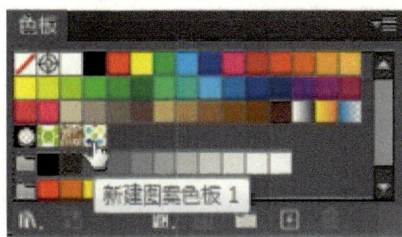

（10）绘制一个与绘图区大小相同的矩形，单击"色板"面板中的新建图案，将矩形填满波点图案，如图 6-38 所示。

（11）选中填充图案的矩形，打开"透明度"面板，单击"制作蒙版"按钮，使用蒙版将画面遮住，如图 6-39 所示。

图 6-38　填充图案　　　　　　　　　图 6-39　制作蒙版

（12）单击"透明度"面板中的黑色蒙版缩略图，进入蒙版状态，同时波点图案会消失。

（13）执行"文件"→"置入"命令，将案例与素材文件夹的"第 6 章图层与蒙版\6.2蒙版\素材"中的图片"大熊猫图"置入绘图区，如图 6-40 所示。此时，"透明度"面板如图 6-41 所示。

（14）勾选"透明度"面板中的"反相蒙版"复选框，得到反相效果，调整图片的大小，最终效果如图 6-42 所示。

图 6-40　置入图片　　　图 6-41　"透明度"面板　　　图 6-42　最终效果

（15）保存文件。

案例3　　　　水晶按钮——渐变填充、不透明蒙版的运用

按钮的晶莹剔透的效果仅使用渐变填充是无法完成的，需要运用不透明蒙版等工具，使按钮的效果更透亮，如图6-43所示。

操作步骤

（1）新建一个A4大小的文件，从标尺处拖动出两条相交的参考线。

（2）以参考线交点为圆心，绘制一个正圆，将填充颜色设置为从白色到黑色的径向渐变颜色，并调整角度和渐变大小，如图6-44所示。

图6-43　水晶按钮　　　　　　　　　　　　图6-44　径向渐变

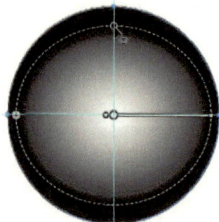

（3）打开"外观"面板，单击右上方的菜单按钮，在打开的下拉列表中执行"添加新填色"命令，如图6-45所示。

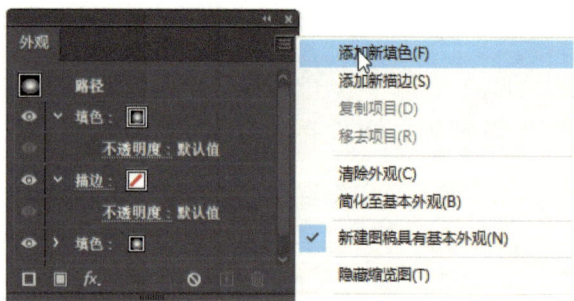

图6-45　执行"添加新填色"命令

提示

在Illustrator CC中，每个图形对象都有填充颜色、描边、透明度等外观属性，这些属性按照被应用的先后顺序保存在"外观"面板中，新添加的填充颜色将叠加在原填充颜色的上方，会覆盖原填充颜色。

（4）在正圆的左上方添加一个新的渐变颜色，如图6-46所示。

（5）打开"透明度"面板，将"混合模式"设置为"滤色"，如图 6-47 所示。

图 6-46 添加新的渐变颜色

图 6-47 将"混合模式"设置为"滤色"

提示

在滤色模式中，当两个渐变效果重叠时，将保留两个渐变效果中较白的部分，而隐藏较暗的部分。

（6）新建"图层 2"，以参考线交点为圆心绘制一个小一些的圆，并将描边颜色设置为从白色到深灰色的线性渐变颜色，"角度"为 120°，如图 6-48 所示。

提示

在对描边颜色进行渐变填充时，"渐变工具"为不可用状态，要想调整渐变方向，只能通过"渐变"面板中的"角度"选项来设定。

（7）将填充颜色设置为从白色到灰色到白色的线性渐变，并调整渐变方向，如图 6-49 所示。

图 6-48 设置渐变描边颜色

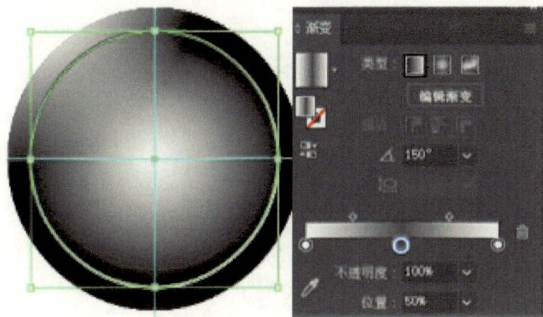

图 6-49 设置渐变填充颜色

（8）新建"图层 3"，以参考线交点为圆心绘制一个小一些的圆，作为按钮中心的水晶球，并将描边颜色设置为从白色到灰色的线性渐变颜色，填充颜色设置为从橙色到洋红色的径向渐变颜色，并调整渐变发射点的位置及渐变方向（见图 6-50），得到一个水晶圆。

（9）打开"外观"面板，添加新填充颜色，给从橙色到洋红色径向渐变的水晶圆添加一个新的渐变效果，在"渐变"面板中设置渐变颜色为淡黄色（CMYK：0%，7%，40%，0%）-黑色，同样调整渐变发射点的位置及渐变方向；打开"透明度"面板，将"混合模式"设置为"滤色"，使水晶圆更透亮，如图 6-51 所示。

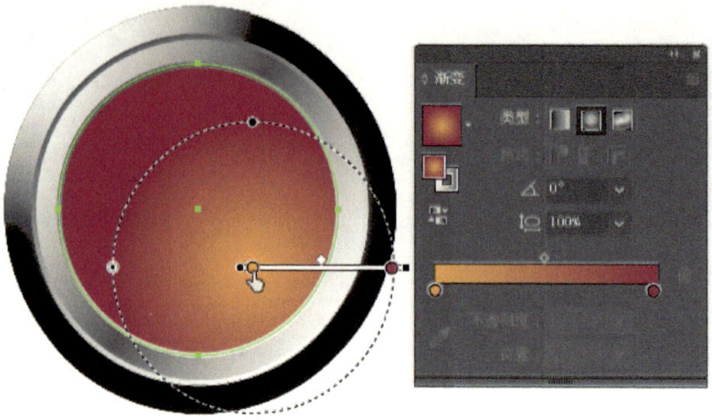

图 6-50　调整渐变方向

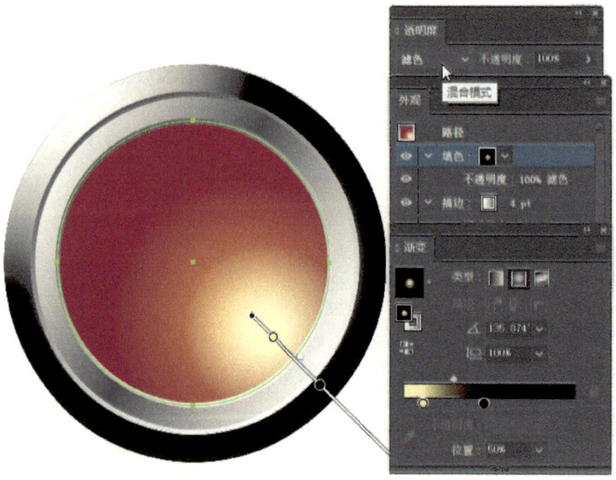

图 6-51　修改混合模式

（10）将前面制作的所有图层都锁定，新建"图层 4"，如图 6-52 所示。

（11）绘制一个与从橙色到洋红色渐变的水晶圆大小相同的圆，并将填充颜色设置为白色，描边颜色设置为无，如图 6-53 所示。

（12）使用"钢笔工具"绘制一个形状，如图 6-54 所示。

图 6-52　新建图层 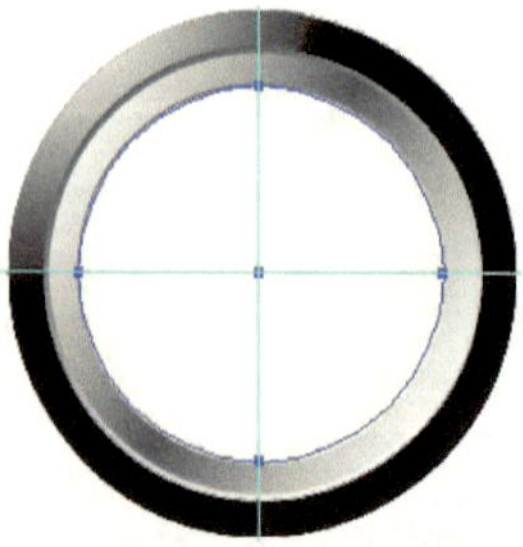　　　图 6-53　绘制新圆并设置填充颜色 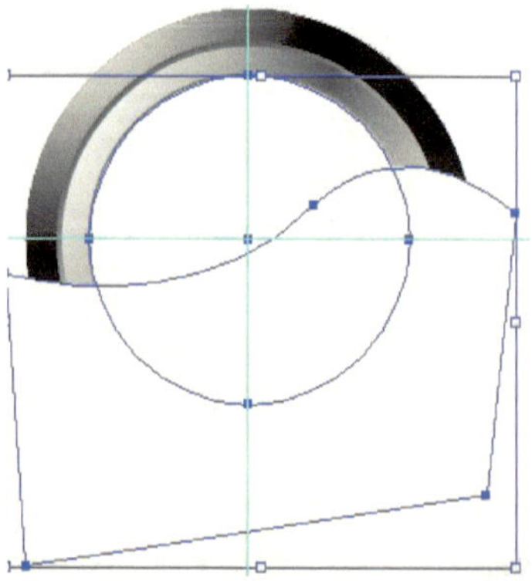　　　图 6-54　绘制形状

（13）同时选中圆和绘制的形状，打开"路径查找器"面板，单击"减去顶层"按钮，效果如图 6-55 所示。

（14）复制图形（快捷键为 Ctrl+C），原位在前粘贴图形（快捷键为 Ctrl+F），复制出一个相同的图形，将填充颜色设置为从白色到黑色的线性渐变颜色，如图 6-56 所示。

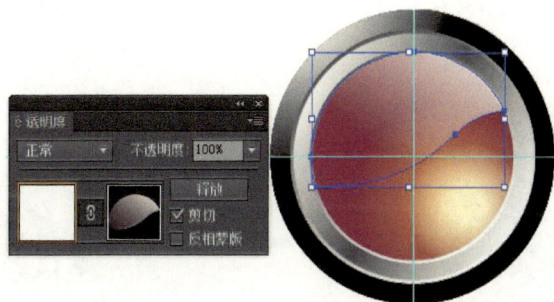

图 6-55　减去顶层后的效果　　　　图 6-56　在复制的图形上设置渐变填充颜色

（15）同时框选两个重叠的图形，在"透明度"面板中单击"制作蒙版"按钮，得到如图 6-57 所示的效果，并锁定图层。

图 6-57　设置不透明蒙版

提示

　　此处绘制的是两个完全重合的图形，上层图形填充的渐变颜色是作为蒙版使用的，蒙版中白色部分用于显示底层的图形颜色，黑色部分用于隐藏底层图形颜色。因此，在制作蒙版后，将显示底层中上面的白色部分，隐藏下面部分。

（16）新建"图层 5"，在按钮上方绘制一个小圆，如图 6-58 所示。

（17）在小圆的上方绘制一个稍大一些的圆，并将填充颜色设置为从白色到黑色的径向渐变颜色，如图 6-59 所示。

（18）同时框选这两个圆，在"透明度"面板中单击"制作蒙版"按钮，制作出高光的效果，如图 6-60 所示。

（19）参照相同的方法，制作高光效果并将其放置在按钮的右下方，单击不透明蒙版中的填色缩略图，将"不透明度"设置为70%，如图6-61所示。

图6-58　绘制小圆

图6-59　绘制稍大一些的圆并设置渐变填充颜色

图6-60　高光效果

图6-61　调整高光透明度

（20）将图层全部解锁（见图6-62），并删除参考线。调整整体效果，得到最终图形，如图6-63所示。

图6-62　将图层解锁

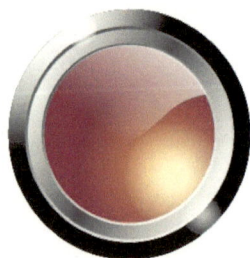

图6-63　最终图形

| 案例 4 | 云形图标——图层与蒙版的综合运用 |

📁制作分析

在图6-64中，相同的云图形需要分布在不同的图层中。为了方便选择，需要运用"图层"面板来整理和选择图形。亮光部分运用"透明度"蒙版来制作。

📁操作步骤

（1）新建一个文件，设置"大小"为A4；从标尺处拖动

图6-64　云形图标

出一条水平和纵向参考线。

（2）以参考线的交点为圆心，同时按住 Alt 键和 Shift 键，并使用鼠标绘制一个正圆。

（3）在正圆的左边绘制一个小一些的圆，以纵向参考线为轴，镜像复制出另一个圆，如图 6-65 所示；将这些圆组成云的基本图形。

（4）选择"形状生成器工具"（快捷键为 Shift+M），将这 3 个圆合并到一起，形成云形，如图 6-66 所示。

图 6-65　3 个圆　　　　　　　　　　　　　　图 6-66　云形

（5）在云形下方绘制一个矩形，如图 6-67 所示。

（6）选择"形状生成器工具"，按住 Alt 键并使用鼠标剪掉下面的部分形状，如图 6-68 所示。

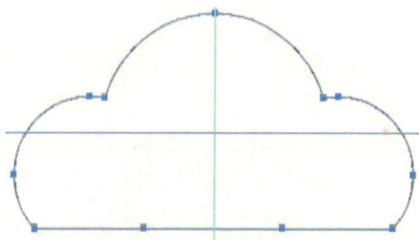

图 6-67　绘制矩形　　　　　　　　　　　　图 6-68　剪掉部分形状

（7）将云形的填充颜色设置为从浅蓝色到深蓝色的径向渐变颜色，如图 6-69 所示。

图 6-69　设置渐变填充颜色

（8）在"图层"面板中将"图层 1"拖动到"新建图层"按钮 上两次，以复制"图层 1"两次。

（9）分别将"图层 1 复制 1"和"图层 1 复制 2"命名为"层次 1"和"层次 2"。拖动"图层 1"，将其放置到最上方，如图 6-70 所示。

（10）单击"层次 1"后面的"定位图层内容"按钮 ，选中"层次 1"中的云形，按 20 次上方向键，并将填充颜色设置为深蓝色，如图 6-71 所示。

图 6-70　调整图层顺序

图 6-71　向上移动并填充颜色（1）

（11）参照相同的方法，单击"层次 2"后面的"定位图层内容"按钮 ，选中"层次 2"中的云形，按 10 次上方向键，并将填充颜色设置为浅蓝色，如图 6-72 所示。

（12）复制"图层 1"，并将其命令为"亮光"。在复制完后，锁定"图层 1"、"层次 1"和"层次 2"，如图 6-73 所示。

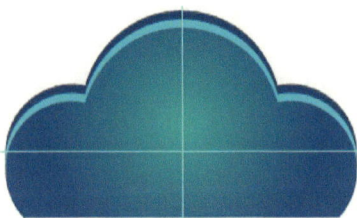

图 6-72　向上移动并填充颜色（2）

图 6-73　锁定图层

（13）单击"亮光"后面的"定位图层内容"按钮 ，选中"高亮"中的云形，将填充颜色设置为白色，如图 6-74 所示。

（14）在下方绘制一个图形，并同时选中"高亮"中的云形和刚才绘制的图形，如图 6-75 所示。

（15）单击"路径查找器"面板中的"减去顶层"按钮 ，得到如图 6-76 所示的图形。

（16）复制图形（快捷键为 Ctrl+C），原位在前粘贴图形（快捷键为 Ctrl+F），将填充颜色设置为从白色到灰色的渐变颜色，如图 6-77 所示。

（17）框选剪切后的图形（框选时可以同时选中重叠在一起的图形），在"透明度"面板中单击"制作蒙版"按钮，并将"不透明度"设置为 40%，制作出亮光，如图 6-78 所示。

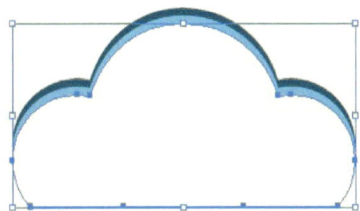

图 6-74　填充颜色

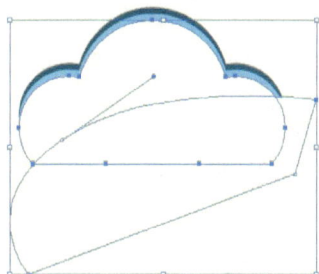

图 6-75　选中图形

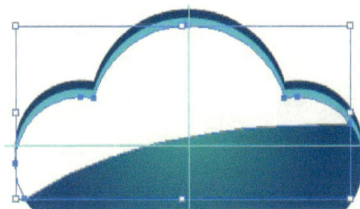

图 6-76　减去顶层后的图形（1）

图 6-77　填充渐变颜色

图 6-78　制作亮光

（18）新建图层，并将其命令为"开关图标"。

（19）在"开关图标"上绘制一个小圆，将填充颜色设置为无，描边颜色设置为白色，描边粗细设置为 25pt 左右。

（20）执行"对象"→"路径"→"轮廓化描边"命令，将轮廓图形转化为填充图形，如图 6-79 所示。

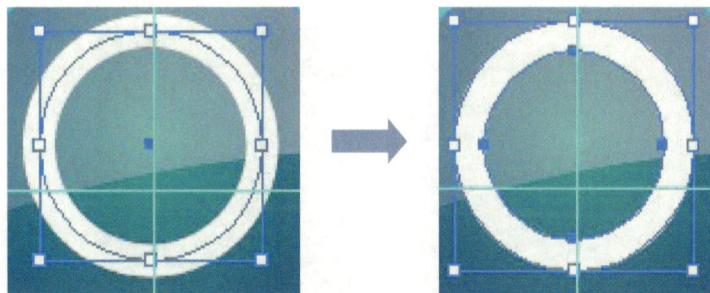

图 6-79　转化图形

（21）绘制一个矩形并将其放置在小圆的上方，选中小圆和矩形，单击属性栏中的"水平居中"按钮 ，对齐图形，如图6-80所示。

（22）单击"路径查找器"面板中的"减去顶层"按钮 ，得到如图6-81所示图形。

（23）绘制一个矩形并将其放置在中间，形成开关图标，将这两个图形进行编组（快捷键为Ctrl+G），如图6-82所示。

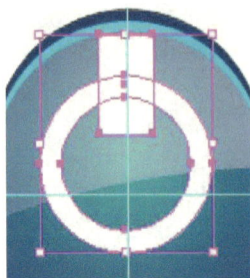

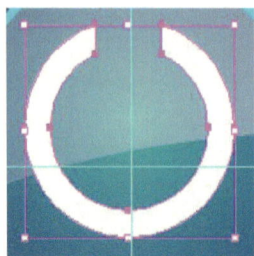

图 6-80　对齐图形　　　　图 6-81　减去顶层后的图形（2）　　　　图 6-82　编组图形

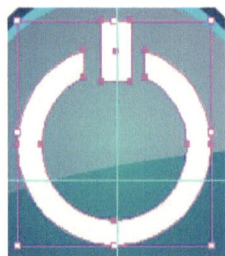

（24）复制开关图标，并将其向上移动一些，将填充颜色设置为黑色，"不透明度"设置为15%，如图6-83所示。

（25）运用制作不透明蒙版的方法为图标绘制高光，如图6-84所示。

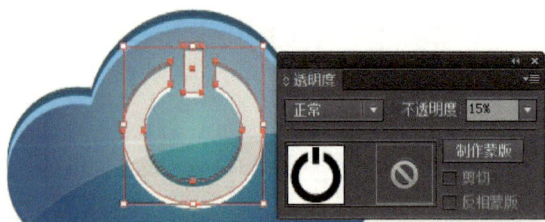

图 6-83　设置开关图标　　　　　　　　　　图 6-84　高光

（26）保存文件。

思考与练习

运用图层蒙版等知识，制作如图6-85所示的图标。

图 6-85　图标

自我评价表

内容及技能要点	是否掌握		熟练程度		
	是	否	熟练	一般	不熟
建立剪切蒙版：对同一图层上的对象建立剪切路径					
建立剪切蒙版：对不同图层上的图形建立剪切蒙版					
创建不透明蒙版："透明度"面板的运用、制作半透明及渐变效果蒙版					
"外观"面板的运用					
案例 1 的制作					
案例 2 的制作					
案例 3 的制作					
案例 4 的制作					
思考与练习					
自我总结在本节学习中遇到的知识是否掌握、技能难点是否解决					

总结

在绘制复杂图形时，图层的作用比较显著，它便于对图形进行管理和修改。在学习本章后，读者应该了解"图层"面板中所有按钮的作用及使用方法。同时，通过相关的案例，读者应该掌握蒙版知识，能够运用剪切蒙版和不透明蒙版制作特殊效果，如晶莹剔透的水晶球等。对于 UI 设计，蒙版的作用非常显著。利用蒙版进行 UI 小图标设计，可以增强立体感和光泽感。

第 7 章

画笔与符号

本章主要介绍"画笔工具"、"画笔"面板、"符号"面板和"符号喷枪工具"的使用方法，要求读者掌握新建画笔及设置画笔的方法，并掌握新建符号及使用"符号喷枪工具"喷绘符号的方法。其中，难点在于图案画笔的设置及"符号"面板的运用。

7.1 画笔的编辑与使用技巧

"画笔工具" ✐用于为路径描边。画笔的模式有很多，如毛刷画笔、图案画笔、艺术画笔，以及图案和纹理等。Illustrator CC 自带了一些画笔，用户也可以从网络上下载并安装其他艺术画笔，使设计的画面更丰富。

1. "画笔工具"与"画笔"面板

1）"画笔工具"

双击工具箱中的"画笔工具" ✐（快捷键为 B），弹出"画笔工具选项"对话框，如图 7-1 所示。

（1）保真度：用于控制路径的平滑程度，分为精确和平滑两个选项。保真度值越接近"平滑"选项，绘制的路径越平滑。

（2）填充新画笔描边：用于控制是否在路径（包括开放路径）区域内填充颜色。

（3）保持选定：若勾选该复选框，则在绘制路径后，路径自动处于选定状态。

（4）编辑所选路径：若在勾选该复选框后绘制一条路径，则当该路径处于选中状态时，可以使用"画笔工具"对其进行修改。

（5）范围：用于确定当鼠标指针与路径在多少距离之内时，"画笔工具"才能编辑路径。当不勾选"编辑所选路径"复选框时，该选项呈灰色不可编辑状态。

2）"画笔"面板

执行"窗口"→"画笔"命令，打开"画笔"面板，如图 7-2 所示。单击"画笔"面板右上角的菜单按钮，弹出下拉列表，如图 7-3 所示。

图 7-1　"画笔工具选项"对话框

图 7-2　"画笔"面板

（1）书法画笔：可以模拟毛笔笔迹，创建书法效果。

（2）散点画笔：用于自定义散点画笔，可以将画笔沿着所绘制的路径进行分布。

（3）毛刷画笔：笔头呈毛刷状。

（4）图案画笔：可以创建花边等图案效果。

（5）艺术画笔：可以模拟水彩笔、炭笔等艺术效果。

（6）打开画笔库：可以打开软件自带的画笔。另外，单击"画笔"面板下方的"画笔库菜单"按钮，也可以打开画笔库列表，如图 7-4 所示。

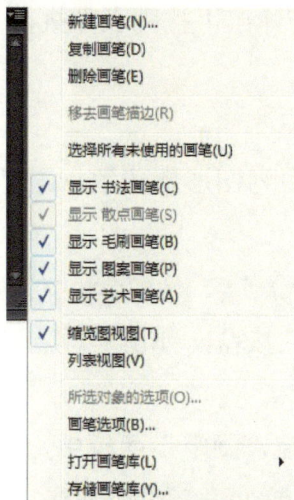

图 7-3　下拉列表

图 7-4　画笔库列表

（7）保存画笔：用于临时存储新建的画笔。如果想要下次在新建文件时新建的画笔仍然存在，则需保存画笔。单击"画笔库菜单"按钮 ，在弹出的下拉列表中执行"保存画笔"命令，即可将画笔保存在 Illustrator CC 默认的画笔文件夹中。另外，在新建文件时需要打开画笔库中的"用户定义"功能，这样才能找到保存的画笔。

2. 新建画笔的方法

1）新建书法画笔

（1）单击"画笔"面板中的"新建"按钮 ，弹出"新建画笔"对话框，如图7-5所示。

（2）选中"书法画笔"单选按钮，单击"确定"按钮，弹出"书法画笔选项"对话框，如图7-6所示。

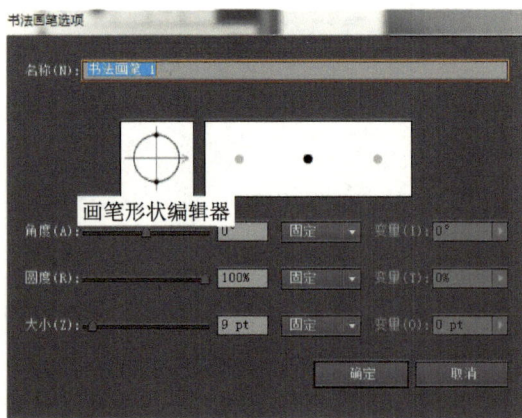

图7-5　"新建画笔"对话框　　　　图7-6　"书法画笔选项"对话框

（3）在"名称"文本框中输入名称，即可自定义画笔名称。

（4）通过设置"角度"、"圆度"及"大小"选项来设置画笔笔头的形状。

（5）通过调节"画笔形状编辑器" 来修改角度和圆度。

（6）单击"画笔"面板中的"画笔库菜单"按钮 ，在弹出下拉列表中执行"保存画笔"命令。

2）新建散点画笔

在新建散点画笔前，要先定义画笔图形。例如，以五角星为图形新建散点画笔，方法如下。

（1）选择"星形工具"，绘制一个五角星。

（2）在选中五角星的状态下，单击"画笔"面板中的"新建"按钮 ，在弹出的"新建画笔"对话框中选中"散点画笔"单选按钮，弹出"确定"按钮，弹出"散点画笔选项"对话框，按照图7-7设置参数。

（3）设置完后，单击"确定"按钮，即可将新画笔保存在"画笔"面板中，如图7-8所示。

（4）选择"画笔工具"，在绘图区中绘制路径，即可将散点画笔应用到路径上，如图7-9所示。

（5）单击"画笔"面板中的"画笔库菜单"按钮![icon]，在弹出的下拉列表中执行"保存画笔"命令。

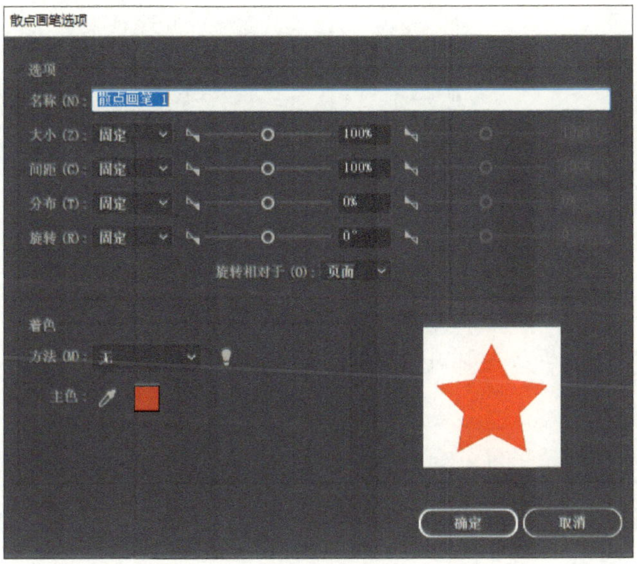

图 7-7　"散点画笔选项"对话框

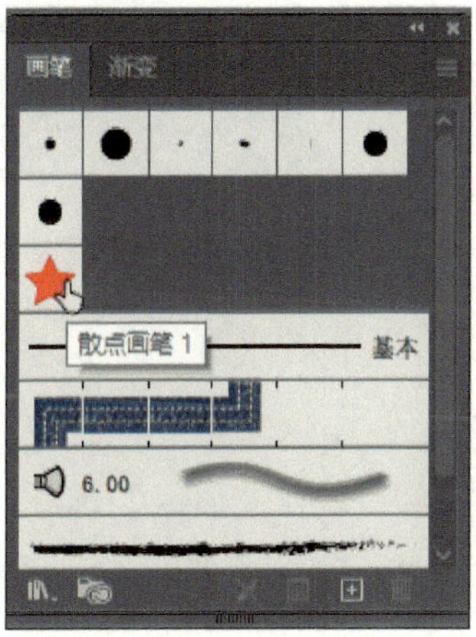

图 7-8　新画笔

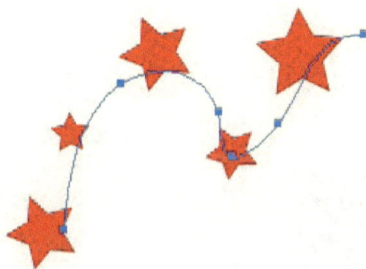

图 7-9　散点画笔的效果

提示

在"散点画笔选项"对话框中，"大小"、"间距"和"分布"选项可以设置画笔图形的大小、间距，以及图形与路径的距离；"旋转"选项可以设置画笔图形的角度。如果将"旋转相对于"设置为"页面"，则图形将以页面的水平方向进行旋转。如果将"旋转相对于"设置为"路径"，则图形将以路径方向进行旋转。

3）新建图案画笔

方法一：新建图案，并将其保存在"色板"面板中。

（1）绘制一个五角星图案，并将其拖动到"色板"面板中，如图 7-10 所示。

（2）参考相同的方法，绘制一个五边形图案和一个圆形图案，分别将它们拖动到"色板"面板中，如图 7-11 所示。

图 7-10　新建图案色板（1）　　　　图 7-11　新建图案色板（2）

（3）单击"画笔"面板中的"新建"按钮，在弹出的"新建画笔"对话框中选中"图案画笔"单选按钮。

（4）单击"确定"按钮，弹出"图案画笔选项"对话框。其中，包含 5 个按钮，即 ▣（外角拼贴）、▣（边线拼贴）、▣（内角拼贴）、▣（起点拼贴）、▣（终点拼贴），如图 7-12 所示。分别单击这 5 个按钮上方的缩略图 ▨，在弹出的下拉列表中找到定义好的图案，单击"确定"按钮，设置好图案画笔。

（5）使用"画笔工具"在绘图区中绘制一条路径，即可将图案画笔应用在该路径上。如果绘制的路径是不规则的曲线，则边角处的图案将变形，效果如图 7-13 所示。因此，在应用图案画笔时，一般使用"钢笔工具"绘制直线路径。

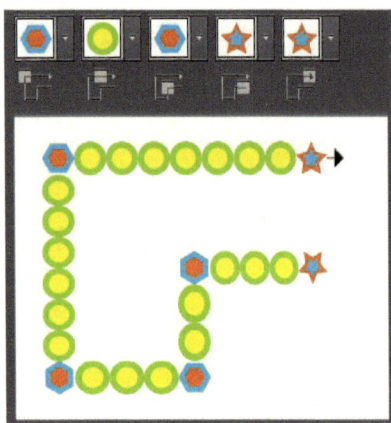

图 7-12　5 个按钮　　　　　　　　图 7-13　不规则图案画笔

（6）双击"画笔"面板中设置好的图案画笔，可再次弹出"图案画笔选项"对话框，在其中可以编辑设置好的画笔。

📋 **提示**

在"图案画笔选项"对话框中可以设置着色方法，如图 7-14 所示。当将着色方法设置为"无"时，画笔的颜色是用户定义的作为画笔的图形的颜色，且无法对其进行修改；当将着色方法设置为"色调"、"淡色和暗色"或"色相转换"时，可以通过更改路径的描边颜色来更改使用图案画笔绘制的图案的颜色。例如，对于以上设置的图案画笔，将着色方法设置为"色调"，将描边颜色设置为绿色，绘制的效果如图7-15所示。方向和距离可以通过"翻转"和"适合"选项组进行调整，如图7-16所示。

图7-14　设置着色方法　　　图7-15　着色效果　　　图7-16　"翻转"和"适合"选项组

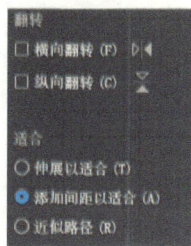

方法二：新建图案，并将其添加到"画笔"面板中。

（1）新建一个文件，绘制一个五角星图案、一个圆形图案和一个六边形图案。

（2）将圆形图案拖动到"画笔"面板中，弹出"新建画笔"对话框，选中"图案画笔"单选按钮，单击"确定"按钮，弹出"图案画笔选项"对话框。

（3）在"图案画笔选项"对话框中，将"边线拼贴"设置为圆形图案，其余选项均设置为"无"，单击"确定"按钮，即可将圆形图案添加到"画笔"面板中，如图7-17所示。

（4）此时，该画笔的前一个格子和后3个格子均没有内容。

（5）按住Alt键，分别将六边形图案和五角星图案拖动到前面和后面的格子中，在弹出的"图案画笔选项"对话框中直接单击"确定"按钮。"画笔"面板中的"图案画笔"设置完成，如图7-18所示。

图7-17　"画笔"面板中的圆形图案　　　　　图7-18　图案画笔

4）新建艺术画笔

绘制一个图形并将其选中，单击"新建画笔"按钮，弹出"新建画笔"对话框，选中"艺术画笔"单选按钮，在弹出的"艺术画笔选项"对话框中，通过"方向"按钮调整图形与路径之间的对应关系，如图7-19所示。

提示

渐变、混合、画笔描边、网格、位图图像等图形不能用于创建艺术画笔、图案画笔和散点画笔。

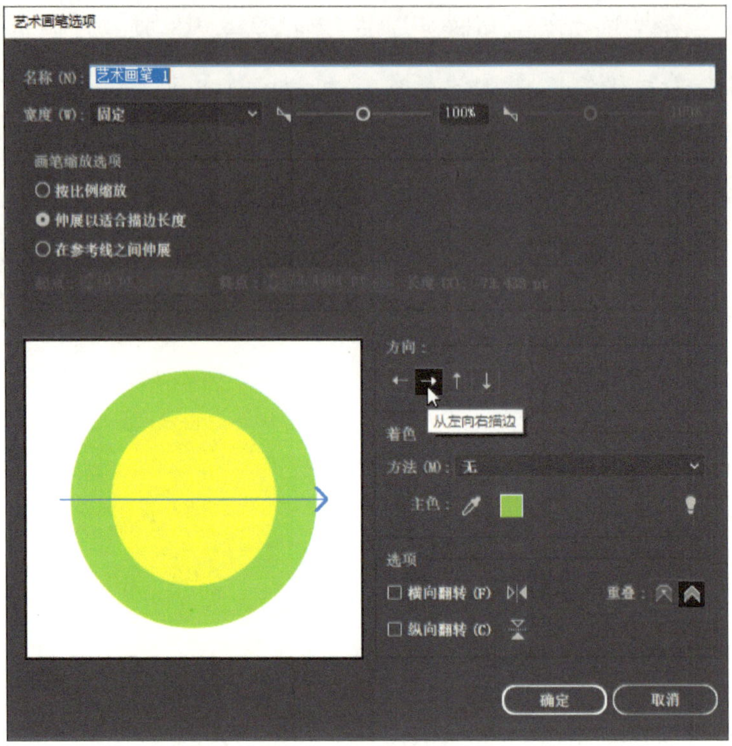

图 7-19　新建艺术画笔

案例 1　　　　　　　　彩带文字——图案画笔的运用

制作分析

该案例的重点是绘制一个图案画笔。在绘制图案画笔时不能出现缝隙，在拐角处要自然。这需要运用"形状生成器工具"和"路径查找器"面板等图形分割、图形运算工具。图 7-20 所示为彩带文字。

图 7-20　彩带文字

操作步骤

（1）新建一个文件，设置"取向"为横版，"大小"为 A4，"颜色模式"为 CMYK。绘制一个与文件大小相同的矩形，填充径向渐变颜色，并锁定图层，如图 7-21 所示。

（2）新建图层，使用"矩形工具"绘制一个宽度为 200mm、高度为 50mm 的矩形，将填充颜色设置为白色，描边颜色设置为无，如图 7-22 所示。

（3）绘制一个宽度为 30mm、高度为 90mm 的红色矩形，如图 7-23 所示。

（4）在选中红色矩形的状态下，双击"旋转工具"，在弹出的对话框中将"角度"设置为-30°，如图 7-24 所示。

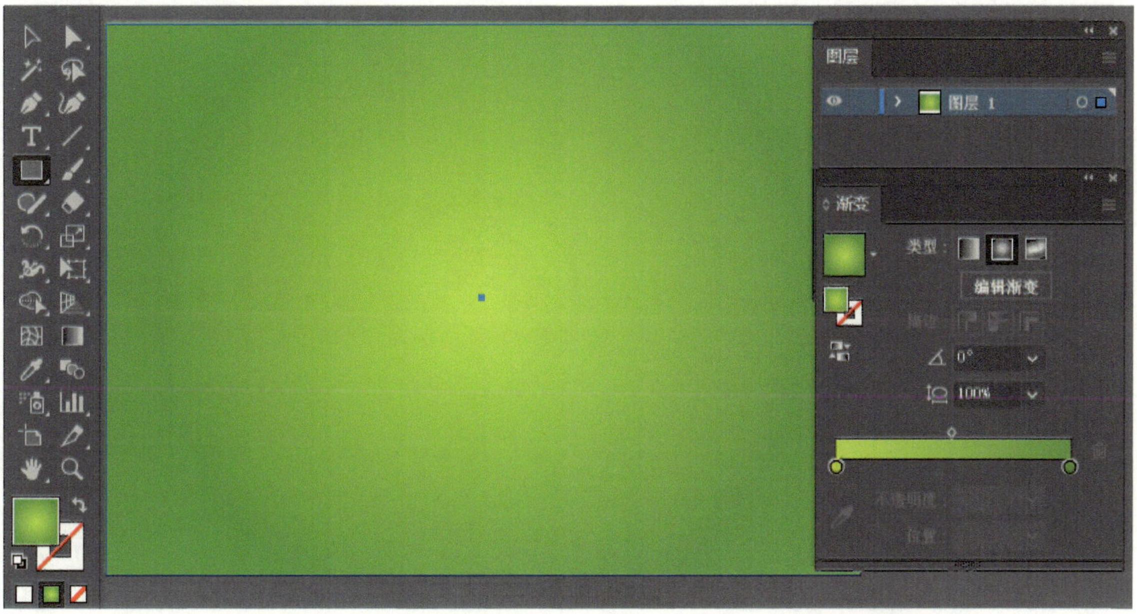

图 7-21 锁定图层

图 7-22 绘制白色矩形

图 7-23 绘制红色矩形

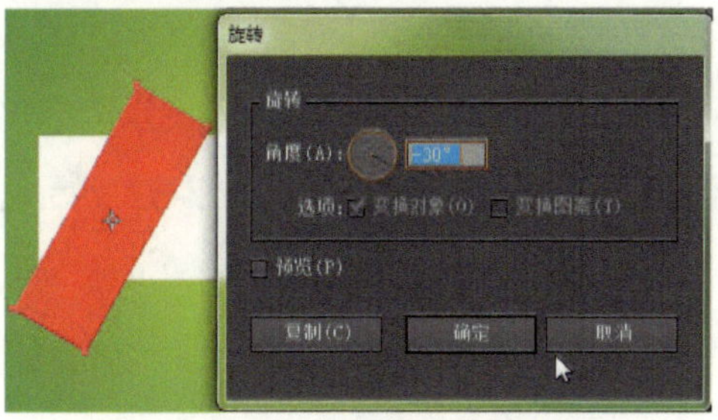

图 7-24 旋转红色矩形

（5）选择"选择工具"，按快捷键 Alt+Shift，水平复制出一个红色矩形。按快捷键 Ctrl+D 再次复制出一个红色矩形，如图 7-25 所示。

（6）选中所有矩形，选择"形状生成器工具" ，按住 Alt 键并单击红色矩形与白色矩形相交部分以外的部分，将它们删除，得到如图 7-26 所示的 3 个平行四边形。

（7）按快捷键 Ctrl+R，打开标尺；从标尺处拖动出两条参考线，分别将它们放置在红色平行四边形的左侧和右侧，如图 7-27 所示。

（8）在参考线中间绘制一个矩形，如图 7-28 所示。

图 7-25　复制红色矩形

图 7-26　剪切矩形

图 7-27　拖动出参考线

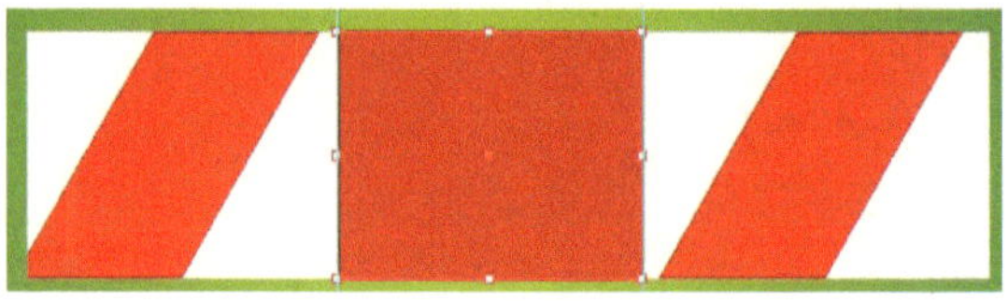

图 7-28　绘制矩形

（9）框选上层的矩形和下层的平行四边形、白色矩形，在"路径查找器"面板中单击"分割"按钮 ▣，分割图形，如图 7-29 所示。

（10）右击分割后的图形，在弹出的快捷菜单中执行"取消编组"命令，如图 7-30 所示。

图 7-29　分割图形（1）

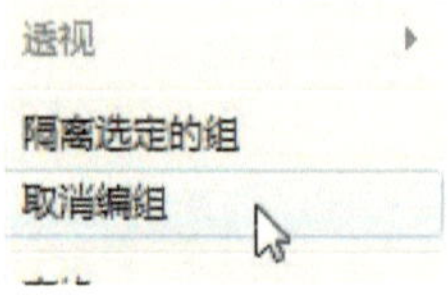

图 7-30　执行"取消编组"命令

（11）选择"选择工具"，按住 Shift 键并单击左侧和右侧被分割出来的图形，选择"吸管工具" ✐，在白色区域单击，将填充颜色改为白色，如图 7-31 所示。

（12）选择"选择工具"，单击白色区域，选中白色矩形，右击该图形，在弹出的快捷菜单中执行"排列"→"置于底层"命令（快捷键为 Shift+Ctrl+[），将原本在上层的两个红色平行四边形显示出来，如图 7-32 所示。

图 7-31　修改填充颜色

图 7-32　调整层次

（13）将 3 个部分的图形分开，如图 7-33 所示。

图 7-33　分开图形

（14）在左侧图形上使用"椭圆形工具"绘制圆，圆的直径与白色矩形的高相同，圆的中心点要在白色矩形的中心线上，如图 7-34 所示。

可以在打开智能参考线（命令为"视图"→"智能参考线"，快捷键为 Ctrl+U）的同时打开对齐点（命令为"视图"→"对齐点"，快捷键为 Alt+Ctrl+"），这样在绘制图形时可以使图形自动对齐并显示参考点。

（15）选择"选择工具"，框选该组图形，并单击"路径查找器"面板中的"分割"按钮，分割图形，如图 7-35 所示。

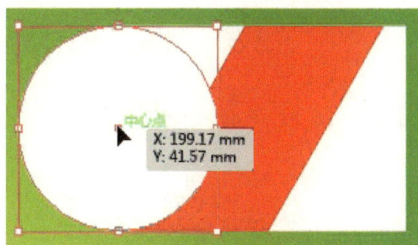

图 7-34 绘制圆

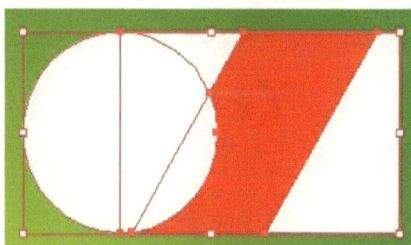

图 7-35 分割图形（2）

（16）右击该组图形，在弹出的快捷菜单中执行"取消编组"命令，选中圆与红色平行四边形相交的区域，选择"吸管工具"并单击红色平行四边形，删除多余部分；参照相同的方法，绘制另一部分，如图 7-36 所示。

（17）同时选中所有图形并将它们缩小，以便作为画笔。

（18）分别将如图 7-36 所示的两个图形拖动到"色板"面板中，新建图案色板，如图 7-37所示。

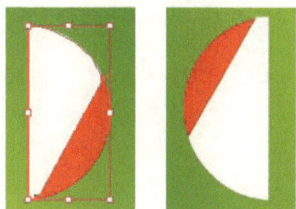

图 7-36 删除多余部分并绘制另一部分

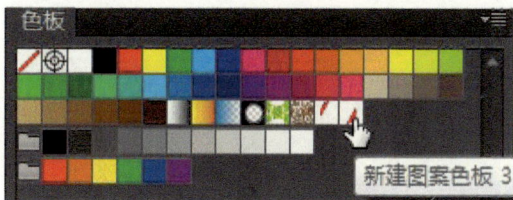

图 7-37 新建图案色板

（19）选中前面绘制好的中间的平行四边形，将其拖动到"画笔"面板中，新建图案画笔，名称为"红条纹"；在"图案画笔选项"对话框中，将"边线拼贴"设置为中间的平行四边形，"起点拼贴"和"终点拼贴"设置为新建的图案色板，其余两项设置为无，如图 7-38 所示。

（20）单击"确定"按钮，定义好图案画笔，将绘图区中用来定义图案画笔的图形删除。

（21）使用"铅笔工具"及"平滑工具"绘制平滑路径，如图 7-39 所示。

图 7-38　图案画笔选项的设置

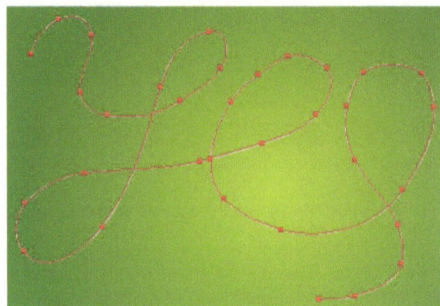

图 7-39　绘制平滑路径

（22）单击"画笔"面板中定义好的图案画笔"红条纹"，将该画笔应用到绘图区中的路径上，最终效果如图 7-20 所示。

（23）保存文件。

案例2　不连续的圆形边框图案——图案画笔的运用

制作分析

在绘制不连续的边框图案（见图 7-40）时，不需要考虑图案之间的衔接关系，因此绘制方法相对简单，只需绘制一个图案并将其拖动到"画笔"面板中，新建图案画笔即可。

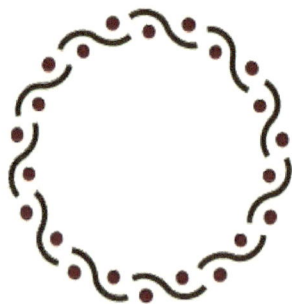

图 7-40　不连续的边框图案

操作步骤

（1）新建一个宽度和高度均为 80mm 的文件。

（2）绘制一个圆，将填充颜色设置为无，描边颜色设置为黑色。使用"移动工具"选中圆，在按住鼠标左键的同时按住 Alt 键，移动复制一个与原来的圆水平相切的圆；从标尺处拖出一条横向、两条竖向的参考线，分别使这三条参考线过两个圆的圆心，如图 7-41 所示；右击参考线，在弹出的菜单中执行"锁定参考线"命令。

（3）选择"剪刀工具"，单击图 7-42 中的 4 个点，并删除左侧和右侧的半圆，如图 7-43（a）所示。

（4）参照相同的方法，分别选中剩下的两个半圆，使用"剪刀工具"单击两个半圆中间相交的点（由于这里有两个半圆，因此需要单击两次），并删除左下方和右上方的弧线，如图 7-43（b）所示。

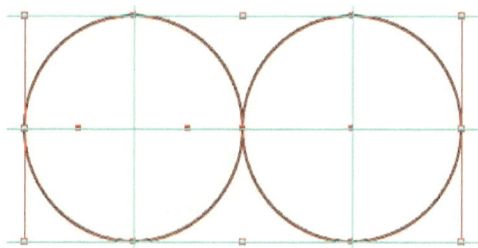

图 7-41　参考线的位置	图 7-42　单击 4 个点

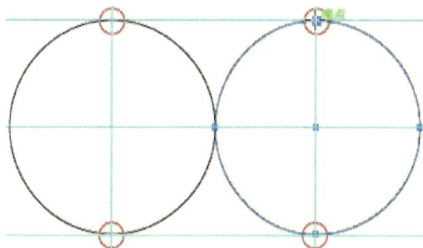

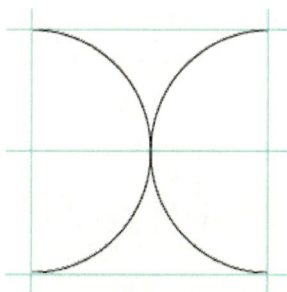

（a）删除左侧和右侧的半圆	（b）删除部分弧线后效果

图 7-43　删除部分圆

（5）此时，得到的两条曲线是独立的。使用"直接选择工具"▶框选这两条曲线中间的锚点，执行"对象"→"路径"→"连接"命令，将两个重叠的锚点合并为一个，两条曲线即可变为一条曲线，如图 7-44 所示。

（6）双击"旋转工具"，在弹出的"旋转"对话框中将"角度"设置为 30°，如图 7-45 所示。

（7）将曲线的描边颜色设置为橄榄绿色，即 RGB（43，42，17），描边粗细设置为 4pt。

（8）绘制两个圆，分别将它们放置在曲线的上方和下方，并将填充颜色设置为 RGB（81，18，14），描边

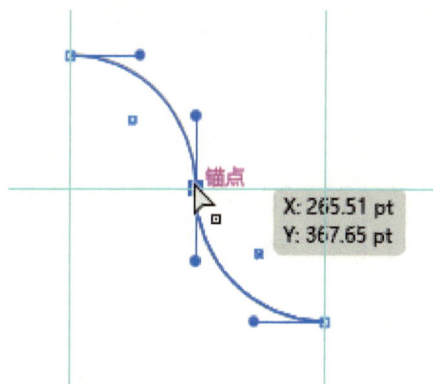

锚点
X: 265.51 pt
Y: 367.65 pt

图 7-44　两条曲线变为一条曲线

颜色设置为无，完成一个画笔图案的制作，如图 7-46 所示。

图 7-45　旋转参数

图 7-46　画笔图案

（9）框选所有图案，将其缩小到合适，拖动到"画笔"面板中，在弹出的"新建画笔"对话框中选中"图案画笔"单选按钮，并在弹出的"图案画笔选项"对话框中按图 7-47 进行设置，单击"确定"按钮。

（10）绘制一个正圆，将填充颜色设置为无，并单击在步骤（9）中设置的图案画笔，如图 7-48 所示。

（11）保存文件。

图 7-47　设置图案画笔选型

图 7-48　单击图案画笔

案例 3　连续的圆形曲线边框图案——图案画笔的运用

制作分析

图 7-49 所示的图案是连续的。要想绘制出这种效果，必须保证一个单元的图案与另一个单元的图案无缝拼贴。因此，在绘制单元图案时要保证左右绝对对称，并且切角是垂直的。

操作步骤

（1）新建一个文件，设置"大小"为 A4，"颜色模式"为 CMYK。

（2）为了方便观察，将视图模式切换为轮廓模式。

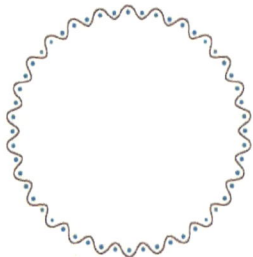

图 7-49　连续的圆形
曲线边框图案

（3）在"图层 1"中绘制一个宽度为 60mm、高度为 50mm 的矩形；水平复制出一个矩形，并与原矩形对齐；锁定"图层 1"，如图 7-50 所示。

图 7-50　锁定"图层 1"

（4）新建图层，按快捷键 Ctrl++ 放大图形。绘制一条斜线，为了方便以后进行剪切，可以多绘制出一点儿下方的斜线，如图 7-51 所示。

（5）选择"添加锚点工具" ，在斜线中间添加一个锚点，如图 7-52 所示。

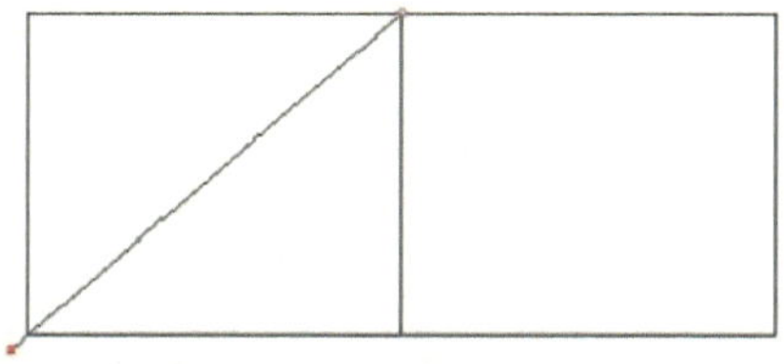

图 7-51　绘制斜线

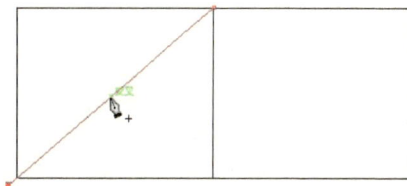

图 7-52　添加锚点

（6）选择"锚点工具" ，稍微拖动添加的锚点，使斜线转变为曲线，如图 7-53 所示。

（7）使用"选择工具"选中整条曲线路径，选择"镜像工具" ，以上方锚点为中心点，按住 Alt 键并单击该中心点，在弹出的"镜像"对话框中选中"垂直"单选按钮，单击"复制"按钮，结果如图 7-54 所示。

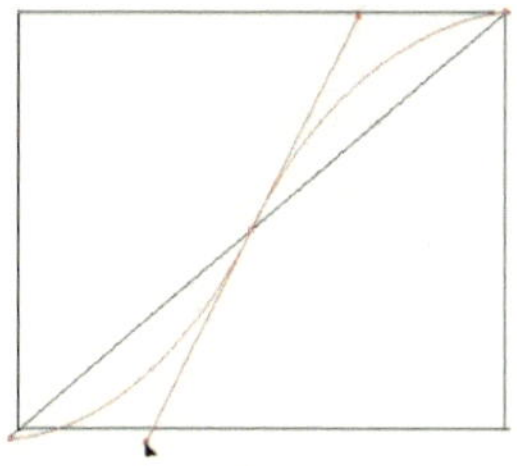

图 7-53　使斜线转变为曲线

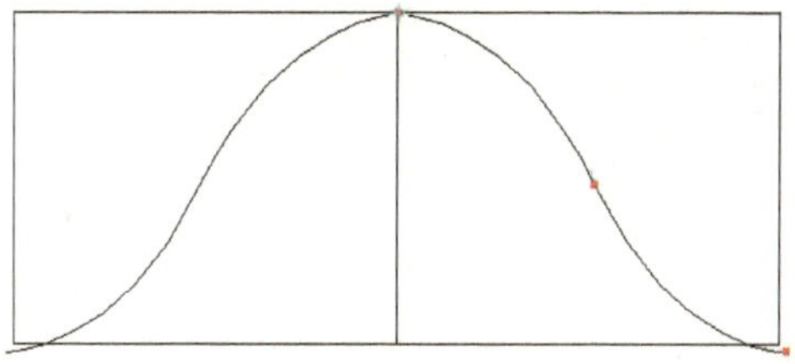

图 7-54　镜像复制结果

（8）使用"直接选择工具"框选两条曲线上方重叠的两个锚点，按快捷键 Ctrl+J 连接路径，如图 7-55 所示。

（9）使用"锚点工具"微调上方的弧度，使弧线平滑，如图 7-56 所示。

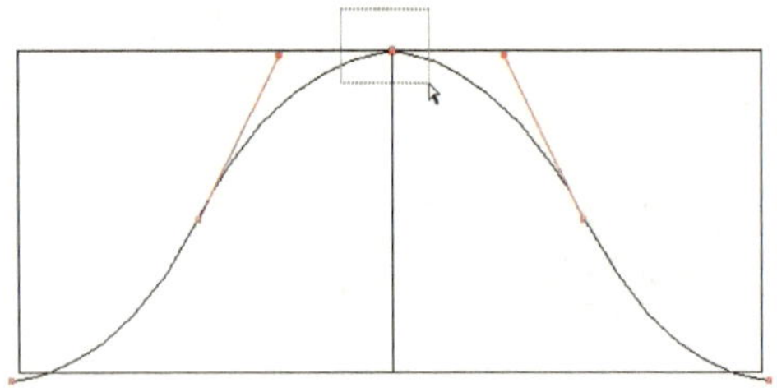

图 7-55　连接路径

图 7-56　微调弧线

（10）绘制 3 个圆，分别将它们放置在中间及两侧，并且这 3 个圆应位于同一条水平线上，如图 7-57 所示。

（11）为了方便绘制，以矩形左右两侧为参考，从标尺处拖动出两条参考线，并隐藏"图层 1"，使两个矩形不可见，如图 7-58 所示。

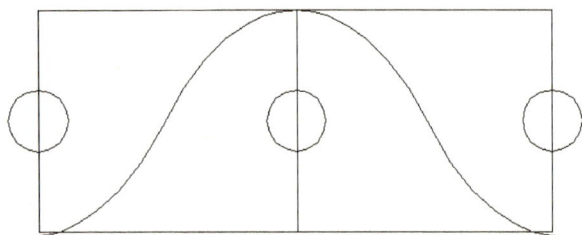

图 7-57　圆的位置

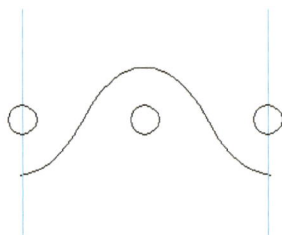

图 7-58　隐藏矩形

（12）按快捷键 Ctrl+Y，将轮廓模式切换为视图模式。将曲线和圆的填充颜色都设置为褐色，参考颜色值为 CMYK（58%，96%，100%，51%），如图 7-59 所示。

（13）使用"选择工具"选中曲线，执行"对象"→"路径"→"轮廓化描边"命令，轮廓化描边路径，如图 7-60 所示。

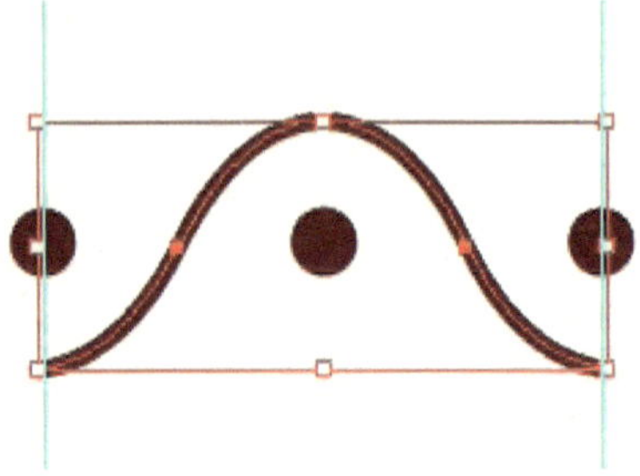

图 7-59　设置填充颜色（1）

图 7-60　轮廓化描边路径

（14）绘制矩形，使矩形的左右两侧与参考线对齐，如图 7-61 所示。

（15）框选所有图形，单击"路径查找器"面板中的"分割"按钮，并在图形上右击，在弹出的快捷菜单中执行"取消编组"命令，如图 7-62 所示。

（16）使用"选择工具"单击绘图区中的空白处，取消所有图形的选中状态，并逐一选中多余部分，按 Delete 键将其删除，效果如图 7-63 所示。

（17）将两个半圆和中间圆的填充颜色设置为蓝色，如图 7-64 所示。

（18）框选所有图形，并将其拖动到"画笔"面板中，新建图案画笔，如图 7-65 所示。"画笔"面板如图 7-66 所示。

（19）绘制一个正圆，将填充颜色设置为无，描边颜色设置为无，单击新建的图案画笔，将图案画笔应用到正圆的路径上，如图 7-67 所示。

图 7-61　绘制矩形

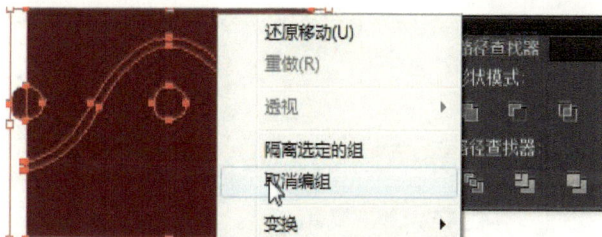

图 7-62　执行"取消编组"命令

图 7-63　删除多余部分
　　　　　后的效果

图 7-64　设置填充颜色（2）

图 7-65　新建图案画笔

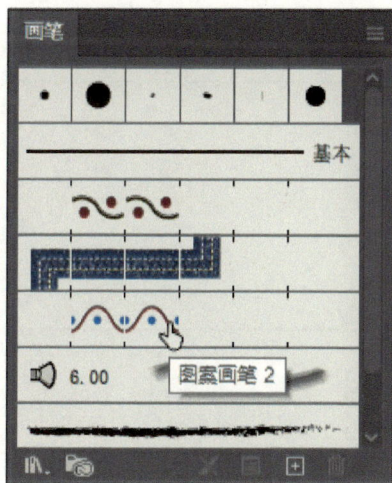

图 7-66　"画笔"面板

图 7-67　应用图案画笔

（20）保存文件。

思考与练习

运用图案画笔绘制如图 7-68 所示的边框图案。

图 7-68 边框图案

自我评价表

内容及技能要点	是否掌握		熟练程度		
	是	否	熟练	一般	不熟
"画笔工具选项"对话框的设置					
"画笔"面板的运用：画笔菜单的运用					
新建书法画笔					
新建散点画笔					
新建图案画笔：不连续图案画笔、连续图案画笔					
案例1的制作					
案例2的制作					
案例3的制作					
思考与练习					
自我总结在本节学习中遇到的知识是否掌握、技能难点是否解决					

7.2 符号的编辑与使用技巧

将图形编辑成符号后，即可重复使用相同的图形，无须逐一绘制。在应用符号后，当修改符号样本时，已应用的符号会自动更新。应结合使用"符号"面板和"符号喷枪工具"。

1. "符号"面板和"符号喷枪工具"

1）"符号"面板

执行"窗口"→"符号"命令，打开"符号"面板，如图 7-69 所示。

（1）符号库 [IMG]：Illustrator CC 新增了许多符号库，单击"符号库"按钮 [IMG]，在弹出的下拉列表中选择一个符号库，如选择"点状图案矢量包"，将打开如图 7-70 所示的"点状图案矢量包"面板。

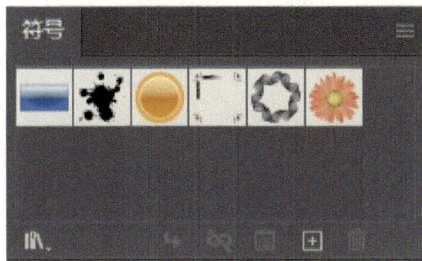

图 7-69　"符号"面板

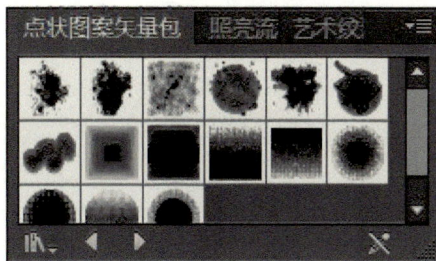

图 7-70　"点状图案矢量包"面板

（2）置入符号 ⬈：选择"符号"面板中的一个符号样本，单击"置入符号"按钮 ⬈，即可将所选的符号添加到绘图区中。

（3）断开符号链接 ⊗：当置入一个符号后，该符号与"符号"面板是相互链接的。当单击"断开符号链接"按钮 ⊗ 后，中间的十字符号（链接符号）会消失，此时可单独编辑该符号，而不受"符号"面板中符号样本的影响，如图 7-71 所示。

（4）符号选项 ▣：在"符号"面板中选择一个符号样本，单击"符号选项"按钮，弹出"符号选项"对话框（见图 7-72），在其中可以修改符号的名称和类型。

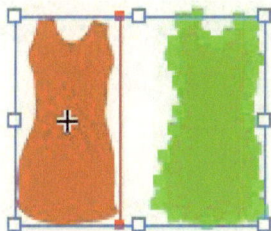

图 7-71　符号及断开链接后编辑符号

图 7-72　"符号选项"对话框

（5）新建符号 ⊞：绘制一个图形作为符号，选中这个图形，单击"符号"面板中的"新建"按钮，该图形便作为符号载入"符号"面板。另外，可以直接拖动图形到"符号"面板中。在将图形拖动到"符号"面板中时，会弹出"符号选项"对话框，在其中可以设置名称、类型。

（6）删除符号 🗑：选中一个符号样本，单击"删除"按钮，即可删除该符号样本。

2）"符号喷枪工具" 📷

该工具（快捷键为 Shift+S）可以将在"符号"面板中选中的符号大量地喷绘到绘图区中。

（1）选择"符号"面板中的一个符号样本。

（2）选择"符号喷枪工具"，在绘图区中按住鼠标左键不释放并拖动鼠标，即可绘制出一个符号群，如图 7-73 所示。在图 7-73 中，圆圈内的区域就是符号喷枪画笔的覆盖范围。

（3）移动符号：按住"符号喷枪工具"，展开符号喷枪工具组，选择"符号位移器具" ![icon]，在喷绘好的符号群上选择某个符号，按住鼠标不释放并拖动鼠标，即可移动单个符号，如图 7-74 所示。

图 7-73　符号群　　　　　　　　　　　　图 7-74　移动符号

（4）缩紧符号的间距：按住"符号喷枪工具"，展开符号喷枪工具组，选择"符号紧缩器工具" ![icon]，在符号群上单击，或者按住鼠标左键不释放，即可缩紧符号喷枪画笔所覆盖符号的间距，如图 7-75 所示。

（5）局部放大符号群中的符号：按住"符号喷枪工具"，展开符号喷枪工具组，选择"符号缩放器工具" ![icon]，单击符号群中的符号，即可放大符号喷枪画笔所覆盖的符号，如图 7-76 所示。

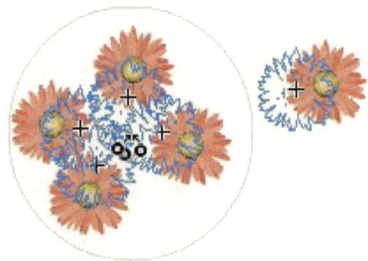

图 7-75　缩紧符号的间距　　　　　　　　图 7-76　局部放大符号

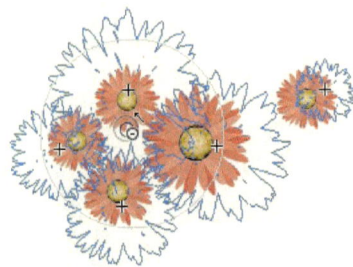

（6）局部缩小符号：按住"符号喷枪工具"，展开符号喷枪工具组，选择"符号缩放器工具" ![icon]，按住 Alt 键并单击符号群，即可局部缩小符号，如图 7-77 所示。

（7）旋转符号：按住"符号喷枪工具"，展开符号喷枪工具组，选择"符号旋转器工具" ![icon]，在符号群上单击，即可旋转符号，如图 7-78 所示。

（8）修改符号的颜色：按住"符号喷枪工具"，展开符号喷枪工具组，选择"符号着色器工具" ![icon]，在"色板"面板中选择一种颜色，在符号群上单击，即可修改符号的颜色，如图 7-79 所示。

（9）减淡符号的颜色：按住"符号喷枪工具"，展开符号喷枪工具组，选择"符号滤色器工具" ![icon]，单击符号群，即可减淡符号的颜色，如图 7-80 所示。

（10）应用符号样式：执行"窗口"→"图形样式"命令，打开"图形样式"面板，选择其中的样式，选择"符号样式器工具" ，在符号群上单击，即可在符号群中应用所选样式，如图 7-81 所示。

图 7-77 局部缩小符号　　　　图 7-78 旋转符号　　　　图 7-79 修改符号的颜色

图 7-80 减淡符号的颜色　　　　　　　图 7-81 应用符号样式

提示

在编辑完符号后，若要还原符号，则需要按住 Alt 键并在符号中单击。

2. 设置与编辑符号

符号工具选项：双击"符号喷枪工具"，弹出"符号工具选项"对话框，如图 7-82 所示。

（1）直径：用于设置符号画笔的大小。

（2）方法：仅对"符号紧缩器工具"、"符号缩放器工具"、"符号旋转器工具"、"符号着色器工具"、"符号滤色器工具"和"符号样式器工具"产生作用，可指定它们调整符号组的方式。其中，"用户定义"选项可以根据鼠标指针的位置逐步调整符号，"随机"选项会随机调整符号，"平均"选项会使符号逐步平滑。

（3）强度：该值越高，符号画笔的压力越大，创建符号的速度越快。

（4）符号组密度：用于设置符号组的吸引值，该值越大，符号的密度越大。

（5）符号喷枪 ：当在"符号工具选项"对话框中单击"符号喷枪"按钮 时，如图 7-82 所示，"用户定义"选项表示为每个参数应用特定的预设值。

（6）符号缩放器 ：当在"符号工具选项"对话框中选择"符号缩放器工具" （见图 7-83）时，勾选"等比缩放"复选框可使每个符号实例的形状保持一致。当勾选"调整大小影响密度"复选框后，勾选"等比缩放"复选框可使符号实例彼此远离；在进行缩小时，勾选"等比缩放"复选框可使符号实例彼此聚拢。

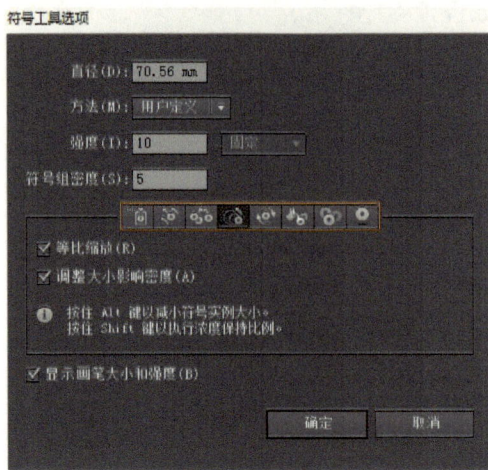

图 7-82 "符号工具选项"对话框

图 7-83 选择"符号缩放器工具"

（7）显示画笔大小和强度：在勾选此复选框后，鼠标指针在绘图区中会显示工具的实际大小。

案例 4   时尚花纹壁纸——符号工具组的运用

制作分析

图 7-84 所示的壁纸是将自定义的图形新建为符号，并对符号进行编辑而得到的。在制作时，需要掌握图形的绘制，以及符号的修改和编辑。

图 7-84 时尚花纹壁纸

操作步骤

（1）新建文件，将名称设置为"壁纸"，"大小"设置为 A4，"颜色模式"设置为 RGB。

（2）执行"窗口"→"符号库"→"时尚"命令，打开"时尚"面板，如图 7-85 所示。

图 7-85　"时尚"面板

（3）分别拖动出 3 个符号样本到绘图区中，并使用"选择工具"框选这 3 个符号，如图 7-86 所示。

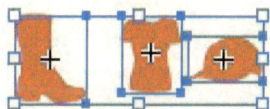

（4）在"符号"面板中，单击"断开符号链接"按钮 ，单独编辑符号，如图 7-87 所示。

图 7-86　框选符号

图 7-87　断开符号链接

（5）选择"靴子"符号，按住 Shift 键并拖动定界框，将其放大，并将填充颜色设置为无，描边颜色设置为绿色；在"描边"面板中将描边粗细设置为 2pt。执行"对象"→"路径"→"偏移路径"命令，在弹出的"偏移路径"对话框中将"位移"设置为 5mm，偏移路径，形成靴子的外框轮廓，如图 7-88 所示。

（6）双击工具箱中的"混合工具" ，在弹出的"混合选项"对话框中将"间距"设置为"指定的步数"，步数设置为 3，如图 7-89 所示。

（7）单击靴子外部轮廓，随后单击内部轮廓"靴子"符号，得到混合图形，如图 7-90 所示。

图 7-88　偏移路径

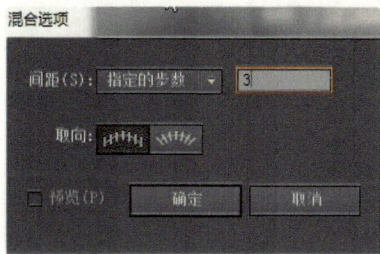

图 7-89　设置混合选项

图 7-90　混合图形

（8）执行"对象"→"混合"→"扩展"命令，在弹出的"扩展"对话框中设置参数，在图形上右击，在弹出的快捷菜单中执行"取消编组"命令，这样即可对靴子的每个图形进行单独处理。

（9）选择最里面的靴子图形，将填充颜色设置为绿色，选择第二个靴子图形，将描边粗细设置为 3pt，如图 7-91 所示。

（10）参照相同的方法设置"帽子"符号，并设置不同的位移值和描边粗细，如图 7-92 所示。

（11）选择"短袖衬衫"符号并将其扩大，将描边颜色设置为蓝色，描边粗细设置为 1pt。由于"短袖衬衫"符号的扩展效果不理想，因此这里采用复制、原位粘贴、缩小的方法。按快捷键 Ctrl+C 进行复制，按快捷键 Ctrl+F 原位在前粘贴，同时按住 Alt 键和 Shift 键并拖动定界框，缩小复制的图形，如图 7-93 所示。

（12）参照相同的方法进行混合，效果如图 7-94 所示。执行"对象"→"混合"→"扩展"命令，在弹出的"扩展"对话框中设置参数；在图形上右击，在弹出的快捷菜单中执行"取消编组"命令，并设置不同的描边粗细。

图 7-91　单独编辑靴子图形　　　　图 7-92　"帽子"符号　　　　图 7-93　缩小复制的图形

（13）对图形进行复制、缩放和组合，得到如图 7-95 所示效果。

（14）使用"选择工具"框选图形（见图 7-96）并右击，在弹出的快捷菜单中执行"编组"命令。

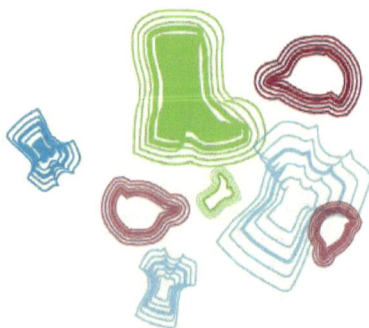

图 7-94　混合效果　　　图 7-95　复制、缩放并组合图形　　　图 7-96　框选图形

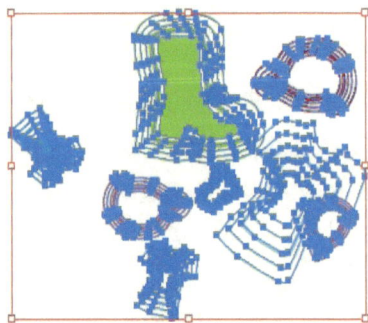

（15）将编组图形组拖动到"符号"面板中，新建符号，如图 7-97 所示。

（16）选择"符号喷枪工具" ，在绘图区中进行喷绘，如图 7-98 所示。

（17）运用符号喷枪工具组中的工具逐一调整符号，得到如图 7-99 所示效果。

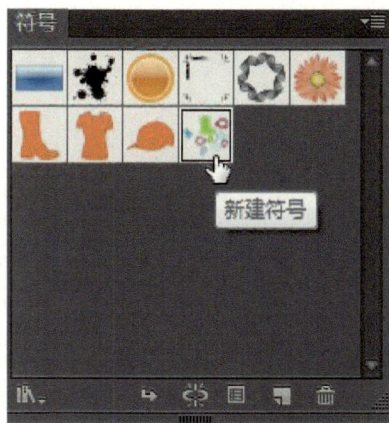

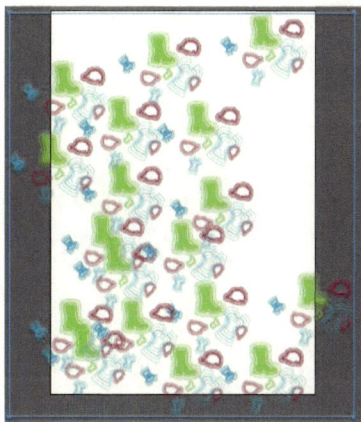

图 7-97　新建符号　　　　　图 7-98　喷绘符号　　　　　图 7-99　调整符号

（18）使用"矩形工具"绘制一个与绘图区大小相同的矩形，同时框选矩形和符号图形并右击，在弹出的快捷菜单中执行"建立剪切蒙版"命令（见图 7-100），效果如图 7-101 所示。

（19）新建图层，并将其放置在最下方，在新图层上绘制一个与绘图区大小相同的矩形作为背景，将填充颜色设置为红色，参考颜色值为 #FBF4C3，如图 7-102 所示。

（20）保存文件。

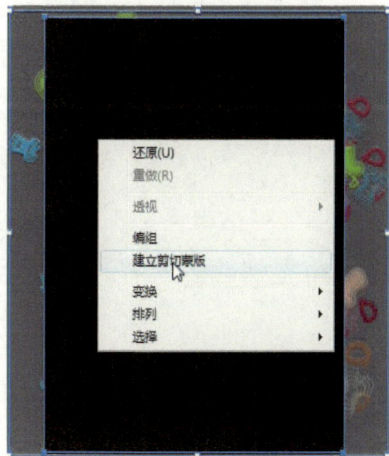

图 7-100　执行"建立剪切蒙版"　　图 7-101　建立剪切蒙版效果　　图 7-102　绘制背景矩形
　　　　　　命令

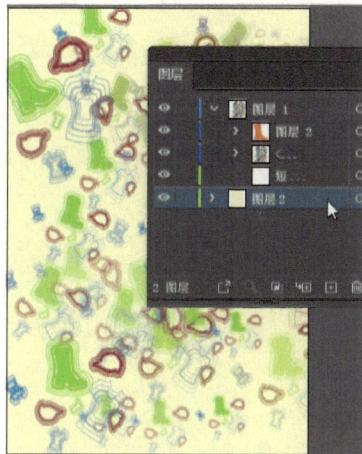

案例 5　　　　　　　　梦幻星星——符号工具的运用

🍂**制作分析**

图 7-103 所示的梦幻星星是运用符号工具和"混合工具"设计出的图形。

图 7-103　梦幻星星

操作步骤

（1）新建一个文件，将"取向"设置为横版，"大小"设置为 A4，"颜色模式"设置为 RGB，其余选项采用默认参数。

（2）绘制一个与文件大小相同的矩形，将填充颜色设置为从 #752A8B 到 #18439A 的渐变颜色，将渐变类型设置为"径向渐变"，并单击"图层"面板中该图层前方的"锁定图层"按钮，将图层锁定。

（3）新建一个图层，选择"星形工具" ，在绘图区中单击，在弹出的"星形"对话框中将"半径 1"设置为 3mm，"半径 2"设置为 1mm，"角点数"设置为 4（见图 7-104），绘制一个四角星，并将填充颜色设置为白色，描边颜色设置为无。使用"直接选择工具"拖动四角星中的圆点，将尖角变成圆角（按快捷键 Ctrl++ 可放大绘图区）。

（4）执行"窗口"→"符号"命令（快捷键为 Shift+Ctrl+F11），打开"符号"面板，选中四角星，单击"符号"面板中的"新建符号"按钮 ，弹出"符号选项"对话框（见图 7-105），将四角星设置成符号，即将四角星保存到"符号"面板中。在将四角星保存到"符号"面板中后，删除绘图区中的四角星。

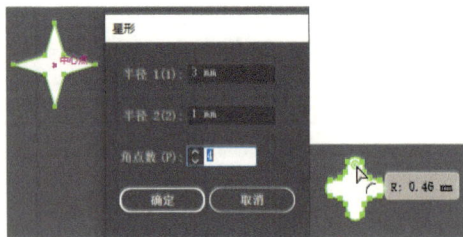

图 7-104　参数设置

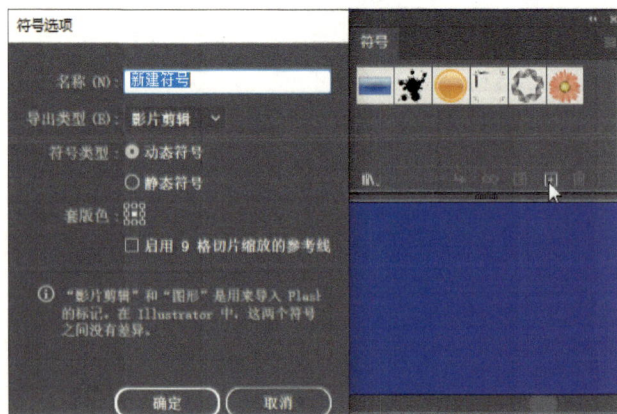

图 7-105　"符号选项"对话框

（5）选择"星形工具"，在绘图区中单击，在弹出的"星形"对话框中将"半径 1"设置为 110cm，"半径 2"设置为 55cm，"角点数"设置为 5，单击"确定"按钮，绘制五角星，如图 7-106 所示；将刚才绘制的五角星移动至绘图区的上方，将填充颜色设置为无，描边颜色设置为白色，作为参考图，并锁定图层。

（6）新建一个图层，在"符号"面板中选择设置好的四角星符号，选择"符号喷枪工具"，沿着绘图区中五角星的外框进行喷绘，并在边框线的内部随意喷绘几下，形成松散的点，从而绘制出一个五角星的星星图，如图 7-107 所示。

（7）删除作为参考图的五角星，得到如图 7-108 所示的图形组。

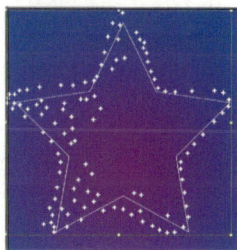

图 7-106　五角星　　　　　　图 7-107　星星图　　　　　　图 7-108　图形组

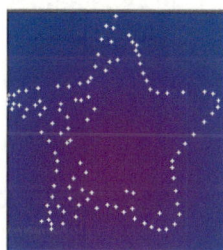

（8）选中图形组，按住 Alt 键并使用鼠标拖曳复制出一个图形组，将其放置在旁边备用。

（9）选择原图形组，在"符号"面板中单击"断开符号链接"按钮，将其从符号变为图形，将填充颜色设置为 #3EB2DA（见图 7-109），形成五角星图形。

图 7-109　调整颜色

（10）按快捷键 Ctrl+C 进行复制，按快捷键 Ctrl+F 原位在前粘贴，复制出一个五角星图形。按住 Shift 键将五角星图形缩小并移动至绘图区的中心位置，如图 7-110 所示。

（11）将小的五角星图形的填充颜色设置为与背景中心一样的颜色，即 #752A8B。

（12）双击"混合工具"，在弹出的"混合选项"对话框中将"间距"设置为"指定的步数"，步数设置为 300，分别单击大五角星图形和小五角星图形，进行混合，效果如图 7-111 所示。

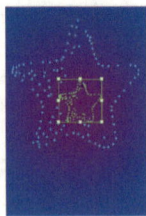

图 7-110　复制、缩小并移动图形

图 7-111　混合效果（1）

（13）将步骤（8）中作为备用的图形组放置在上方，如图 7-112 所示。

（14）将四角星符号从"符号"面板拖动到绘图区中，单击"断开链接"按钮，将填充颜色设置为 #ECB3FF。

（15）按快捷键 Ctrl++ 放大绘图区，绘制一个稍大一点儿的圆，并将其放置在四角星符号上，在属性栏中将"不透明度"设置为 0%。同时选中这两个图形，打开"对齐"面板，单击"水平居中对齐"按钮和"垂直居中对齐"按钮，对齐图形，如图 7-113 所示。

图 7-112　将白色星星放置在上方

图 7-113　对齐图形

（16）选中透明圆，按快捷键 Shift+Ctrl+[将该圆置于底层。

（17）双击"混合工具"，在弹出的"混合选项"对话框中将"间距"设置为"指定的步数"，步数设置为 300，在四角星符号和透明圆上单击，进行混合，效果如图 7-114 所示。

（18）选中混合图形，在"符号"面板中单击"新建符号"按钮，新建一个符号。

（19）新建一个图层，运用"符号喷枪工具"在新图层中进行喷绘，并运用符号喷枪工具组中的缩放、位移等工具进行调整，得到如图 7-115 所示效果。

图 7-114　混合效果（2）

图 7-115　喷绘符号效果

（20）保存文件。

自我评价表

内容及技能要点	是否掌握		熟练程度		
	是	否	熟练	一般	不熟
"符号"面板的运用：打开符号库					
"符号"面板的运用：置入符号					
"符号"面板的运用：断开符号链接					
"符号选项"对话框的运用：修改符号的名称和类型					
新建符号、删除符号					
使用"符号喷枪工具"喷绘符号，以及使用符号喷枪工具组调整符号					
符号工具选项的设置与符号的编辑					
案例 4 的制作					
案例 5 的制作					
自我总结在本节学习中遇到的知识是否掌握、技能难点是否解决					

总结

　　"画笔工具"可以为路径描边，使其呈现不同的艺术效果；符号工具可以大量地运用软件自带或用户自定义的图形。

　　在学习本章内容后，读者应该掌握新建画笔的方法，如新建书法画笔、散点画笔、毛刷画笔、图案画笔、艺术画笔，利用新建的画笔对路径进行描边，以制作出特殊效果。由于图案画笔是比较难掌握的部分，因此案例中大量介绍了图案画笔的使用方法。另外，本章介绍了定义与新建符号的方法，要求读者不仅能够灵活运用"符号"面板和符号库中的符号，还能够单独对这些符号进行编辑，以及掌握新建符号的方法。此外，读者应该学会使用符号喷枪工具组中的工具对符号进行修改和编辑，使符号呈现不同的效果。

第 8 章

文本工具与封套扭曲工具

文本工具用于创建和编辑文本。本章要求读者掌握使用文本工具创建文本，以及运用封套扭曲工具制作扭曲的艺术文字的方法。在掌握工具的同时，读者应了解和掌握排版的一些基础知识。Illustrator CC 新增了"区域文字工具"，可以对段落文字中的个别文字进行单独调整，本章会对其进行详细的讲解。

8.1 创建与编辑文本

Illustrator CC 的文字功能是其强大的功能之一。文本在平面设计中是除图形以外最重要的元素。用户可以在图稿中添加一行文字、创建文本列和行、在形状中沿路径排列文本及将字形作为图形对象。

1. 导入与导出文本

Illustrator CC 可以直接打开 Word 及 TXT 文本，也可以将相应的文本作为新文件导入。

1）将 Word 文本导入 Illustrator 文件

（1）直接执行"文件"→"打开"命令，在弹出的对话框中选择要打开的文本文件，单击"打开"按钮，在弹出的"Microsoft Word 选项"对话框（见图 8-1）中勾选相应复选框。"移去文本格式"复选框用于清除原文件的文本格式。

（2）将文本导入现有文件。执行"文件"→"置入"命令，在弹出的对话框中选择要导入的文本文件，单击"置入"按钮。此时，将弹出"Microsoft Word 选项"对话框。

2）将纯文本文件（扩展名为 .txt）导入到 Illustrator 文件

执行"文件"→"打开"或"文件"→"置入"命令，在弹出的对话框中选择需要打开或导入的文件，都将弹出"文本导入选项"对话框（见图 8-2），指定用于创建文件的字符集和平台。其中，"额外回车符"选项组用于设置 Illustrator CC 如何处理文件中额外的回车符。在"额外空格"选项组中输入要用制表符替换的空格数，即可用制表符替换文件中的空格字符串。

图 8-1　"Microsoft Word 选项"对话框

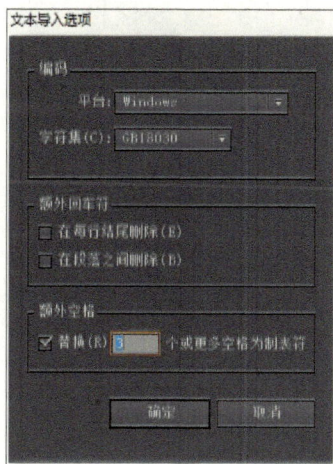

图 8-2　"文本导入选项"对话框

3）导出文本

（1）使用"选择工具"选择需要导出的文本段落，或者使用"文字工具"选择需要导出的文本。

（2）执行"文件"→"导出"命令，在弹出的"导出"对话框中选择文件位置，并输入文件名，选择文本格式（*.TXT）作为文件格式，单击"导出"按钮。

（3）在弹出的"文本导出选项"对话框（见图 8-3）中选择平台和编码，单击"导出"按钮。

图 8-3　"文本导出选项"
对话框

2. 使用文字工具输入文字

1）"文字工具" T （快捷键为 T）

选择"文字工具"，鼠标指针将变为 形状，在绘图区中单击，当出现跳动的竖线符号时，输入文字。如果使用"文字工具"在绘图区中进行框选，则会出现段落框。在段落框中可输入段落文字。

2）"区域文字工具" T

（1）选择"区域文字工具"，鼠标指针将变为 形状。

（2）绘制闭合路径，在路径上单击，输入多行段落文字。当输入的文字达到设定的宽度时，会自动换行。例如，绘制一个五角星，将填充颜色和描边颜色都设置为无，选择"区域文字工具"并在五角星的路径上单击，输入文字，文字段落将在五角星内部自动排列，如图8-4所示。

注意：如果鼠标指针右下角出现红色加号标记，则说明文字没有完全显示，此时可拖动五角星定界框将其放大，直到红色标记消失。另外，也可以使用"选择工具"单击红色加号标记，鼠标指针将标变为，在绘图区其他地方单击，会出现一个与原段落框大小相同的段落框，用于显示超出范围的文字。单击红色加号标记，按住鼠标左键不释放并拖动鼠标，可以在其他地方自定义段落框，如图8-5所示。

图8-4　区域文字

图8-5　自定义段落框

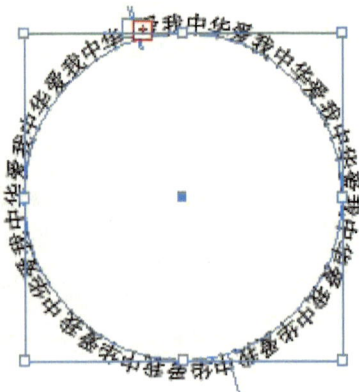

3）"路径文字工具"

选择"路径文字工具"，鼠标指针将变为 形状，在绘制好的路径上单击，可使文字沿着路径显示，如图8-6所示。同理，如果鼠标指针右下角出现红色加号标记，则说明文字没有完全显示。若拖动定界框，则文字会随着定界框一起放大，被隐藏的部分还是无法显示。此时，可单击红色加号标记，当鼠标指针变为 形状时，在附近单击，使文字跟随。

图8-6　路径文字

提示

当文字未布满路径时，开头、中间和末端会出现3条细竖线（见图8-7），当使用"直接选择工具"拖动细竖线，可以设置文字的起点及末端，选中中间的细竖线可以对文字进行移动和垂直翻转。另外，路径文字的垂直翻转也可以通过菜单来实现。

图8-7　细竖线

4）"直排文字工具" ⊞

选择"直排文字工具"，鼠标指针将变为⊞形状，在绘图区中单击，即可创建直排文字，如图 8-8 所示。

5）"直排区域文字工具" ⊞

选择"直排区域文字工具"，鼠标指针将变为⊞形状，单击一个闭合路径，可将直排文字限制在闭合路径之内，如图 8-9 所示。

6）"直排路径文字工具" ⊠

选择"直排路径文字工具"，鼠标指针将变为⊠形状，单击路径后，直排文字将沿路径排列。

7）"修饰文字工具" ⊞

该工具是 Illustrator CC 新增的工具，可以选择单个字符，从而对单个字符单独进行缩放、旋转等操作，如图 8-10 所示。

图 8-8　直排文字　　　　　图 8-9　直排区域文字　　　　　图 8-10　修饰文字

3. "字符" 面板和"段落"面板

1）"字符"面板

执行"窗口"→"文字"→"字符"命令，打开"字符"面板，如图 8-11 所示。"字符"面板主要用于对文字进行编辑，大部分文字外观选项都可以在这里进行调整。

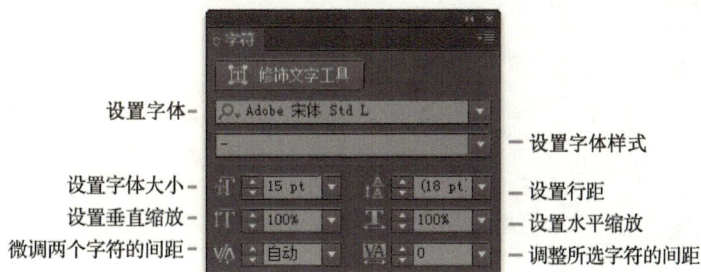

图 8-11　"字符"面板

2）"段落"面板

执行"窗口"→"文字"→"段落"命令，打开"段落"面板，如图 8-12 所示。"段落"

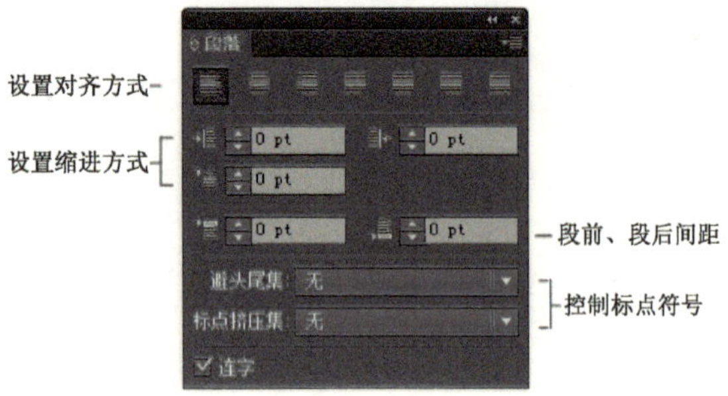

图 8-12　"段落"面板

设置对齐方式
设置缩进方式
段前、段后间距
控制标点符号

面板用于定义段落文字的格式，包括缩进、对齐方式、段落间距等。

"避头尾集"及"标点挤压集"选项可以控制标点符号，避免在每行开头或结尾出现标点符号，并使标点符号自动对齐。当英文单词超出行宽时，允许使用连字符，但是连字符是基于当前选中的语言来确定的，所以务必确保在"字符"面板中选择了与输入文字相对应的语言。

案例1　地球是我们生命之源——文字工具、"字符"面板与"段落"面板的运用

制作分析

图 8-13 所示的文字效果是运用"直排区域文字工具"和"路径文字工具"实现的。其中，个别文字的调整运用了"修饰文字工具"，文字字体和局部文字方向的调整运用了"字符"面板，段落的调整运用了"段落"面板。

操作步骤

（1）新建一个文件，将"取向"设置为横版，"大小"设置为 A4，"颜色模式"设置为 CMYK。

（2）选择"椭圆形工具"，绘制一个正圆。选择"锚点工具"，在正圆下方的锚点上单击，如图 8-14 所示。

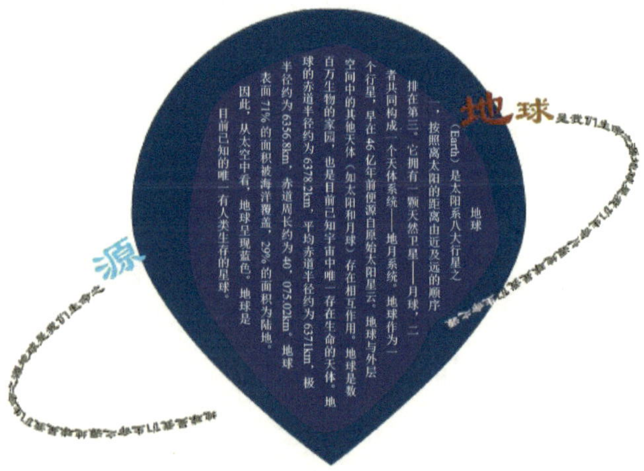

图 8-13　地球是我们生命之源

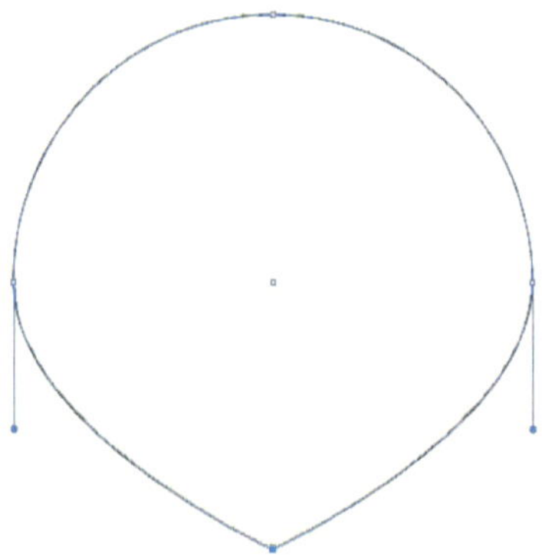

图 8-14　转换锚点

（3）选择"直接选择工具"，选中下方的锚点，按住 Shift 键，同时按住鼠标左键不释放，

并垂直向下拖动鼠标，得到如图 8-15 所示的水滴形路径。

（4）将"图层 1"命名为"水滴形"，复制该图层，并锁定"水滴形"图层，如图 8-16 所示。

图 8-15　水滴形路径

图 8-16　复制图层

（5）打开本章配套素材中的 Word 文档"地球是我们生命之源"，并将其中的正文文字选中，按快捷键 Ctrl+C 复制到剪贴板上。

（6）选择"直排区域文字工具"在"水滴形副本"图层的水滴形路径上单击，该路径将变成可输入文字区域（水滴形区域），此时按快捷键 Ctrl+V，将剪贴板上的文字粘贴到该区域内。如果文字没有全部显示出来，则会出现红色加号。此时，按住 Shift 键并向外拖动定界框，使水滴形区域扩大，直到红色加号消失，如图 8-17 所示。

（7）将"水滴形"图层解锁，并将水滴形区域的填充颜色设置为蓝色，边框颜色设置为无，选中文字，将填充颜色设置为白色。

（8）反白选中"Earth"字母，在"字符"面板中单击右上角的菜单按钮，在弹出的快捷菜单中勾选"直排内横排"命令（见图 8-18），此时"Earth"字母将变为横版字母。

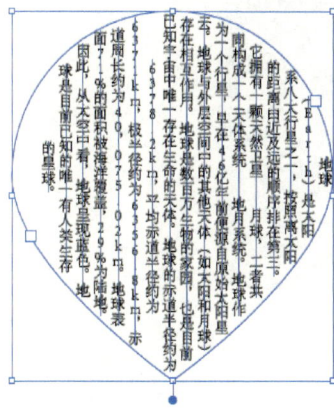

图 8-17　调整水滴形区域的大小

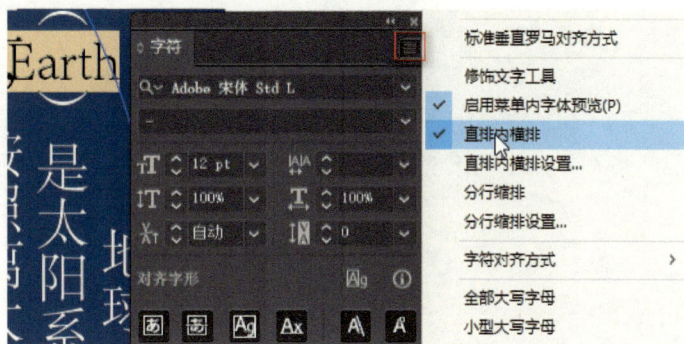

图 8-18　勾选"直排内横排"命令

（9）再次在"字符"面板中单击右上角的菜单按钮，在弹出的快捷菜单中取消勾选"直排内横排"命令，此时"Earth"字母如图 8-19 所示。

（10）参照相同的方法，将其余字母、数字的字头方向都改为向右的，如图 8-20 所示。

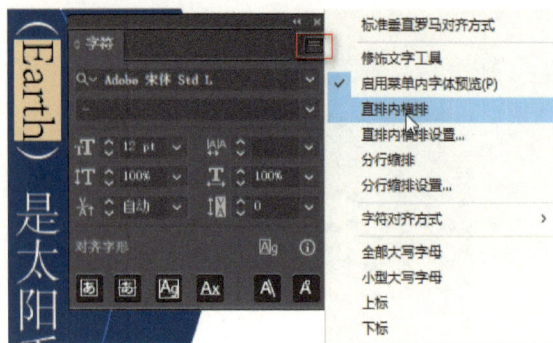

图 8-19　取消勾选"直排内横排"命令后的字母

图 8-20　字头方向

提示

如果出现标点符号在句子开头的情况（见图 8-21），则需要进行调整，方法如下。

（1）使用"文字工具"反白选中所有文字，打开"段落"面板。

（2）单击"居中对齐"按钮▦，设置"避头尾集"为"严格"，"标点挤压集"为"行尾挤压半角"，设置好后标点符号的位置如图 8-22 所示。

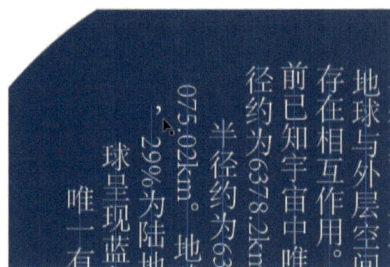

图 8-21　标点符号在句子前面

图 8-22　标点符号的位置

（11）将"水滴形图层"和"水滴形副本图层"锁定；新建图层并将其命名为"轨道"；在新建的图层中绘制椭圆形并旋转该图形，使其倾斜；选择"路径文字工具"，在椭圆形路径上单击，如图 8-23 所示。

（12）在椭圆形路径上输入文字"地球是我们生命之源"，选中文字，并进行多次复制和粘贴操作，使用"选择工具"单击路径上的文字，调节路径文字上的 3 条细竖线，如图 8-24 所示。

图 8-23　使用"路径文字工具"在椭圆形路径上单击

图 8-24　输入并调整文字

（13）选择"文字工具"，将鼠标指针定位在路径下方中间部分"地球"两字前并多次按空格键（见图 8-25），使文字之间产生一定的距离，最终得到如图 8-26 所示的效果。

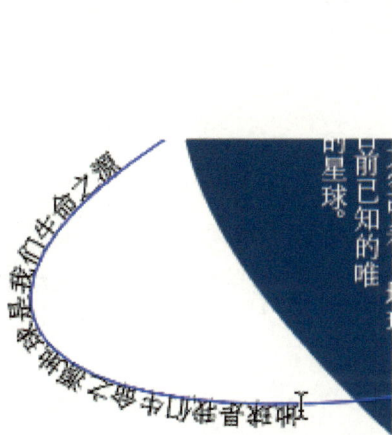

图 8-25　添加空格

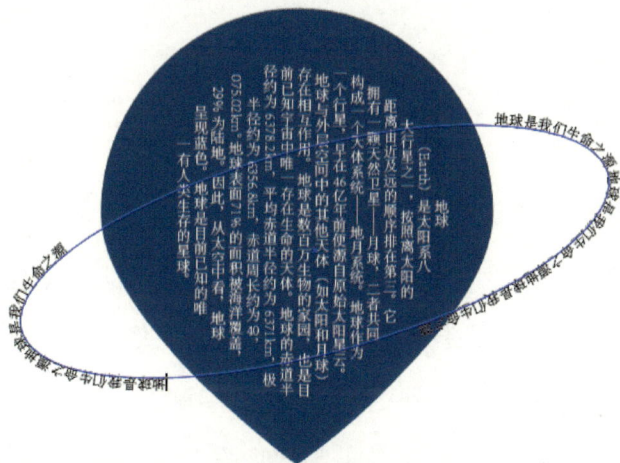

图 8-26　路径文字效果

（14）打开"字符"面板，将字体设置为"隶书"，字号设置为12pt，如图8-27所示。

（15）选择"修饰文字工具"，分别在路径起点位置的"地"和"球"两个字上单击，拖动定界框右上角的点，使文字变大，并设置文字颜色，如图8-28所示。调整终点位置的"源"字，并设置文字颜色。

（16）选中与水滴区域相交部分的文字，将该部分文字的颜色设置为白色，如图8-29所示。

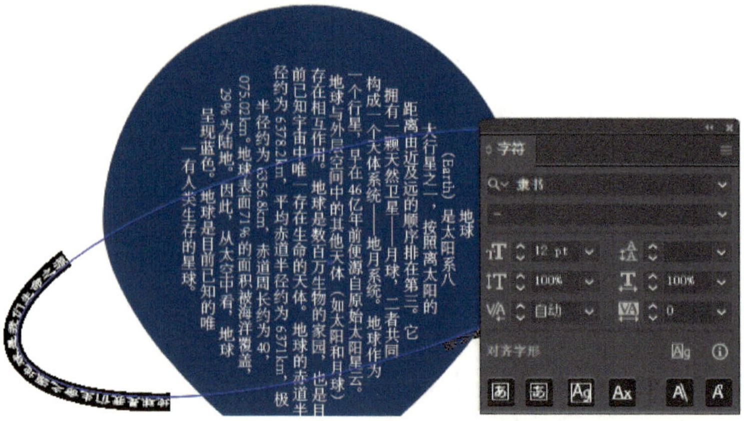

图8-27　"字符"面板

图8-28　修饰文字

图8-29　修改文字颜色

（17）保存文件。

案例2　　　菜单——文字排版功能的运用

制作分析

Illustrator CC拥有强大的文字排版功能，制作如图8-30所示的菜单仅仅运用了比较简单的"区域文字工具"、"段落"面板和"修饰文字工具"。

操作步骤

（1）新建一个文件，将"取向"设置为竖版，"大小"设置为A4，"颜色模式"设置为CMYK，"名称"设置为"菜单"。

（2）选择"矩形工具"，绘制一个与文件大小相同的矩形，并将填充颜色设置为紫色，参考颜色值为 CMYK（49%，100%，68%，14%），锁定矩形所在图层。

图 8-30 菜单

（3）新建一个图层，并将其命名为"标题"。

（4）打开本章配套资料中的"菜单素材 \ 中国祥云图"文件，选择一个祥云图形，按快捷键 Ctrl+C 将其复制到剪贴板中。

（5）回到"菜单"文件，选择"标题"图层，在绘图区中按快捷键 Ctrl+V 粘贴祥云图形，将该图形的填充颜色设置为白色，如图 8-31 所示。

（6）绘制一个矩形，并同时选中矩形和祥云图形，打开"路径查找器"面板，单击"分割"按钮 ，在图形上右击，在弹出的快捷菜单中执行"取消编组"命令，制作出标题栏，如图 8-32 所示。

图 8-31 祥云图形

图 8-32 标题栏

图 8-33　输入文字

（7）输入文字"中华美食汇"，在"字符"面板中将字体设置为"隶书"，字号设置为24pt，并将文字放置在标题栏处，如图8-33所示。

（8）绘制一个正方形，将填充颜色设置为白色，按住Alt键并使用鼠标复制出两个正方形；选中这3个正方形，单击"对齐"面板中的"水平居中对齐"按钮 ![]和"垂直居中分布"按钮 ![]，使3个正方形对齐，如图8-34所示。

（9）分别置入3张配套资料"文字练习\菜单素材"文件中的材料图片，并对其进行旋转、缩放和调整，运用剪切蒙版将多余部分遮住，如图8-35和图8-36所示。

图 8-34　排列正方形

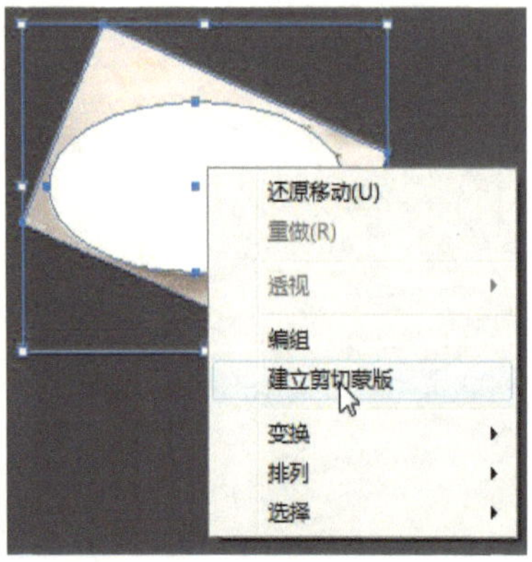

图 8-35　制作剪切蒙版

图 8-36　剪切蒙版效果

（10）将处理好的图片放置在白色正方形的中间，并排列图片，如图8-37所示。

（11）在图片右侧分别绘制3个大小相同的矩形，作为文字区域，如图8-38所示。

图 8-37　排列图片

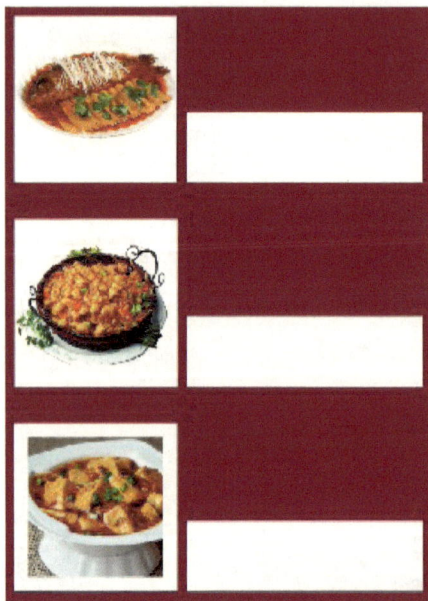

图 8-38　绘制文字区域

（12）选择"区域文字工具"，分别在 3 个矩形上单击并输入以下文字："鲜嫩无比、酸甜可口，外焦里嫩。肉质鲜美，可以开胃。色泽金黄，甜咸适中。""邵阳创新菜。咸鲜香辣，外酥里嫩。""麻婆豆腐为川菜中的经典菜肴，原料主要由豆腐构成，其特点在于麻、辣、烫、香、酥、嫩、鲜、活。这八个字被称为八字箴言。"。将文字的颜色设置为白色，在属性栏或"字符"面板中将字体设置为"黑体"，字号设置为 12pt。调整文字区域的大小，使文字全部显示出来。

（13）打开"段落"面板，按图 8-39 微调段落文字，使标点符号位置正确。

（14）若出现排版效果不佳的情况，则可以手动进行微调。例如，图 8-40 所示的文字段落第二行仅有一个字，影响了整体效果，此时使用"文字工具"将整段字选中，按 Alt 键并使用左方向键进行微调，使文字间距变小。调整文字后的效果如图 8-41 所示。

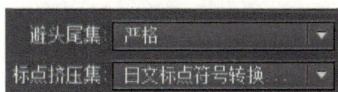

图 8-39　"段落"面板（局部）　　　图 8-40　多行文字　　　图 8-41　调整文字后的效果

（15）微调后的整体效果如图 8-42 所示。

（16）使用"文字工具"在绘图区中单击，输入文字"糖醋鱼"，并选中文字。打开"字符"面板，或者在属性栏中将字体设置为"隶书"，字号设置为 24pt，颜色设置为黄色。

（17）选择"修饰文字工具"，将"糖"字放大并对其进行旋转，如图 8-43 所示。

（18）分别输入文字"掌中宝"和"麻婆豆腐"，保持文字为选中状态，使用"吸管工具"在文字"糖醋鱼"上单击，将文字特征应用到"掌中宝"和"麻婆豆腐"上；使用"修饰文字工具"，将文字"掌"和"麻婆"放大并对其进行旋转，修饰文字"糖"后的效果如图 8-44 所示。

图 8-42　微调后的整体效果　　　　图 8-43　修饰文字"糖"后的效果（1）

（19）置入一张图片，将其放置在右下角，并调整大小；绘制白色矩形框，并将其放置在下方。选择"直排文字工具"，按照下方图片宽度绘制一个文本框，并输入文字"菜单在粤语中被称为餐牌或菜牌，它是餐厅供顾客在点餐时选择所食菜色的工具，一般分为套餐或散餐两种，具体根据时间和情况而定。"，将字体设置为"隶书"，字号设置为12pt，颜色设置为白色，如图8-45所示。

（20）使用"修饰文字工具"分别单击文字"菜"和"单"，将它们放大，并将颜色设置为黄色，如图8-46所示。

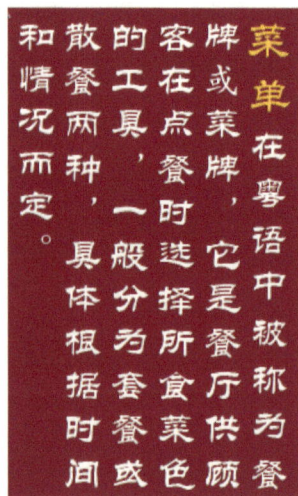

图 8-44　修饰文字"糖"后的效果（2）　　图 8-45　输入直排文字　　图 8-46　修饰文字"菜"和"单"

（21）置入一个美食图片，并将其放置在左下方。在图片上绘制一个图形，作为蒙版图形，如图8-47所示。

（22）框选图片和绘制的图形并右击，在弹出的快捷菜单中执行"建立剪切蒙版"命令，得到如图8-48所示效果。

图 8-47　绘制蒙版图形　　　　　　　　　图 8-48　建立剪切蒙版

（23）输入菜价，并将它们排列整齐。

（24）保存文件。

思考与练习

（1）输入文字"平面设计"，将字体设置为"华文彩云"，字号设置为50pt，并将"设"字放大和旋转，为每个文字设置不同的颜色，如图 8-49 所示。

图 8-49　文字设计

（2）通过文字跟随功能，制作如图 8-50 所示的路径文字。

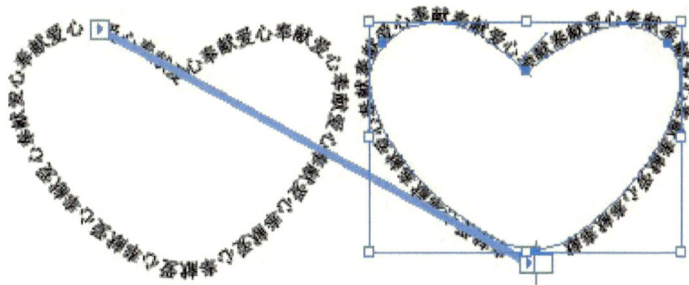

图 8-50　路径文字

（3）自己设计一个菜单的封面和内页。

自我评价表

内容及技能要点	是否掌握		熟练程度		
	是	否	熟练	一般	不熟
将 Word 文本导入 Illustrator 文件					
将纯文本文件（扩展名为 .txt）导入 Illustrator 文件					
导出文本					
"文字工具"的应用：输入横排文本					
"区域文字工具"的应用：输入横排区域文本					
"路径文字工具"的应用：沿路径输入文本					
"直排文字工具"的应用：输入直排文本					
"直排区域文字工具"的应用：输入直排区域文本					
"直排路径文字工具"的应用：沿路径输入文本					
"修饰文字工具"的应用：单个文字的调整					
"字符"和"段落"面板的应用					
案例 1 的制作					

内容及技能要点	是否掌握		熟练程度		
	是	否	熟练	一般	不熟
案例 2 的制作					
思考与练习					
自我总结在本节学习中遇到的知识是否掌握、技能难点是否解决					

8.2 艺术字体表现

1. 为文字创建轮廓

为文字创建轮廓（转曲）是指将文字转化成路径轮廓图形。在印刷时，创建轮廓的文字可以保持形状不变，不会根据字体的改变而改变。例如，原本文件中的文字为"华文行楷"，如果不创建轮廓，则在一台没有安装"华文行楷"字体的计算机中打开该文件，字体会被其他字体替代，从而导致变形。在创建轮廓后，文字形状会保持不变。同时，创建轮廓后无法修改字体。

（1）输入文字。

（2）执行"文字"→"创建轮廓"命令，或者右击文字，在弹出的快捷菜单中执行"创建轮廓"命令（快捷键为 Shift+Ctrl+O），如图 8-51 所示。

图 8-51 创建轮廓

2. 制作封套

1）使用"用变形建立"命令制作封套

（1）在输入文字后，属性栏中会显示"制作封套"按钮▥。（此时单击"制作封套"按钮▥后面的三角形按钮▾，在弹出的下拉列表中会显示已勾选"用变形建立"命令，如图 8-52 所示。）

（2）单击"制作封套"按钮▥，弹出"变形选项"对话框，如图 8-53 所示。

（3）"样式"下拉列表中有 15 种样式，选择这些样式，并在对话框中调整数值，会使文字变成不同的效果。例如，选择"弧形"选项后的文字效果如图 8-54 所示。

图 8-52　"用变形建立"命令　　　　图 8-53　"变形选项"对话框　　　　图 8-54　选择"弧形"选项后的文字效果

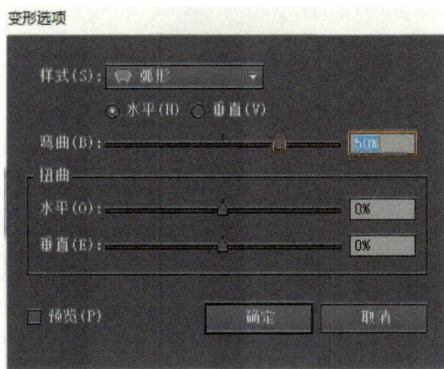

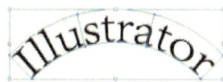

2）使用"用网格建立"命令制作封套

（1）参照上述操作，执行"用网格建立"命令，"制作封套"按钮将变为 ▦，单击"制作封套"按钮▦，弹出"封套网格"对话框，如图 8-55 所示。

（2）在设置相应的行数和列数后，文字上将出现网格，如图 8-56 所示。

（3）使用"直接选择工具"或"套索工具"选中网格上的锚点，通过调整锚点实现文字变形效果，如图 8-57 所示。

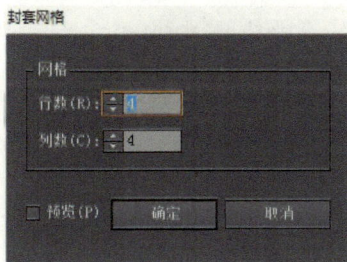

图 8-55　"封套网格"对话框　　　　图 8-56　文字上的网格　　　　图 8-57　文字变形效果

案例 3　　　　　　　艺术文字——文字、符号及画笔工具的运用

制作分析

图 8-58 所示的艺术文字是通过文字工具将文字转化为轮廓后运用"符号"、"描边"等面板和"画笔"工具制作的。

操作步骤

（1）新建一个 A4 大小的文件。

图 8-58　艺术文字

（2）使用"文字工具" T 在绘图区中单击，输入文字"一团乱麻"，在"字符"面板中将文字设置为"华文行楷"，大小设置为 120pt，如图 8-59 和图 8-60 所示。

图 8-59 输入文字   图 8-60 编辑文字

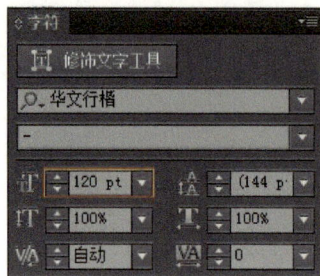

（3）执行"文字"→"创建轮廓"命令（快捷键为 Shift+Ctrl+O），创建轮廓，如图 8-61 所示。

（4）右击文字，在弹出的快捷菜单中执行"取消编组"命令，取消编组，如图 8-62 所示。

图 8-61 创建轮廓   图 8-62 取消编组

（5）使用"钢笔工具"在"团"字上方绘制一个形状，刚好将"团"字中的"才"遮住，如图 8-63 所示。

（6）同时选中绘制的图形和"团"字，如图 8-64 所示。

（7）打开"路径查找器"面板，单击"交集"按钮，如图 8-65 所示。

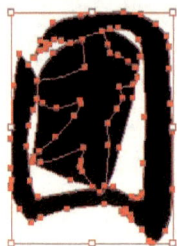

图 8-63 绘制形状   图 8-64 选中对象   图 8-65 单击"交集"按钮

（8）打开"符号"面板，单击菜单按钮 ，在弹出的下拉列表中执行"打开符号库"→"污点矢量包"命令；选择"污点矢量包 01"并将其拖动到绘图区中，单击"符号"面板下方的"断开链接"按钮 ，如图 8-66 所示。

（9）使用"直接选择工具" 框选中间的圆点（见图 8-67），按 Delete 键将其删除，形成圆圈符号，如图 8-68 所示。

图 8-66　置入符号并断开链接　　　　图 8-67　框选圆点　　　　图 8-68　圆圈符号

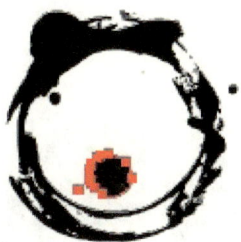

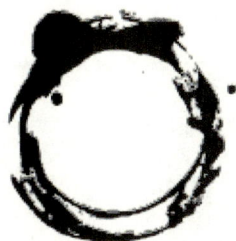

（10）将圆圈符号放在"才"字上并调整位置，如图 8-69 所示。

（11）选择"选择工具"，按住 Shift 键并选中其余几个文字，执行"对象"→"路径"→"偏移路径"命令，在弹出的"偏移路径"对话框中将"位移"设置为 –1mm，将原来的文字路径删除，保留偏移过的路径，如图 8-70 所示。

图 8-69　拼贴文字　　　　　　　　　　　图 8-70　偏移路径

（12）选择"画笔工具" ，在"画笔"面板选择"基本"画笔（见图 8-71），分别在"乱"字和"麻"字上绘制线条，如图 8-72 所示。

图 8-71　选择画笔　　　　　　　　　　图 8-72　绘制线条

（13）执行"窗口"→"描边"命令，打开"描边"面板，在该面板中将描边粗细设置为 2pt，同时选中所绘制线条，执行"对象"→"扩展"命令，弹出"扩展"对话框（见图 8-73），勾选"填充"和"描边"复选框。

（14）使用"直接选择工具"调整曲线上的锚点，使文字和扩展后的线条结合得自然一些，如图 8-74 所示。

（15）使用"选择工具"框选"乱"字和线条，在"路径查找器"面板中单击"联集"

按钮 ⬜，将文字和线条合并，并使用"直接选择工具"调整曲线上的锚点，如图 8-75 所示。

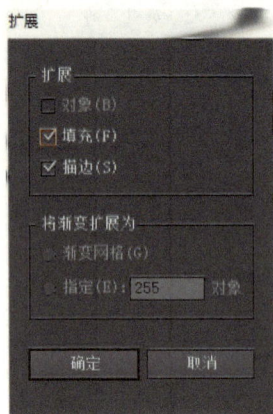

图 8-73　"扩展"对话框　　　图 8-74　调整锚点（1）　　　图 8-75　调整锚点（2）

（16）参照相同的方法，将"麻"字调整好，如图 8-76 所示。

（17）选择"选择工具"，按住 Shift 键，同时选中"一"字、"乱"字和"麻"字，选择"画笔"面板上的"炭笔 - 羽毛"画笔，如图 8-77 所示。

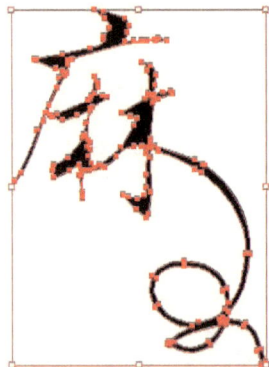

图 8-76　调整"麻"字　　　　　　　　图 8-77　选择画笔

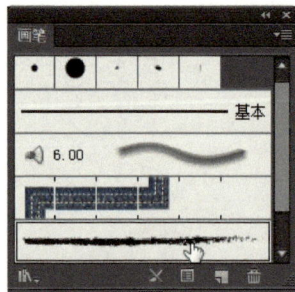

（18）最终得到如图 8-58 所示的效果。

（19）保存文件。

案例 4　　　　　　　　　酷炫文字——封套工具的运用

制作分析

文字经过网格变形和转化为轮廓后，可得到新的效果，如图 8-78 所示。

图 8-78　酷炫文字

操作步骤

（1）新建一个宽度为 160mm、高度为 80mm 的文件。

（2）输入大写英文单词"GOOD"，并按照图 8-79 进行设置。

（3）使用"选择工具"选中单词，在属性栏上单击"制作封套"按钮■■后面的三角形按钮，在弹出的下拉列表中执行"用网格建立"命令（见图 8-80），"制作封套"按钮将变为■■。

（4）单击"制作封套"按钮■■，在弹出的"封套网格"对话框中将"行数"和"列数"均设置为 4，并使用"直接选择工具"调整网格上的锚点，如图 8-81 所示。

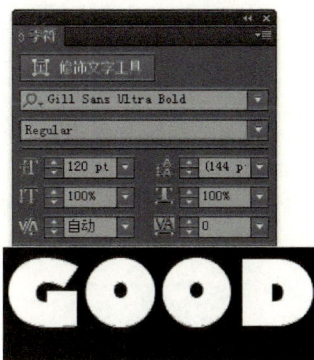

图 8-79　输入并编辑文字	图 8-80　执行"用网格建立"命令	图 8-81　调整锚点

（5）执行"对象"→"扩展"命令，弹出"扩展"对话框，如图 8-82 所示。

（6）此时单词将扩展为路径，右击单词，在弹出的快捷菜单中执行"取消编组"命令（见图 8-83），将单词打散。

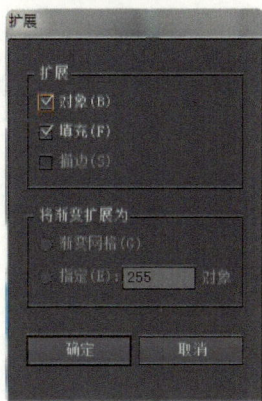

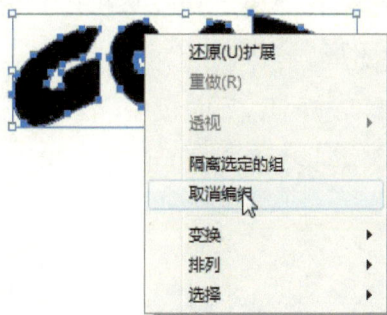

图 8-82　"扩展"对话框　　　　　图 8-83　执行"取消编组"命令

提示

在对文字进行封套制作操作后，将无法对其进行创建轮廓操作，而可以对其进行扩展和转曲操作。

（7）分别运用"直接选择工具"和"选择工具"对单个字母进行调整，得到如图 8-84 所示效果。

（8）同时选中几个字母，按快捷键 Ctrl+G 进行编组。

（9）将渐变填充设置为从浅蓝色到深蓝色的渐变颜色，如图 8-85 所示。

图 8-84　调整文字

图 8-85　填充渐变颜色

（10）在"图层"面板中将"图层 1"拖动至"新建图层"按钮 上，复制出"图层 1 副本"，并锁定"图层 1"，如图 8-86 所示。

（11）在"图层 1 副本"中绘制一个曲线图形（见图 8-87），并将填充颜色设置为白色。

图 8-86　复制和锁定图层

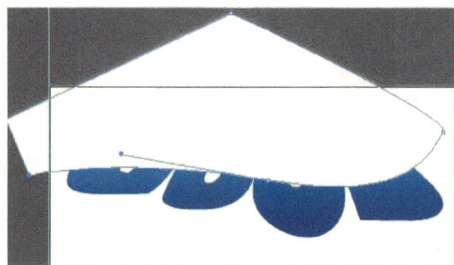

图 8-87　绘制曲线图形

（12）同时选中字母和曲线图形，打开"路径查找器"面板，单击"分割"按钮 ，并在图形上右击，在弹出的快捷菜单中执行"取消编组"命令；将不需要的部分删除，得到如图 8-88 所示图形。

（13）在"透明度"面板中将"混合模式"设置为"叠加"，"不透明度"设置为 70%（见图 8-89），效果如图 8-90 所示。

图 8-88　分割图形并删除多余部分

图 8-89　设置透明度

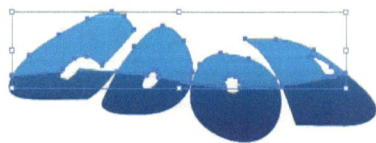

图 8-90　透明效果

（14）将"图层 1 副本"锁定，并将"图层 1"解锁，如图 8-91 所示。

（15）选择"图层 1"中的字母，执行"对象"→"路径"→"偏移路径"命令，在弹出的"偏移路径"对话框中将"位移"设置为 3mm，将偏移路径的填充颜色设置为白色，如图 8-92 所示。

（16）执行"对象"→"路径"→"偏移路径"命令，在弹出的"偏移路径"对话框中将"位移"设置为 2mm，将偏移路径的填充颜色设置为灰色，如图 8-93 所示。

图 8-91　锁定和解锁图层　　　图 8-92　设置偏移路径（1）　　　图 8-93　设置偏移路径（2）

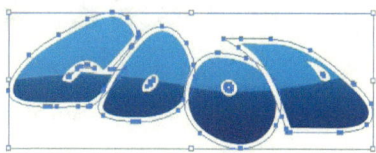

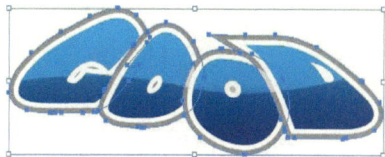

（17）保存文件。

案例 5　时尚海报文字——制作封套、符号工具的运用

制作分析

POP 文字作为时尚元素，广泛应用于各个领域，如服装、海报等。图 8-94 所示的时尚海报文字是运用夸张的色彩、文字、符号等组合成的。文字部分运用了制作封套工具进行扭曲，并分别填充渐变颜色。同时，先绘制符号，再运用"符号"面板和符号工具调整符号的效果，使整个文字组合看上去更加时尚。

图 8-94　时尚海报文字

操作步骤

（1）新建一个文件，将"取向"设置为横版，"大小"设置为 A4，"颜色模式"设置为 CMYK。

（2）输入英文单词"music"，将字体设置为"Broadway"，颜色设置为黑色；使用"选择工具"点选字母，同时按住 Shift 键并拖动定界框的一角，将字母调整到合适大小。

（3）选择"修饰文字工具"，对字母"m"进行放大，对字母"c"进行旋转，如图8-95所示。

图 8-95　修饰文字

（4）使用"选择工具"点选单词"music"，单击属性栏中"制作封套"按钮后面的三角形按钮，在弹出的下拉列表中执行"用网格建立"命令，单击"制作封套"按钮，在弹出的"封套网格"对话框中将"行数"和"列数"均设置为10，如图8-96所示。

（5）选择"直接选择工具"，按住 Shift 键并选择网格上的锚点，这里选择每栏中的第2、4、6、8个锚点，并轻微向外水平拖动所选锚点，如图8-97所示。

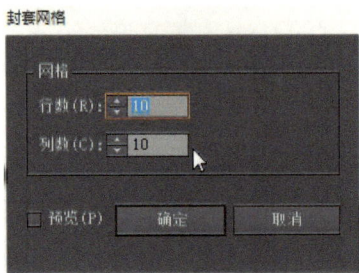

图 8-96　设置参数

图 8-97　调整锚点

提示

在选择有间隔的锚点后，可使用方向键进行微调，将锚点向左右移动。

（6）依次对所有列上的锚点进行调整，如图8-98所示。

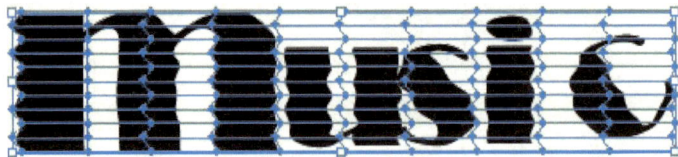

图 8-98　调整所有锚点

（7）执行"对象"→"扩展"命令，在弹出的"扩展"对话框中勾选"对象"和"填充"复选框，并单击"确定"按钮。

（8）在扩展后的字母图形上右击，在弹出的快捷菜单中执行"取消编组"命令，并分别调整字母之间的距离和放置位置，如图8-99所示。再次选择所有字母并右击，在弹出的快捷菜单中执行"编组"命令。

图 8-99　取消编组并调整字母

（9）执行"对象"→"路径"→"偏移路径"命令，在弹出的"偏移路径"对话框中将"位移"设置为 2mm，如图 8-100 所示。

（10）右击偏移后的路径，在弹出的快捷菜单中执行"取消编组"命令，按住 Shift 键并依次选中其中的字母，如图 8-101 所示。

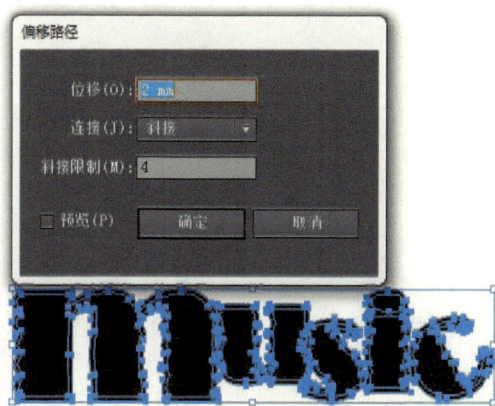

图 8-100　偏移路径

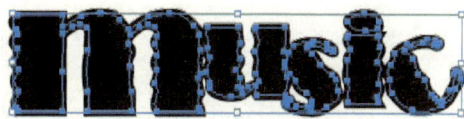

图 8-101　选中字母

（11）设置渐变颜色，如图 8-102 所示。

（12）选中字母"m"，并设置渐变颜色，如图 8-103 所示。

图 8-102　设置渐变颜色

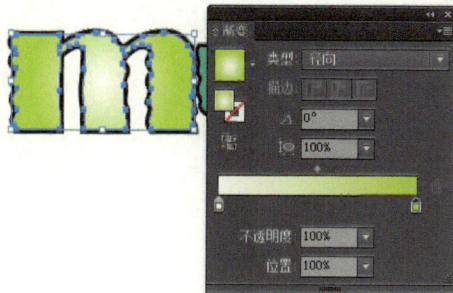

图 8-103　设置字母"m"的渐变颜色

（13）选中字母"s"，使用"吸管工具"在字母"m"上单击，吸取字母"m"的渐变颜色，从而改变字母"s"的渐变颜色，如图 8-104 所示。

（14）使用"选择工具"选中黑色字母"s"并右击，在弹出的快捷菜单中执行"排列"→"前移一层"命令（快捷键为 Ctrl+]），如图 8-105 所示。将黑色字母"s"放置在字母"u"的上方。

图 8-104　改变字母"s"的渐变颜色

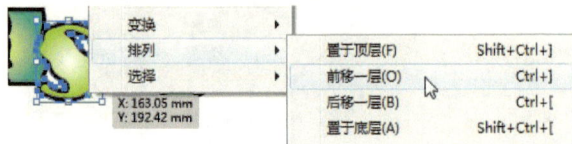

图 8-105　执行"前移一层"命令

提示

若执行一次"前移一层"命令不能使字母前移，则可多次按快捷键 Ctrl+]，直到字母前移到指定位置，如图 8-106 所示。

（15）使用"选择工具"框选字母"s"，同时选中上下两层字母"s"，按住 Shift 键将其放大，如图 8-107 所示。

图 8-106　前移字母"s"后的效果

图 8-107　放大字母"s"

（16）选择黑色字母"i"，多次按快捷键 Ctrl+]，将黑色字母"i"向前移动，如图 8-108 所示。

（17）同时选中所有字母并右击，在弹出的快捷菜单中执行"编组"命令。

（18）选择"倾斜工具"，按住 Alt 键，在字母中心单击，弹出"倾斜"对话框，将"倾斜角度"设置为 20°（见图 8-109），倾斜文字，如图 8-110 所示。

图 8-108　前移黑色字母"i"

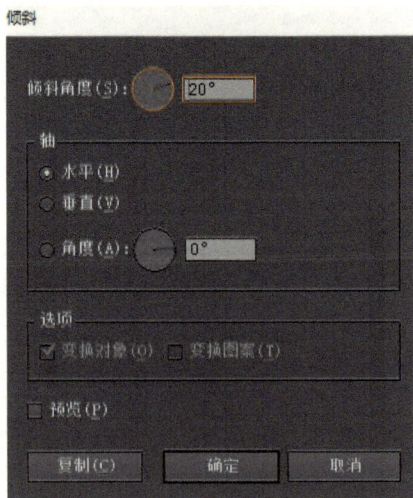

图 8-109　设置倾斜参数

（19）新建一个图层，并将其放置在字母图层的下方。

（20）绘制一个圆，将填充颜色设置为无，描边颜色设置为深蓝色。按快捷键 Ctrl+C 进行复制，按快捷键 Ctrl+F 原位在前粘贴，按快捷键 Alt+Shift 将复制的圆缩小，并更改其描边颜色。按照相同的方法复制出另一个圆。同时选中所有圆，并将其拖动到"符号"面板中，新建符号，如图 8-111 所示。

图 8-110　倾斜文字

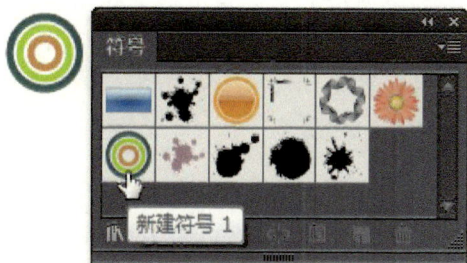

图 8-111　新建符号

（21）使用"符号喷枪工具"喷绘符号，并运用符号工具组中的工具对喷绘的符号进行缩放、位移、着色等调整，得到如图 8-112 所示符号。

（22）多次执行"窗口"→"符号库"→"污点矢量包"命令，分别将"污点矢量包 08"、"污点矢量包 09"和"污点矢量执行包 11"拖动到绘图区中，如图 8-113 所示。

图 8-112　喷绘并调整符号

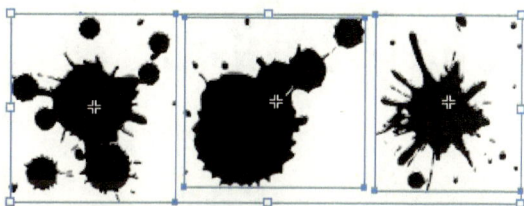

图 8-113　添加符号

（23）在"符号"面板中单击"断开符号链接"按钮，编辑符号的大小和颜色，并将其放置在合适位置，如图 8-114 所示。

（24）调整细节，得到最终效果，如图 8-115 所示。

（25）保存文件。

图 8-114　编辑符号

图 8-115　最终效果

思考与练习

（1）运用"文字工具"及"混合工具"制作如图 8-116 所示的艺术文字。

（2）运用"文字工具"及"色板"面板中的图案，制作如图 8-117 所示的海报（主题为"爱护动物"）。

图 8-116　艺术文字

图 8-117　海报

自我评价表

内容及技能要点	是否掌握		熟练程度		
	是	否	熟练	一般	不熟
为文字创建轮廓					
"用变形建立"命令的应用					
"用网格建立"命令的应用					
案例 3 的制作					
案例 4 的制作					
案例 5 的制作					
思考与练习					
自我总结在本节学习中遇到的知识是否掌握、技能难点是否解决					

8.3 "封套扭曲"命令

"封套扭曲"命令可以使图形对象基于路径生成新的形状，还可以将图形对象变成具有褶皱或卷曲效果的形状。

1. 直接对图形进行封套扭曲操作

（1）绘制一个形状，执行"对象"→"封套扭曲"命令，弹出其子菜单，如图 8-118 所示。

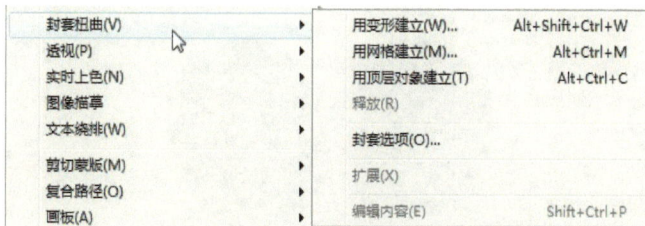

图 8-118　"封套扭曲"子菜单

（2）在"封套扭曲"子菜单中执行"用变形建立"命令，在弹出的"变形选项"对话框中设置参数，可以对图形进行一定的变形，如图 8-119 所示。用户在"样式"下拉列表中可以选择所需的特殊样式，勾选"预览"复选框以预览设置参数后的图形变形效果。

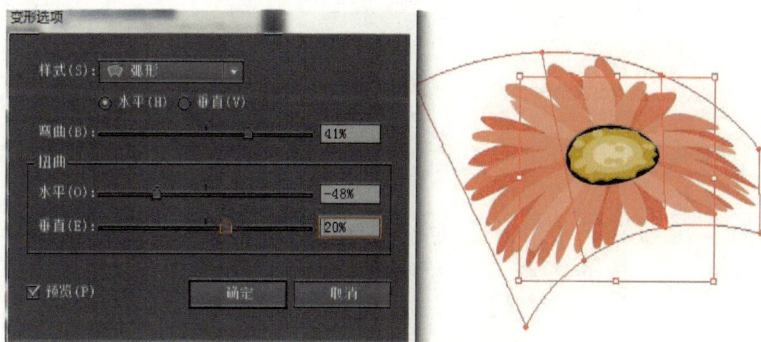

图 8-119　设置参数（1）

（3）在"封套扭曲"子菜单中执行"用网格建立"命令，可以在弹出的"封套网格"对话框中设置网格的行数和列数，并通过拖动网格的锚点来实现变形效果，如图 8-120 所示。

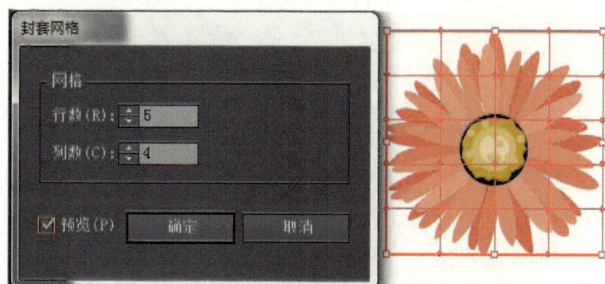

图 8-120　设置参数（2）

2. 用顶层对象建立封套

（1）置入一个图形，如图 8-121 所示。

（2）绘制一个图形，并将其放置在置入图形的上方，如图 8-122 所示。

（3）使用"选择工具"同时选中这两个图形，执行"对象"→"封套扭曲"→"用顶层对象建立"命令（快捷键为 Ctrl+Alt+C），下层图形将以上层图形的形状为封套进行扭曲，如图 8-123 所示。

| 图 8-121　置入图形 | 图 8-122　绘制并调整图形 | 图 8-123　封套图形 |

案例 6　　　　褶皱卷曲的报纸——"封套扭曲"命令的运用

制作分析

要对图片素材进行扭曲处理，可以运用"封套扭曲"命令来实现。这里运用"用网格建立"及"用顶层对象建立"两种命令。褶皱卷曲的报纸如图 8-124 所示。

图 8-124　褶皱卷曲的报纸

操作步骤

（1）新建一个文件，将"取向"设置为横版，"大小"设置为 A4。

（2）绘制一个矩形，如图 8-125 所示。

（3）执行"对象"→"封套扭曲"→"用网格建立"命令，在弹出的"封套网格"对话框中，将"行数"和"列数"均设置为8，即可建立封套网格，如图8-126所示。

图 8-125　绘制矩形

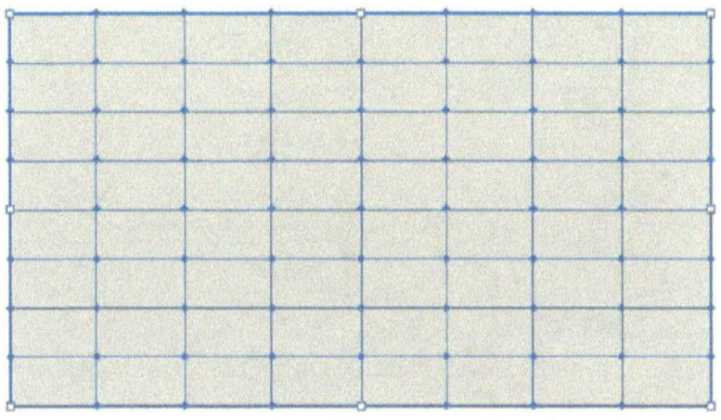

图 8-126　建立封套网格

（4）使用"直接选择工具" 将最右侧的一排锚点选中，并向内拖动所选锚点，实现卷曲效果，如图8-127所示。

（5）调整锚点上的方向线，使卷曲看上去更加自然，如图8-128所示。

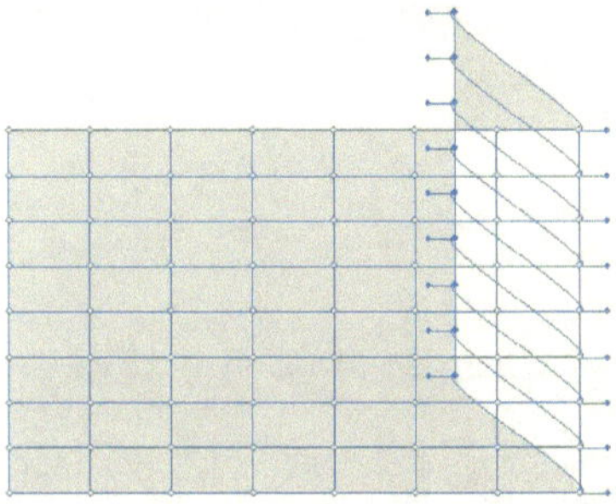

图 8-127　调整锚点

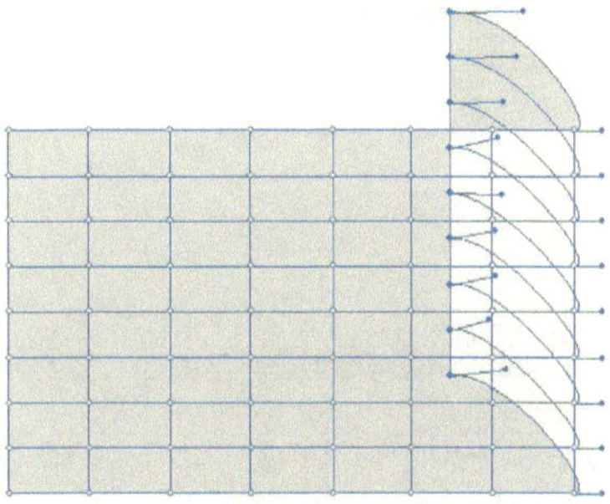

图 8-128　调整锚点上的方向线

（6）逐个随意地调整其余锚点，实现不规则褶皱效果，如图8-129所示。

（7）执行"文件"→"置入"命令，在弹出的对话框中将"封套扭曲"文件夹中的报纸图片置入到绘图区中，如图8-130所示。

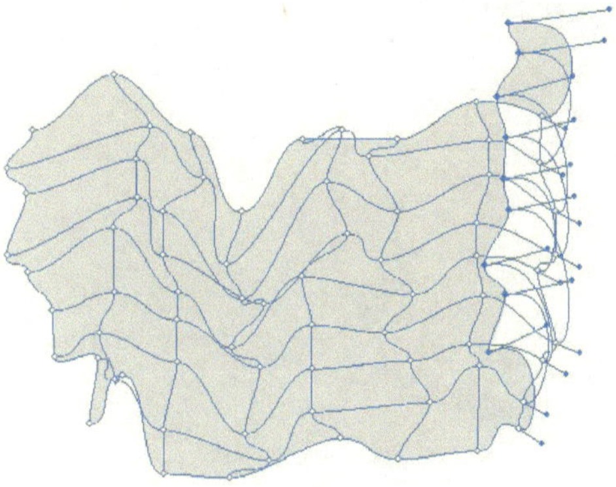

图 8-129　调整其余锚点

图 8-130　置入报纸图片

（8）右击图片，在弹出的快捷菜单中执行"排列"→"置于底层"命令，如图8-131所示。

（9）执行"对象"→"封套扭曲"→"封套选项"命令，在弹出的"封套选项"对话框中按照图 8-132 进行设置。

图 8-131 执行"置于底层"命令

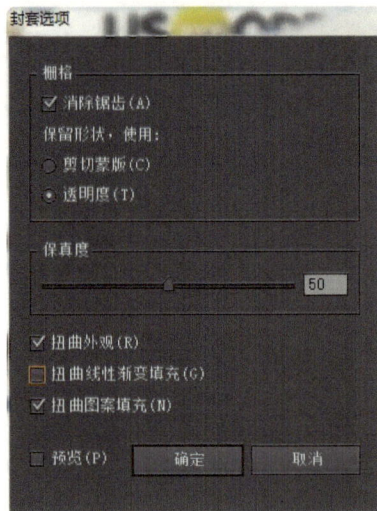

图 8-132 参数设置

提示

"剪切蒙版"单选按钮用于将折叠部分，即如图 8-129 所示的白色部分遮住，"透明度"单选按钮用于将进行封套扭曲后白色部分的图案显示出来。因此，此处选中"透明度"单选按钮。

（10）同时选中图片和扭曲后的图形，执行"对象"→"封套扭曲"→"用顶层对象建立"命令，最终效果如图 8-133 所示。

图 8-133 最终效果

（11）保存文件。

思考与练习

执行"封套扭曲"命令，制作如图 8-134 所示的图形。

图 8-134　图形

自我评价表

内容及技能要点	是否掌握		熟练程度		
	是	否	熟练	一般	不熟
"对象"→"封套扭曲"命令的运用					
使用"用变形建立"命令建立封套并对变形样式进行调整					
使用"用网格建立"命令建立封套并对图形进行调整					
使用"用顶层对象建立"命令建立封套					
案例 6 的制作					
思考与练习					
自我总结在本节学习中遇到的知识是否掌握、技能难点是否解决					

总结

Illustrator CC 不仅具有强大的矢量图处理功能，还具有灵活的文字编辑功能。"封套扭曲"命令可以对图形进行扭曲，从而制作出具有特殊效果的图形。本章重点对文字工具、"字符"面板、文字的创建轮廓命令、文字的封套扭曲工具及图形的"封套扭曲"命令进行了多方面的阐述。通过案例和思考与练习，读者应能够初步了解和掌握这些工具及命令的具体用法。文字工具和封套扭曲工具还有很多功能，希望读者能够举一反三，加强练习，从而掌握更多工具的使用方法。

第 9 章

"效果"菜单与"透视网格工具"

本章将介绍"效果"菜单中的命令、"透视网格工具"的具体用法。在学习完本章后，读者应该了解"效果"菜单的功能，了解各个菜单命令的效果，掌握使用"效果"菜单的方法，并能够根据"效果"菜单命令制作出相应效果；掌握"透视网格工具"的具体用法，并能够运用透视网格制作出建筑效果图。

9.1 "效果"菜单中的命令

"效果"菜单上半部分的命令用于制作 Illustrator 矢量效果，下半部分命令用于制作 Photoshop 像素效果。这些效果可以应用于矢量对象或位图对象。选择对象，执行"效果"命令，在弹出的"效果"菜单中执行所需命令，即可实现相应效果。"效果"菜单如图 9-1 所示。

打开"外观"面板，所选效果将会在"外观"面板中显示，如图 9-2 所示。单击"外观"面板中的"添加新效果"按钮 ，弹出"效果"下拉列表（见图 9-3），执行其中的命令同样可以添加效果。

提示

如果需要修改某个对象的某个属性（如"填色"或"描边"属性）的应用效果，则可以选择该对象，在"外观"面板中修改相应属性。

若需要修改效果，则可以在"外观"面板中单击效果的名称，在弹出的效果对话框中进行更改，最后单击"确定"按钮。例如，图形应用了"投影"效果，此时在"投影"两个字上单击，在弹出的"投影"对话框中修改相应数值，即可修改投影效果。

若需要删除效果，则可以在"外观"面板中选择相应的效果，单击"删除"按钮　。

图 9-1 "效果"菜单　　　图 9-2 "外观"面板中的效果　　　图 9-3 "效果"下拉列表

9.2　3D 效果

3D 效果可以使二维图形通过挤压、绕转和旋转等方式实现三维效果，也可以调整对象的角度和透视、设置光源等，还能够将符号作为贴图运用到三维效果图中。

1. 凸出和斜角效果

凸出和斜角效果可以沿对象的深度轴（Z 轴）拉伸对象，通过增加对象的深度使其呈现 3D 效果。

1）使用方法

（1）输入字母，如图 9-4 所示。

（2）执行"效果"→"3D"→"凸出和斜角"命令，如图 9-5 所示。

（3）在弹出的"3D 凸出和斜角选项"对话框（见图 9-6）中设置相应参数，即可实现 3D 效果。

2）"3D 凸出和斜角选项"对话框的设置

（1）位置："位置"下拉列表中包含系统自带的透视角度和观察角度。另外，可以通过在指定绕 X 轴旋转　、指定绕 Y 轴旋转　、指定绕 Z 轴旋转　文本框中输入相应角度值来设置透视角度和观察角度，或者通过直接拖动右侧的旋转盘　进行设置。拖动左侧的预览图可以改变旋转角度，如图9-7所示。

图9-4　输入字母

图9-5　执行"凸出和斜角"命令

图9-6　"3D凸出和斜角选项"对话框

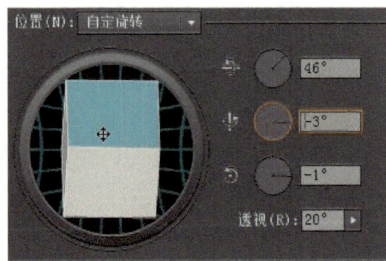

图9-7　自定义旋转角度

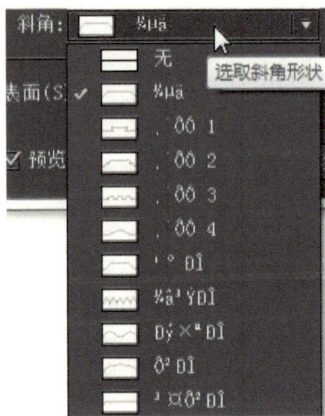

图9-8　"斜角"下拉列表

（2）透视：用于调整对象的透视角度。较小的角度可以实现类似于长焦镜头的效果，较大的角度可以实现类似于广角镜头的效果。

（3）凸出厚度：用于设置挤压的厚度。

（4）端点：单击按钮 可以实现实心效果，单击按钮 可以实现空心效果。

（5）斜角：选择"斜角"下拉列表中的任意一种斜角（见图9-8），将产生不同的边缘效果。

（6）高度：用于设置斜角的高度。单击按钮 可以使斜角向外扩散，并将斜角添加至对象的原始状态；单击按钮 可以使斜角向内收缩，并将斜角从原始对象中减去。

2. 绕转效果

绕转效果可以绕转一条路径或剖面生成立体对象。

1）使用方法

（1）绘制酒杯的一半路径（见图9-9），将描边颜色设置为淡蓝绿色，填充颜色设置为无。

（2）执行"效果"→"3D"→"绕转"命令，在弹出的"3D绕转选项"对话框中将"自"设置为"右边"，勾选"预览"复选框，如图9-10所示。

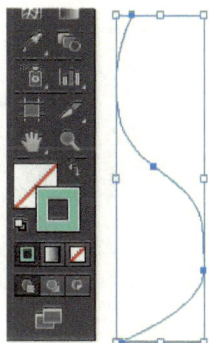

图9-9　绘制酒杯的一半路径

图9-10　绕转参数设置

提示

因为绘制的路径在左边，所以绕转要自右边开始。若从左边开始绕转，则图形将呈现其他效果，如图9-11所示。

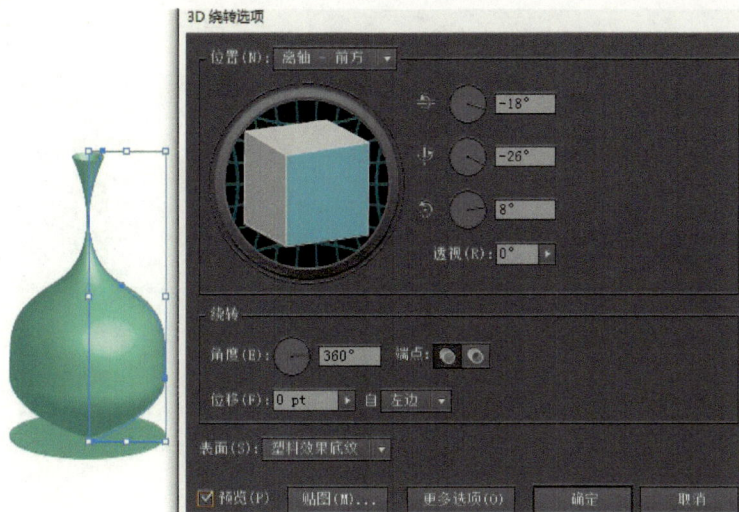

图9-11　自左边绕转效果

2）"3D绕转选项"对话框的设置

（1）角度：用于设置绕转度数。在默认情况下，绕转角度为360°，此时路径可绕转一

周并闭合对象的表面，从而生成完整的三维对象。如果绕转角度小于360°，则对象的表面会出现断裂面，如图9-12所示。

（2）端点：用于设置实心或空心效果。

（3）位移：位移数值越小，绕转的幅度就越小，如图9-13所示；位移数值越大，绕转的幅度就越大，对象体积也就越大，如图9-14所示。

图9-12　断裂面

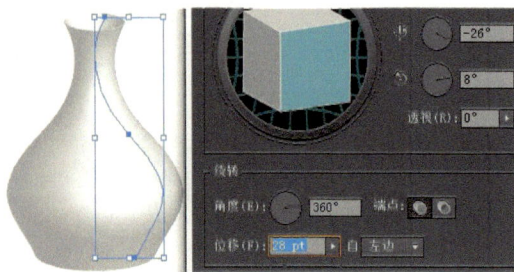

图9-13　位移数值较小的效果

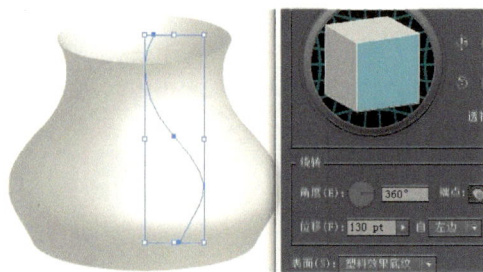

图9-14　位移数值较大的效果

3．旋转效果

旋转效果可以使对象产生特定的透视效果。被旋转的对象可以是普通的平面图像，也可以是一个执行过3D效果的立体对象。

使用方法：执行"效果"→"3D"→"旋转"命令，在弹出的"3D旋转选项"对话框（见图9-15）中设置相应参数。

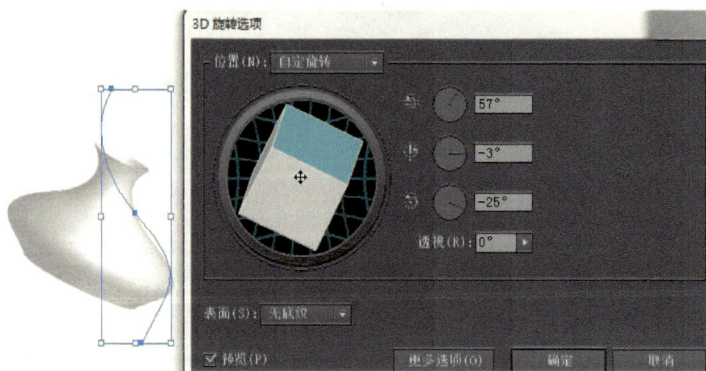

图9-15　"3D旋转选项"对话框

提示

在"效果"菜单中执行相应的3D效果命令后，"外观"面板中将显示相应的效果名称（链接文字）。单击链接文字后，弹出该效果的对话框，在其中可以对数值进行修改，从而重新设置效果。

4. 表面效果

上文介绍的 3 种 3D 效果的对话框中都包含"表面"选项,其参数如下。

(1)线框:对象的表面显示为线状轮廓,效果如图 9-16 所示。

(2)无底纹:对象表面看起来没有任何 3D 效果,颜色与图形原始的颜色相同。若图形只有描边颜色而没有填充颜色,则无底纹效果将与描边颜色相同,效果如图 9-17 所示。

图 9-16　线框效果

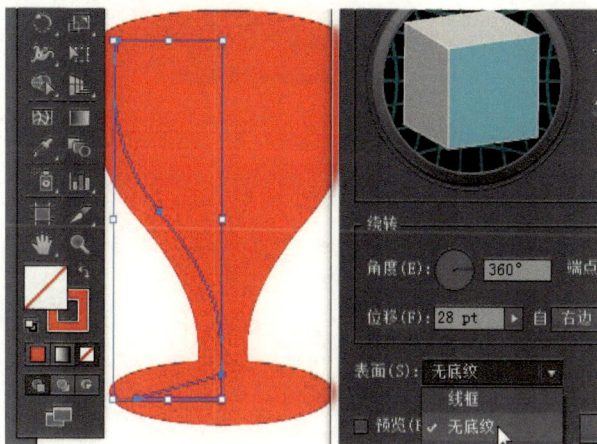

图 9-17　无底纹效果

(3)扩散底纹:可以使对象以一种柔和的方式反射(见图 9-18),但光影的效果不够细腻逼真。

(4)塑料:对象以类似于塑料的光泽效果显示,使其质感效果更加明显,效果如图 9-19 所示。

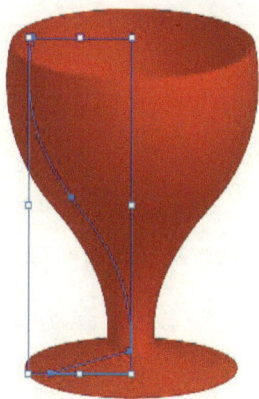

图 9-18　扩散底纹效果

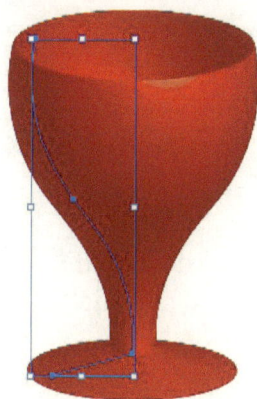

图 9-19　塑料效果

5. 光源效果

在"3D 凸出和斜角选项"对话框和"3D 绕转选项"对话框中,单击"更多选项"按钮,在弹出的对话框中设置数值,可以修改光源效果。另外,拖动左侧方框中圆球上的光点,可以移动光源的位置,如图 9-20 所示。

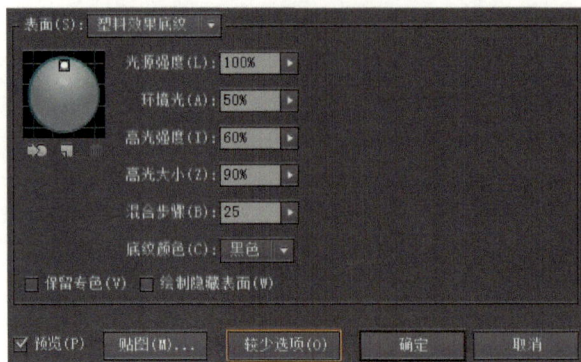

图 9-20　设置光源

（1）将所选光源移动到对象后面 [icon]：单击该按钮，光源将从背后照射过来。

（2）新建光源 [icon]：新建一个光源，效果如图 9-21 所示。此时，对象的光泽度将更强。

图 9-21　新建光源效果

（3）删除光源 [icon]：将新建的光源删除。

6. 贴图

3D 的绕转、凸出和斜角效果都能对对象进行贴图。当需要贴入"符号"面板中的对象时，可以直接选择"符号"面板中的对象，也可以将制作好的图形新建为符号并用于 3D 贴图。

例如，在执行"效果"→"3D"→"绕转"命令后，弹出"3D 绕转选项"对话框，单击"贴图"按钮，弹出"贴图"对话框；单击"表面"右侧的三角形按钮，设置需要贴图的位置。若勾选"预览"复选框，则红色线框结构图表示当前可将符号贴入的位置。在"符号"下拉列表中选择需要贴入的符号，在下方的缩略图中移动符号的位置，直到符号能够在预览图中显示，贴图效果如图 9-22 所示。

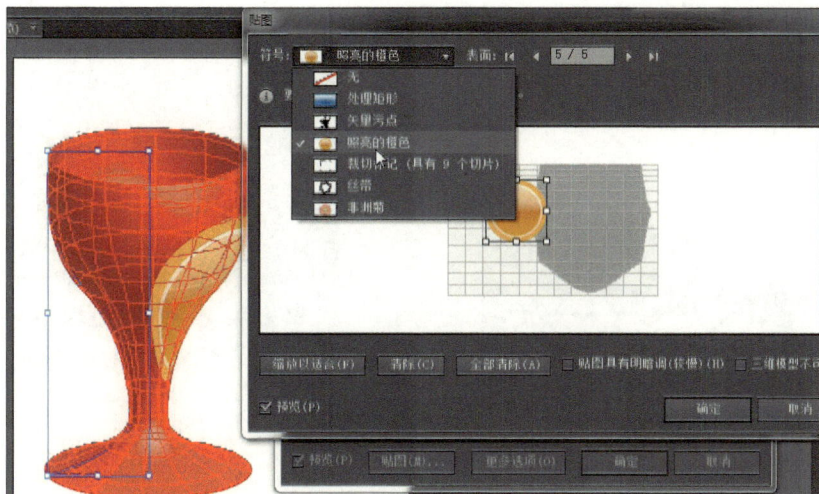

图 9-22　贴图效果

案例 1　　　　　　　　描边立体文字——3D 凸出和斜角效果的运用

制作分析

图 9-23 所示的描边立体文字是运用 3D 凸出和斜角效果制作的，内部文字描边的不同层次是通过描边粗细进行设置的。

图 9-23　描边立体文字

操作步骤

（1）新建一个高度为 210mm、宽度为 80mm 的文件。

（2）绘制与文件大小相同的矩形，将填充颜色设置为黑色，并锁定图层。

（3）新建"图层 2"，输入文字"Illustrator"，将"字体"设置为"Aril"，字号设置为 100pt。

（4）将文字的填充颜色设置为白色，描边颜色设置为白色，描边粗细设置为 10pt，如图 9-24 所示。

（5）使用"文字工具"选中文字，在"字符"面板中将字符间距 设置为 80，如图 9-25 所示。

图9-24　输入并设置文字

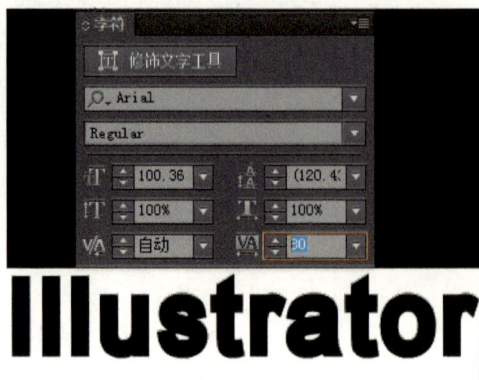

图9-25　设置文字参数

> **提示**
>
> 在选中文字后，按住Alt键并按方向键可以调整字符的间距。按左方向键表示缩小字符间距，按右方向键表示增大字符间距。同理，竖排文字的字符间距可以通过上方向键和下方向键来调整。

（6）使用"选择工具"选中文字，按快捷键Ctrl+C复制文字，按快捷键Ctrl+F原位在前粘贴文字，保持文字的选中状态。

（7）将前面文字的描边颜色设置为红色，描边粗细设置为5pt，如图9-26所示。

（8）按快捷键Ctrl+C复制文字，按快捷键Ctrl+F原位在前粘贴文字，将最上层文字的描边颜色设置为蓝色，描边粗细设置为2pt，如图9-27所示。

图9-26　复制文字并设置描边（1）

图9-27　复制文字并设置描边（2）

> **提示**
>
> 在执行复制文字、原位在前粘贴操作后，"选择工具"将自动选中上层对象。此时，无须使用"选择工具"进行选择。

（9）使用"选择工具"框选所有文字，将三层文字全部选中，按快捷键Ctrl+G。

（10）执行"效果"→"3D"→"凸出和斜角"命令，在弹出的"3D凸出和斜角选项"对话框中设置相应参数，如图9-28所示。

（11）单击"3D 凸出和斜角选项"对话框中的"更多选项"按钮，在弹出的对话框中按照图 9-29 设置光源。

图 9-28　设置参数（1）

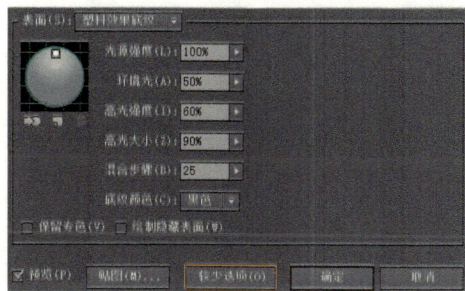

图 9-29　设置参数（2）

（12）单击"确定"按钮，得到如图 9-30 所示的最终效果。

图 9-30　最终效果

（13）保存文件。

案例 2 　醋瓶效果——3D 绕转效果的运用

制作分析

图 9-31 所示的醋瓶效果运用了 3D 绕转效果，并先将绘制好的图案设置为"符号"，再进行贴图操作。

操作步骤

（1）新建一个 A4 大小的文件。

（2）绘制一半醋瓶图形并闭合路径，将填充颜色设置为红褐色，如图 9-32 所示。

（3）执行"效果"→"3D"→"绕转"命令，在弹出的对话框中单击"更多选项"按钮；在弹出的对话框中设置光源参数，如图 9-33 所示。

图 9-31　醋瓶效果

（4）单击"新建光源"按钮 ，新建一个光源，并在缩略图中将其拖动到原光源的下方，如图 9-34 所示。

（5）单击"确定"按钮，得到光泽感更强的醋瓶，如图 9-35 所示。

图 9-32　绘制一半醋瓶图形并设置填充颜色　　　　图 9-33　光源参数设置（1）

（6）将绘制好的醋瓶放置在一边备用。

（7）使用"钢笔工具"绘制一片树叶，如图 9-36 所示。

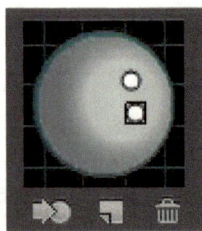

图 9-34　光源位置　　　　图 9-35　加强光泽感后的醋瓶　　　　图 9-36　绘制树叶

（8）将填充颜色设置为浅红色，描边颜色设置为深红色；打开"画笔"面板，选择"炭笔 - 羽毛"画笔，将描边设置成炭笔效果，如图 9-37 所示。

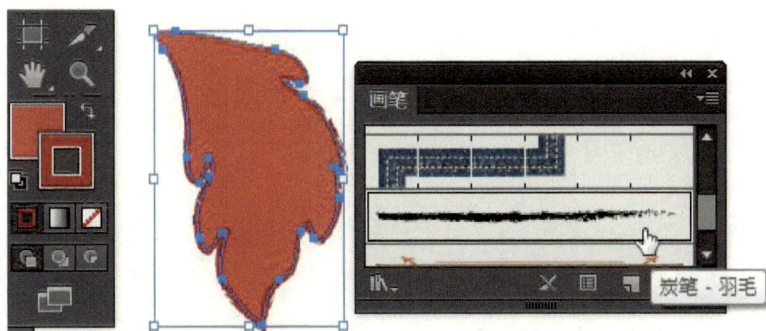

图 9-37　设置描边和填充颜色

（9）复制出两片树叶备用。

（10）为其中一片树叶添加网格，使用"套索工具"选中中间部分的锚点，将填充颜色设置为深红色；选中上方和中间两条线上的锚点，将填充颜色设置为浅一些的红色，如图 9-38 所示。

（11）将绘制好的网格树叶放置在原树叶的上方，并使它们对齐；稍微缩小网格树叶，显示出下方树叶的描边，如图 9-39 所示。

（12）选择"画笔工具"，并打开"画笔"面板；在"画笔"面板中，选择"炭笔 - 羽毛"画笔，为另外一片复制的树叶绘制叶脉，并将描边粗细设置为 3pt，如图 9-40 所示。

（13）参照相同的方法，绘制一片瘦长条形状的树叶，复制出一片树叶，使用"网格工具"设置渐变颜色，并将其放置在上方，如图 9-41 所示。

图 9-38　添加网格并设　　图 9-39　显示描边　　图 9-40　绘制叶脉　　图 9-41　树叶位置

置填充颜色

（14）对几片树叶进行编组（快捷键为 Ctrl+G）、旋转和镜像复制操作，如图 9-42 所示。

图 9-42　组合树叶

提示

此时，若需要调整图层的顺序，则可以选中需要调整的图形，按快捷键 Ctrl+Shift+] 或 Ctrl+Shift+[。

（15）打开"符号"面板，单击右上角的菜单按钮，在弹出的下拉列表中执行"打开符号库"→"徽标元素"命令，选择"喧闹的女孩"符号，将其置入绘图区，如图 9-43 所示。

（16）单击"符号"面板中的"断开链接"按钮；在符号上右击，在弹出的快捷菜单中执行"取消编组"命令，将女孩头部颜色设置为与树叶相同的颜色，描边设置为与树叶相同的"炭笔 - 羽毛"画笔效果，如图 9-44 所示。

图 9-43　置入符号　　　　　　　　　　图 9-44　编辑符号

（17）绘制一个椭圆，并将填充颜色设置为白色，描边颜色设置为红色，如图 9-45 所示。

（18）输入文字"好醋"，将填充颜色设置为土黄色，单击"制作封套"按钮，在弹出的"变形选项"对话框中将"样式"设置为"弧形"，分别调整"弯曲"和"扭曲"参数，使文字的弧度与椭圆的弧度相符，如图 9-46 所示。

图 9-45　绘制椭圆　　　　　　　　图 9-46　制作封套文字"好醋"

（19）参照相同的方法，输入文字"一生好醋"，单击"制作封套"按钮，在弹出的"变形选项"对话框中将"样式"设置为"弧形"，分别调整"弯曲"和"扭曲"参数，结果如图 9-47 所示。

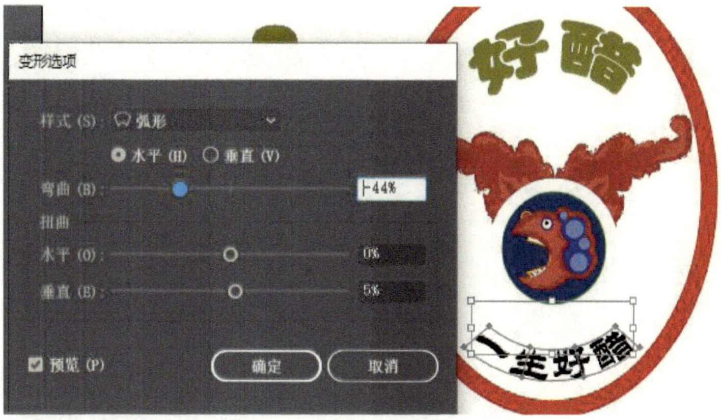

图 9-47 制作封套文字"一生好醋"

（20）选中所有的图形，按快捷键 **Ctrl+G** 进行编组，将图形缩放至合适大小，并将其放置在醋瓶的上方，作为瓶贴。

（21）将瓶贴拖动到"符号"面板中，新建符号。

（22）选择醋瓶，打开"外观"面板，单击"3D 绕转"链接文字，弹出"3D 绕转选项"对话框。

（23）单击"贴图"按钮，弹出"贴图"对话框，单击"表面"右侧的三角形按钮 ◀ 1/7 ▶，设置贴图位置。在图 9-48 中，左侧结构图中的红色线条表示当前所选醋瓶的部位。

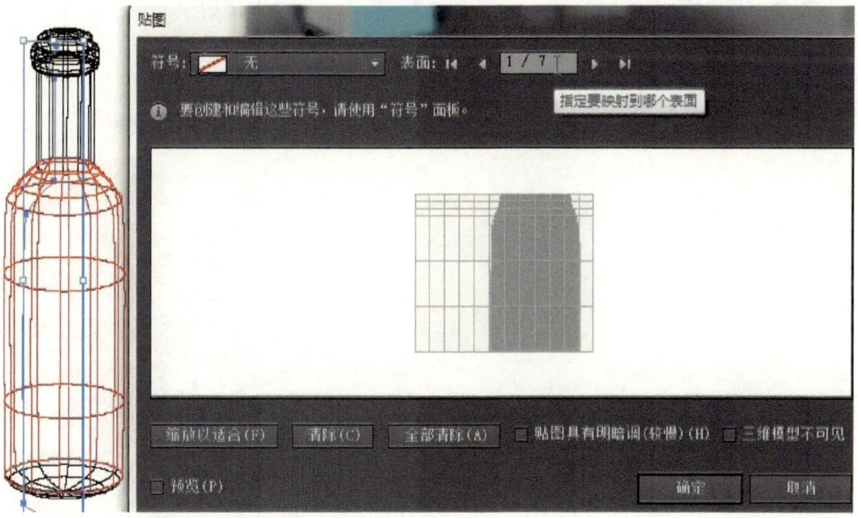

图 9-48 "贴图"对话框

（24）单击"贴图"对话框中的"符号"下拉按钮，在弹出的下拉列表中选择刚刚新建的符号（见图 9-49），并将其放置到合适位置。此时，可以勾选"预览"复选框，以便查看符号贴图的位置。

（25）勾选"贴图具有明暗调（较慢）"复选框，使贴图的效果更加自然，单击"确定"按钮，返回"3D 绕转选项"对话框，单击"确定"按钮。

图 9-49　贴入符号

提示

当计算机内存不足而无法运行贴图效果时，很难展示所贴符号。此时，可以先借助 Photoshop 将符号转为像素图，再回到 Illustrator CC 中进行符号的设置，具体方法如下。

（1）在 Illustrator CC 的绘图区中选择绘制好的符号图案，并进行复制（快捷键为 Ctrl+C）。

（2）打开 Photoshop，新建一个文件，采用默认大小。

（3）粘贴符号图案（快捷键为 Ctrl+V），在弹出的"粘贴"对话框中选中"智能对象"单选按钮，如图 9-50 所示。

（4）粘贴后的符号图案上会出现一个叉号（见图 9-51），此时按 Enter 键，叉号会自动消失。

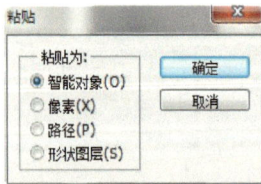

图 9-50　选中"智能对象"单选按钮

图 9-51　在 Photoshop 文件中粘贴入图像

（5）此时，"图层"面板上的图层为"智能对象"图层。在"智能对象"图层上右击，在弹出的快捷菜单中执行"栅格化图层"命令（见图 9-52），将图层栅格化。

（6）使用"矩形选框工具" 框选符号图案，按快捷键 Ctrl+C 进行复制。

（7）在 Illustrator CC 中按快捷键 Ctrl+V 粘贴图形。此时，无论 Photoshop 中的图形是

透明背景图形还是不透明背景图形，被粘贴到 Illustrator CC 绘图区中后都将变为背景为白色的矩形图形。由于符号图案外框的颜色为白色，因此可以将其拖动至醋瓶上方进行查看，如图 9-53 所示。

（8）使用"椭圆形工具"绘制一个与符号图案大小相同的椭圆，并同时选中椭圆和符号图案，执行"对象"→"剪切蒙版"→"建立"命令，将图案周围的方角隐藏。

（9）将椭圆和符号图案拖动到"符号"面板中，新建符号。

（10）参照相同的方法，选择醋瓶，单击"外观"面板中的"3D 绕转"链接文字，在弹出的"3D 绕转选项"对话框中单击"贴图"按钮，在弹出的"贴图"对话框中单击"符号"下拉按钮，在弹出的下拉列表中选择刚刚新建的符号，将其放置到合适的位置，单击"确定"按钮，即可得到如图 9-54 所示的贴图效果。

图 9-52　执行"栅格化图层"命令　　　图 9-53　移动符号图案　　　图 9-54　贴图效果

（26）绘制一半瓶塞（见图 9-55），执行"效果"→"3D"→"绕转"命令，在弹出的"3D 绕转选项"对话框中新建光源，参数设置如图 9-56 所示。

图 9-55　绘制一半瓶塞　　　　　　图 9-56　光源参数设置（2）

（27）将瓶塞放置到醋瓶的上方（见图9-57），框选醋瓶和瓶塞并进行编组（快捷键为Ctrl+G）。

（28）绘制一个椭圆，将填充颜色设置为黑色，如图9-58所示。

（29）执行"效果"→"风格化"→"羽化"命令，在弹出的"羽化"对话框中将"半径"设置为10mm，如图9-59所示。

（30）右击椭圆，在弹出的快捷菜单中执行"排列"→"置于底层"命令，使椭圆位于醋瓶的后面，如图9-60所示。

（31）保存文件。

图 9-57　瓶塞位置　　　图 9-58　绘制椭圆并　　　　图 9-59　设置羽化参数　　　　图 9-60　置于底层

　　　　　　　　　　　　　设置填充颜色

思考与练习

运用 3D 效果制作如图 9-61 所示的效果。

图 9-61　效果

自我评价表

内容及技能要点	是否掌握		熟练程度		
	是	否	熟练	一般	不熟
"效果"命令的运用					
在"外观"面板中修改效果					

内容及技能要点	是否掌握		熟练程度		
	是	否	熟练	一般	不熟
3D 效果：凸出和斜角效果的制作					
3D 效果：绕转效果的制作					
3D 效果：旋转效果的制作					
设置 3D 表面效果					
设置 3D 光源效果					
3D 贴图的应用					
案例 1 的制作					
案例 2 的制作					
思考与练习					
自我总结在本节学习中遇到的知识是否掌握、技能难点是否解决					

9.3 其他效果

1. Illustrator 效果

（1）SVG 滤镜：将图像描述为形状、路径、文本和滤镜效果的矢量格式。它生成的文件很小，可以在 Web、手机、平板电脑等设备上提供较高品质的图像，并支持任意缩放。

执行 "效果" → "SVG 滤镜" → "AI_ 斜角阴影 _1" 命令，图形将产生阴影效果，如图 9-62（a）所示；执行 "效果" → "SVG 滤镜" → "木纹" 命令后的效果如图 9-62（b）所示。

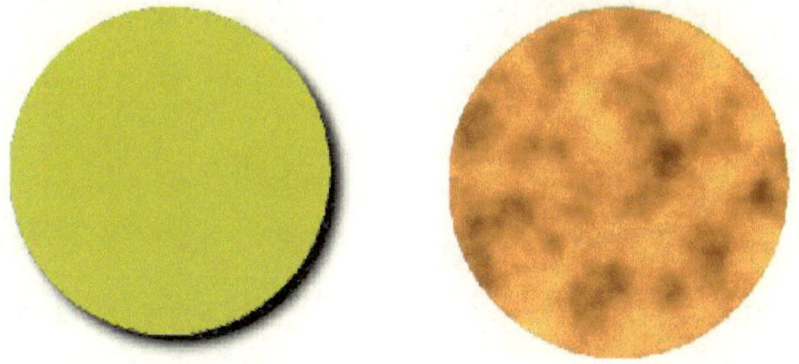

（a）阴影效果　　　　　　　（b）木纹效果

图 9-62　SVG 滤镜效果

由于一些 SVG 效果是动态的，因此必须使用浏览器将其打开。

（2）变形：扭曲路径、文本、外观及混合图形等，创建的效果与封套扭曲（见8.3节）效果相同。

（3）扭曲和变换：包括7种扭曲效果，可以改变图形的形状。其中，自由扭曲是通过控制点来改变对象的形状的。执行"自由扭曲"命令前后的效果如图9-63所示。

（4）栅格化：将矢量图形转换为像素图形。

（5）裁切标记：选中图形，执行"效果"→"裁切标记"命令，图形定界框四角将出现裁切标记，如图9-64所示。

（a）执行命令之前　　　　　　　　　　　（b）执行命令之后

图9-63　执行"自由扭曲"命令前后的效果　　　　图9-64　裁切标记

（6）路径：该效果中的轮廓化描边功能等同于执行"对象"→"路径"→"轮廓化描边"命令的功能，可以将对象的描边创建为轮廓；位移路径功能等同于执行"对象"→"路径"→"偏移路径"命令的功能，通过设置偏移值来偏移一条路径；轮廓化对象功能可以将对象创建为轮廓。

（7）路径查找器：与"路径查找器"面板的功能相同，但该效果仅用于处理组、图层和文本对象，而"路径查找器"面板可以处理任何对象。另外，路径查找器效果实施后不会对对象造成破坏。在"外观"面板中，可以将该效果删除。

（8）转换为形状：将图形转换为矩形、圆角矩形及椭圆形。执行"效果"→"转化为形状"→"圆角矩形"命令，弹出"形状选项"对话框（见图9-65），在该对话框中设置参数即可。此时，原图形的路径会被保存起来，但外观会发生变化。

（9）风格化：为图形添加特殊效果。例如，投影、羽化等效果可以使矢量图出现与像素图相同的阴影、模糊等效果；圆角效果可以让图形的尖角变得圆滑；涂抹效果可以实现画笔涂抹的效果；箭头效果可以添加各种箭头；内发光、外发光效果可以为图形添加发光效果。

2. Photoshop效果

Illustrator CC可以将矢量图形像素化，执行"效果画廊"命令，弹出滤镜库，在滤镜库的右侧可以看到 Photoshop 效果中的其他效果,如图 9-66 所示。

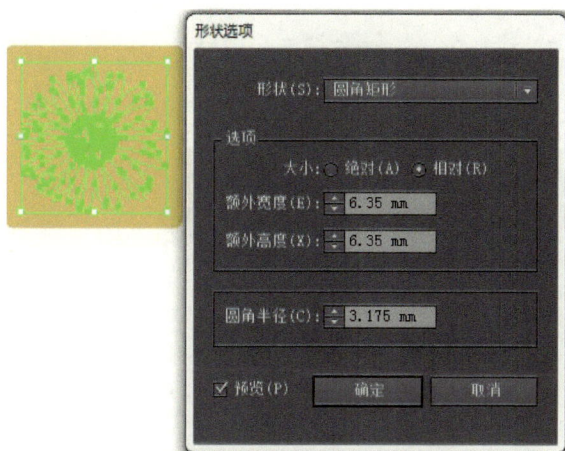

图 9-65 "形状选项"对话框

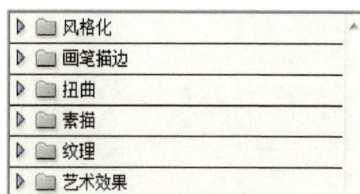

图 9-66 滤镜库

3. 保存效果

设置好的效果及填充颜色可以被保存在"图形样式"面板中,以便运用到其他图形上。对绿色圆形执行"效果"→"风格化"→"涂抹"命令及"效果"→"风格化"→"阴影"命令,结果如图 9-67 所示。打开"图形样式"面板,选择设置好效果的图形,并单击"图形样式"面板中的新建按钮 ,将该图形的效果及颜色保存在"图形样式"面板中;再次绘制一个图形,单击"图形样式"面板中新建的图形样式,新图形的效果将与图形样式相同,如图 9-68 所示。

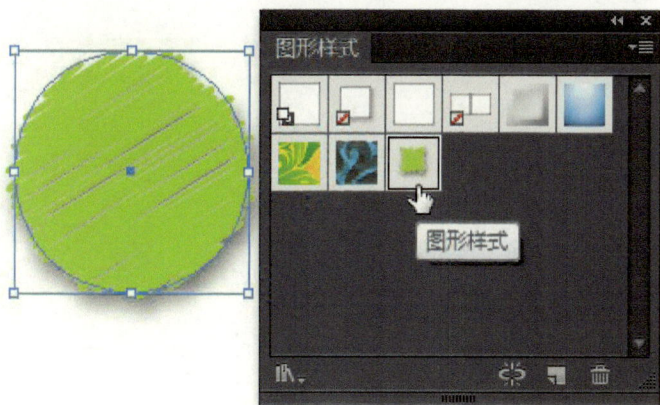

图 9-67 执行命令结果

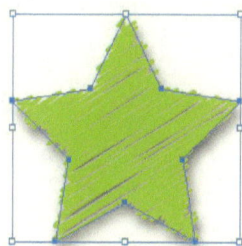

图 9-68 运用图形样式

"图形样式"面板中自带了多种样式效果,单击右上角的菜单按钮 ,在弹出的下拉列表中执行"打开图形样式库"命令,在弹出的图形样式库下拉列表中选择所需图形样式,如图 9-69 所示;单击"图形样式"面板左下角的"图形样式库菜单"按钮 ,同样弹出图形样式库下拉列表,如图 9-70 所示。

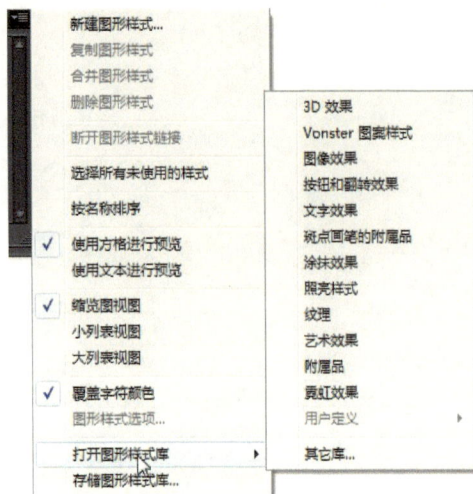

图 9-69　图形样式库下拉列表（1）

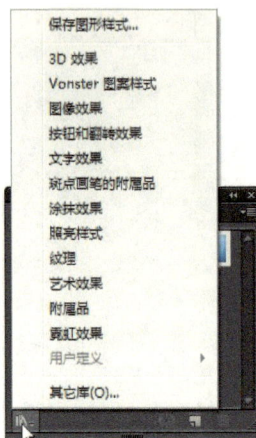

图 9-70　图形样式库下拉列表（2）

案例 3　　　　　　　　　　　恋恋笔记本——艺术效果的运用

制作分析

图 9-71 所示的恋恋笔记本的封皮具有格子毛呢布料效果，比较有文艺气质。格子毛呢布料效果的制作运用了"效果"→"艺术效果"→"胶片颗粒"命令，并通过在不同图形中叠加其他效果。

图 9-71　恋恋笔记本

操作步骤

（1）新建一个文件，将"大小"设置为 A4，"颜色模式"设置为 CMYK。

（2）选择"矩形网格工具" ▦，在绘图区中单击，在弹出的"矩形网格工具选项"对话框中设置参数，如图 9-72 所示。

（3）单击"确定"按钮，得到如图 9-73 所示的矩形网格。

（4）右击矩形网格，在弹出的快捷菜单中执行"取消编组"命令，选中最外侧矩形，将其填充颜色设置为绿色，如图 9-74 所示。

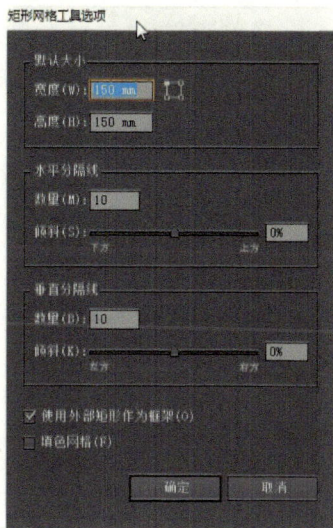

图 9-72　参数设置（1）

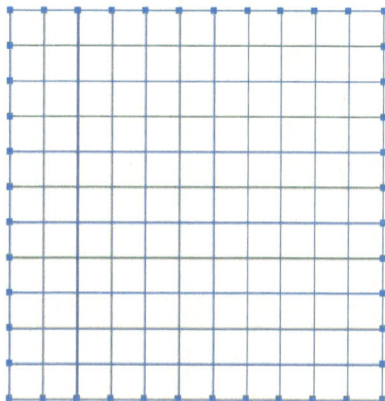

图 9-73　矩形网格

（5）选中填充后的绿色矩形并进行锁定（快捷键为 Ctrl+2）。

（6）框选所有网格线，将描边粗细设置为 8pt，描边颜色设置为白色，如图 9-75 所示。

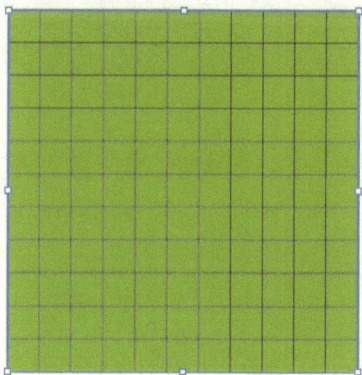

图 9-74　填充绿色

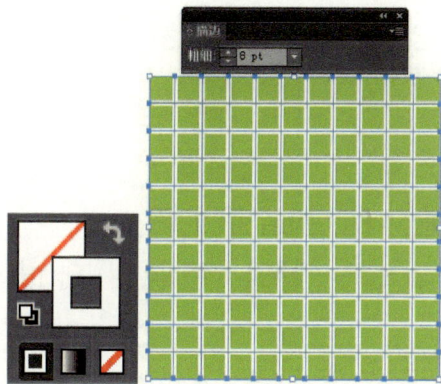

图 9-75　设置描边的颜色和粗细

（7）通过方向键分别调整每条网格线的位置，如图 9-76 所示。

（8）执行"对象"→"路径"→"轮廓化描边"命令，对白色网格线进行轮廓化操作，如图 9-77 所示。

（9）执行"对象"→"全部解锁"命令，将绿色矩形解锁。

（10）框选所有图形，打开"路径查找器"面板（快捷键为 Shift+Ctrl+F10），单击"分割"按钮 ，并在图形上右击，在弹出的快捷菜单中执行"取消编组"命令，将图形分割成小色块。

（11）使用"选择工具"逐个选择不同的小色块并填充颜色，如图 9-78 所示。

（12）绘制一个与矩形网格大小相同的矩形，将其填充颜色设置为深绿色，并置于顶层（快捷键为 Shift+Ctrl+]），如图9-79所示。

图9-76　调整网格线的位置

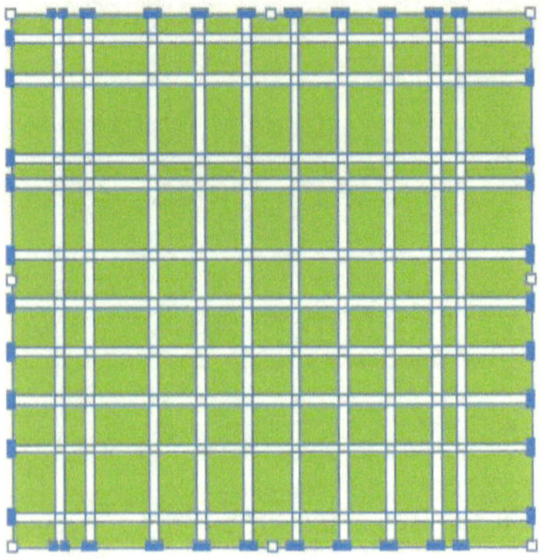

图9-77　轮廓化网格线

图9-78　填充颜色

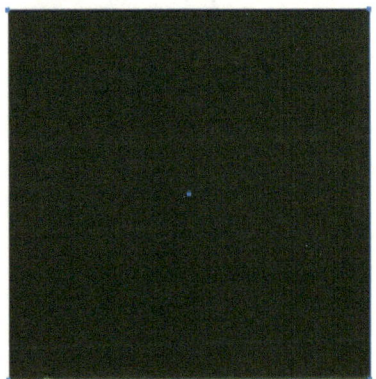

图9-79　绘制深绿色矩形

（13）执行"效果"→"艺术效果"→"胶片颗粒"命令，在弹出的"胶片颗粒"对话框中设置参数，如图9-80所示。

（14）单击"确定"按钮，得到如图9-81所示效果。

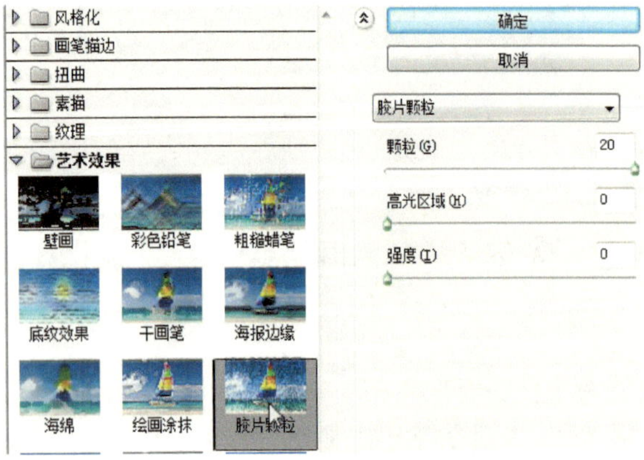

图9-80　参数设置（2）

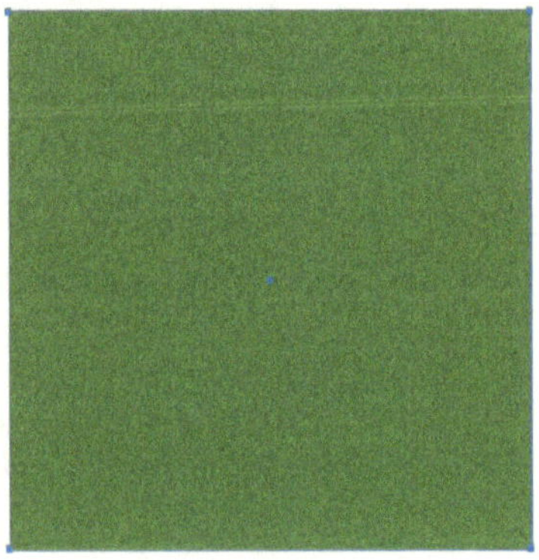

图9-81　胶片颗粒效果

（15）打开"透明度"面板，将"混合模式"设置为"强光"，如图9-82所示。

（16）执行"编辑"→"复制"命令，执行"编辑"→"粘贴到前面"命令，将复制的图形的填充颜色修改为土黄色，并在"透明度"面板中将"混合模式"设置为"叠加"，如图 9-83 所示。

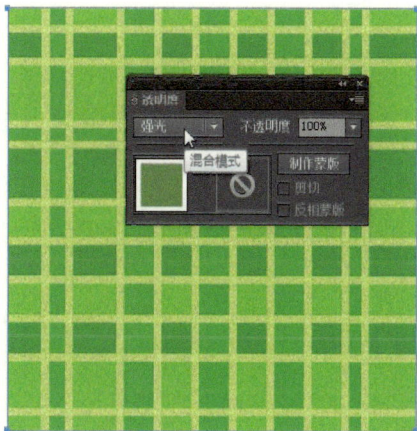

图 9-82　修改混合模式

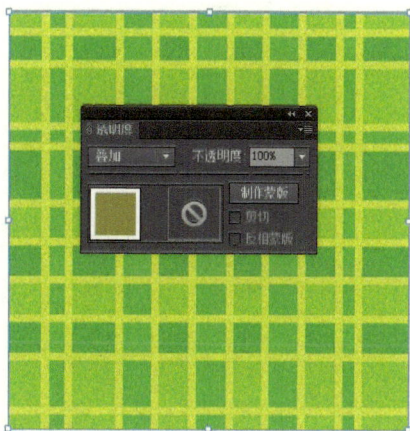

图 9-83　复制图形并修改填充颜色和混合模式

（17）绘制一个圆角矩形，作为蒙版，并填充任意颜色，如图 9-84 所示。

（18）框选所有图形并右击，在弹出的快捷菜单中执行"建立剪切蒙版"命令，如图 9-85 所示。

图 9-84　绘制圆角矩形

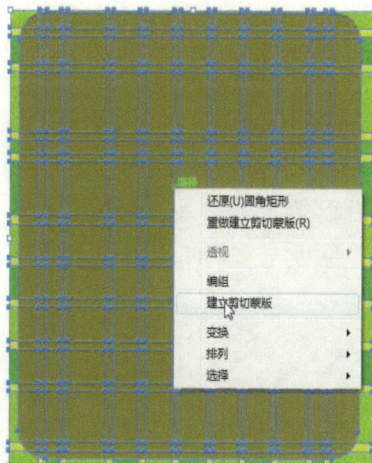

图 9-85　执行"建立剪切蒙版"命令

（19）笔记本外形图案基本制作完成，效果如图 9-86 所示。

（20）复制出一个笔记本外形图案备用。在复制图形的上方绘制一个圆角矩形和矩形，同时选中圆角矩形和矩形，如图 9-87 所示。

（21）在"路径查找器"面板中单击"减去顶层"按钮 ▣ ［见图 9-88（a）］，得到如图 9-88（b）所示的搭扣图形。

（22）框选复制的笔记本外形图案和搭扣图形，执行"建立剪切蒙版"命令，将其放置在合适位置；执行"效果"→"风格化"→"投影"命令，并调整投影方向和透明度，得到如图9-89所示图形。

图 9-86　笔记本外形图案

图 9-87　同时选中圆角矩形和矩形

（a）　　　　　　　　（b）

图 9-88　减去顶层

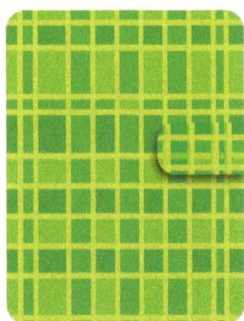

图 9-89　建立剪切蒙版并设置投影

（23）绘制一个红色小圆形，执行"效果"→"3D"→"凸出和斜角"命令，在弹出的"3D 凸出和斜角选项"对话框中单击"贴图"按钮，在弹出的"贴图"对话框中贴入"非洲菊"符号，如图9-90所示。

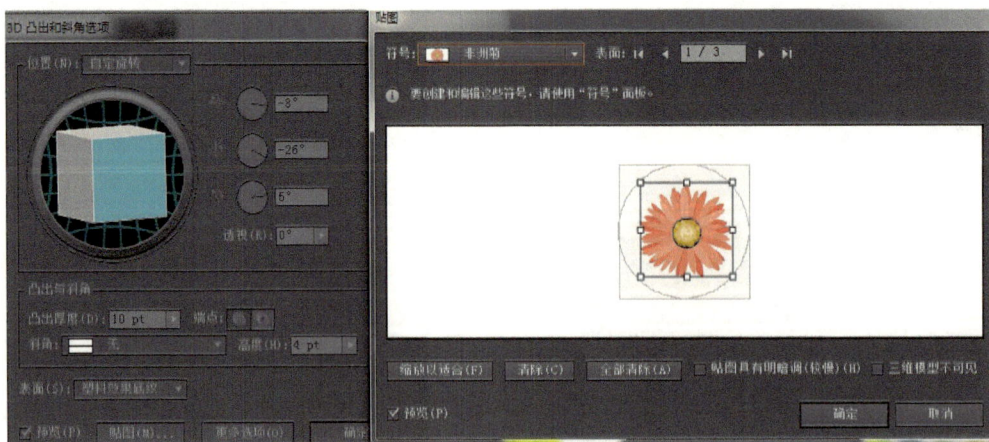

图 9-90　贴图

（24）单击"确定"按钮，得到如图9-91所示的纽扣图形。

（25）绘制一个与笔记本大小相同的白色圆角矩形，作为纸张，执行"效果"→"风格化"→"投影"命令，在弹出的"投影"对话框中设置相应参数，如图 9-92 所示。

图 9-91　纽扣图形

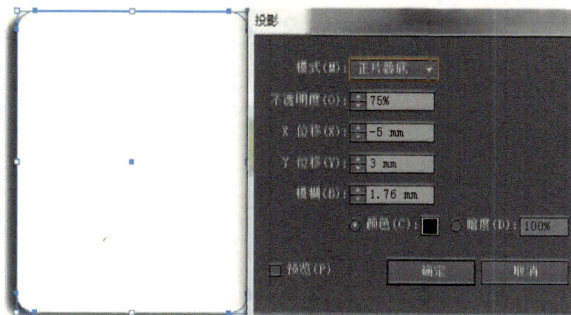

图 9-92　设置纸张投影效果

（26）右击纸张，在弹出的快捷菜单中执行"排列"→"置于底层"命令，将白纸置于底层并调整位置，如图 9-93 所示。

（27）参照上述方法，复制出多个纸张，并将它们置于底层；分别选中复制的白纸，并使用方向键调整位置，如图 9-94 所示。

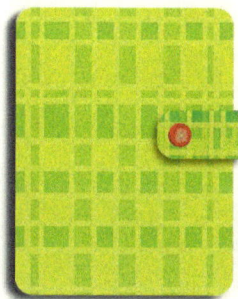

图 9-93　将纸张置于底层并调整位置

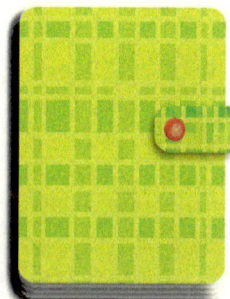

图 9-94　复制纸张并调整纸张的位置

（28）绘制一个圆环，并填充渐变颜色，如图 9-95 所示。

（29）对圆环执行"效果"→"风格化"→"投影"命令，在弹出的"投影"对话框中调整参数，如图 9-96 所示。

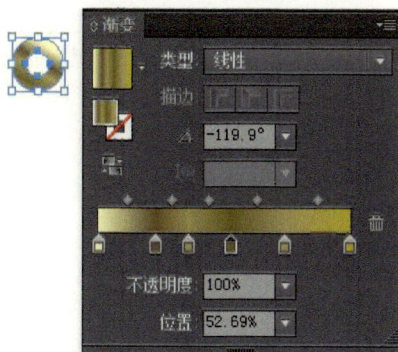

图 9-95　绘制圆环并填充渐变颜色

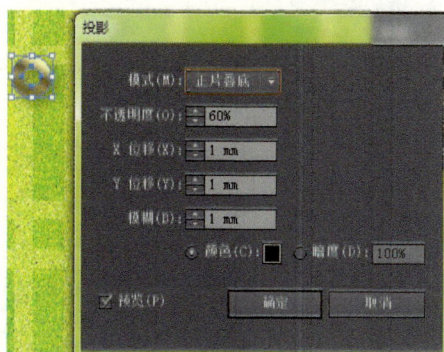

图 9-96　设置圆环投影效果

（30）复制出多个圆环，打开"对齐"面板，分别单击"水平居中对齐"按钮 ▣ 和"垂直居中分布"按钮 ▤，对齐圆环，如图9-97所示。至此，即可得到最终效果，如图9-98所示。

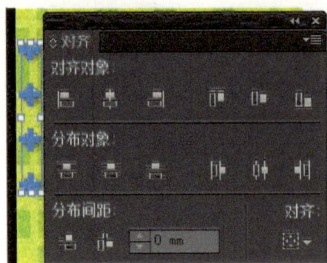

图 9-97　对齐圆环　　　　　　　　　　图 9-98　最终效果

（31）保存文件。

案例 4　　　　　　牛仔布文字——多种效果菜单的运用

制作分析

图9-99所示的牛仔布文字运用了多种效果，包括纹理、内发光、投影、变换、粗糙化等。本案例的重点在于介绍"外观"面板的运用，通过"外观"面板添加填充颜色和描边效果。

图 9-99　牛仔布文字

操作步骤

（1）新建一个文件，将"宽度"设置为210mm，"高度"设置为150mm，"颜色模式"设置为CMYK。

（2）绘制一个矩形，并设置从浅灰蓝到深灰蓝的径向渐变颜色，如图9-100所示。

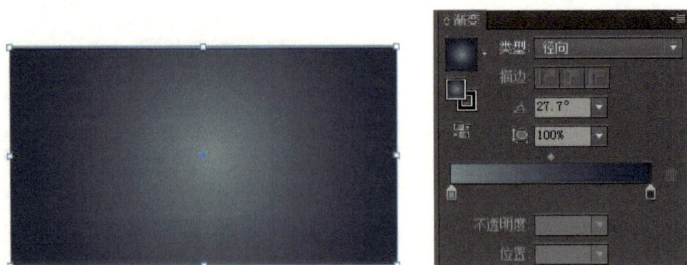

图 9-100　绘制矩形并设置渐变颜色

（3）复制矩形（快捷键为 Ctrl+C），原位在前粘贴矩形（快捷键为 Ctrl+F），将填充颜色设置为深蓝色，如图 9-101 所示。

（4）对复制的矩形执行"效果"→"纹理"→"纹理化"命令，在弹出的对话框中将"缩放"设置为 170%，"凸现"设置为 8（见图 9-102），单击"确定"按钮。

图 9-101　复制矩形并设置填充颜色

图 9-102　设置纹理参数

（5）同时选中这两个矩形，打开"透明度"面板（快捷键为 Shift+Ctrl+F10），将"混合模式"设置为"叠加"，如图 9-103 所示；按快捷键 Ctrl+G 编组图形。

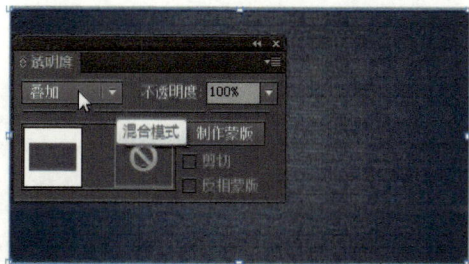

图 9-103　设置混合模式（1）

（6）锁定"图层 1"，如图 9-104 所示。

（7）新建"图层 2"，输入字母"TEACHER"，并按照图 9-105 进行编辑。

图 9-104　锁定"图层 1"

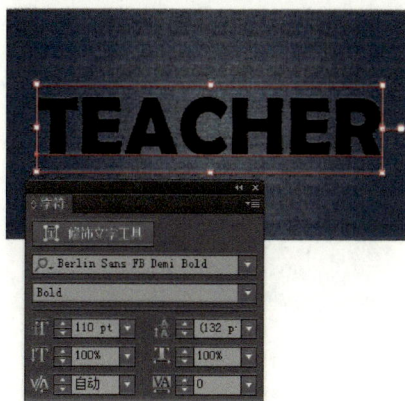

图 9-105　编辑字母

（8）将字母的填充颜色和描边颜色都设置为无，如图 9-106 所示。

225

（9）打开"外观"面板，单击"添加新填色"按钮，为字母添加一个填充颜色，如图9-107所示。

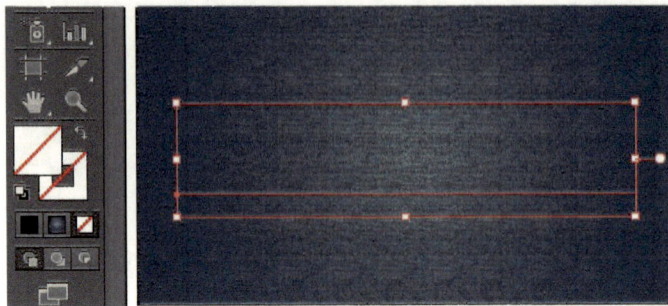

图 9-106 设置字母的填充颜色和描边颜色

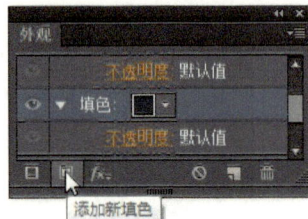

图 9-107 添加填充颜色（1）

（10）将填充颜色设置为从浅灰蓝到深灰蓝的渐变颜色，如图9-108所示。

（11）执行"效果"→"风格化"→"内发光"命令，在弹出的"内发光"对话框中设置参数，如图9-109所示。

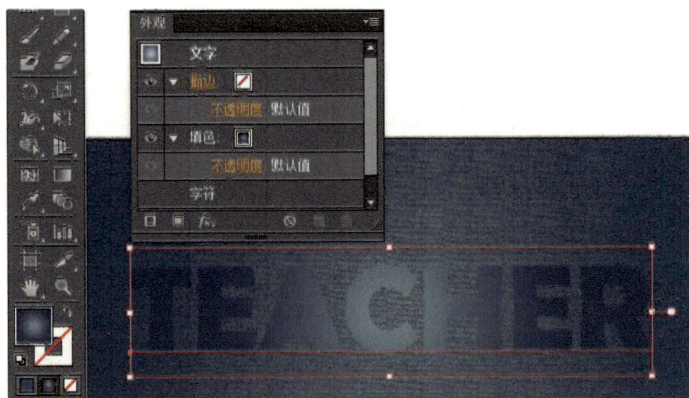

图 9-108 设置渐变填充颜色

（12）单击"确定"按钮，效果如图9-110所示。

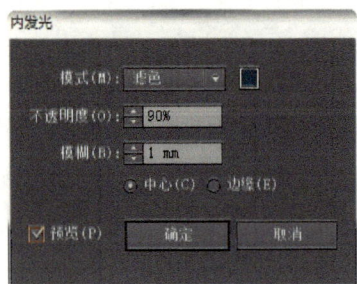

图 9-109 设置内发光参数

图 9-110 内发光效果

（13）单击"添加新填色"按钮，添加一个填充颜色，如图9-111所示。

（14）按住 Shift 键并单击"填色"缩略图，弹出可编辑颜色的临时颜色面板，如图9-112所示。

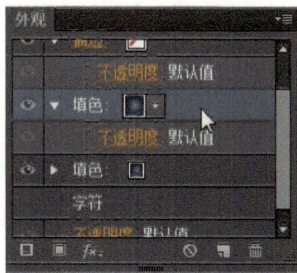

图 9-111 添加填充颜色（2）

图 9-112 临时颜色面板

（15）在临时颜色面板中设置深蓝色，如图 9-113 所示。

（16）在"外观"面板中拖动深蓝色填色层到渐变填色层的下方，如图 9-114 所示。

图 9-113 设置深蓝色

图 9-114 修改填色层的顺序

（17）选择深蓝色填色层，执行"效果"→"扭曲和变换"→"变换"命令，弹出"变换效果"对话框，设置相应参数，对深蓝色部分进行向下偏移变换操作，如图 9-115 所示。

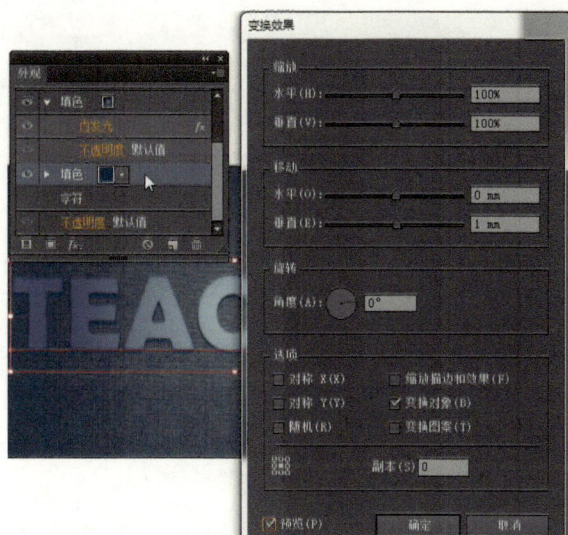

图 9-115 变换深蓝色

（18）添加填充颜色，将填充颜色设置为浅蓝色，执行"效果"→"扭曲和变换"→"变换"命令，弹出"变换效果"对话框，对浅蓝色部分进行向上偏移变换操作，如图9-116所示。

图9-116　变换浅蓝色

（19）将"图层1"解锁，如图9-117所示。

（20）框选所有图形，在"透明度"面板中将"混合模式"设置为"叠加"，如图9-118所示。

图9-117　解锁"图层1"　　　　　　　图9-118　设置混合模式（2）

（21）使用"钢笔工具"沿字母外框绘制一个不规则的路径，如图9-119所示。

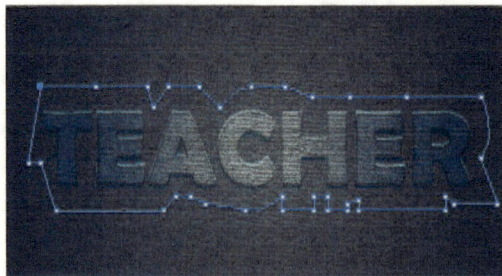

图9-119　绘制不规则路径

（22）复制出一条路径作为备份，将备份路径的描边颜色设置为土黄色，填充颜色设置为无，描边粗细设置为4pt，如图9-120所示。

（23）对复制的路径执行"效果"→"扭曲和变换"→"粗糙化"命令，弹出"粗糙化"对话框，制作粗糙的线条图形，如图 9-121 所示。

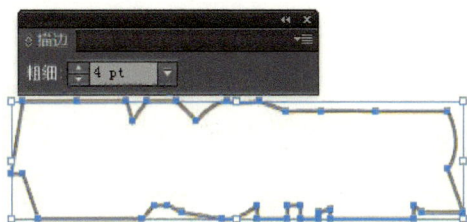

图 9-120 设置备份路径

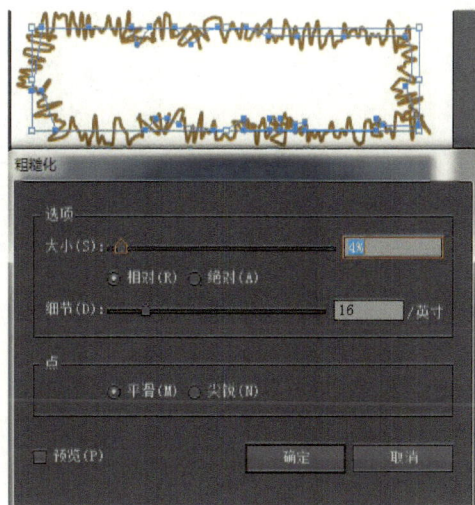

图 9-121 粗糙化参数设置

（24）选择原路径和背景并右击，在弹出的快捷菜单中执行"建立剪切蒙版"命令（见图 9-122），剪切蒙版图形如图 9-123 所示。

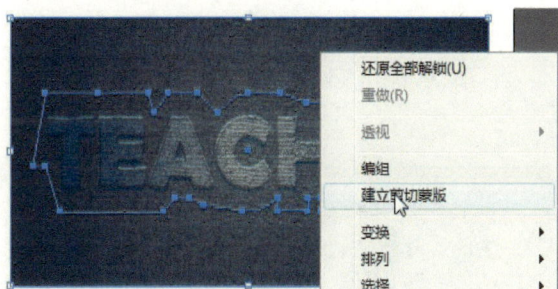

图 9-122 执行"建立剪切蒙版"命令

图 9-123 剪切蒙版图形

（25）将粗糙的线条图形放置到剪切蒙版图形的上方，如图 9-124 所示。

图 9-124 放置粗糙的线条图形

（26）在"外观"面板中单击"添加新描边"按钮 ▣，添加描边，并将描边粗细设置为 2pt，如图 9-125 所示。

（27）在"外观"面板中选中两个描边，分别执行"效果"→"风格化"→"投影"命令，在弹出的"投影"对话框中按照图 9-126 设置参数，得到如图 9-127 所示的最终效果。

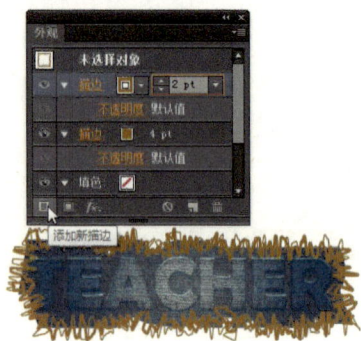

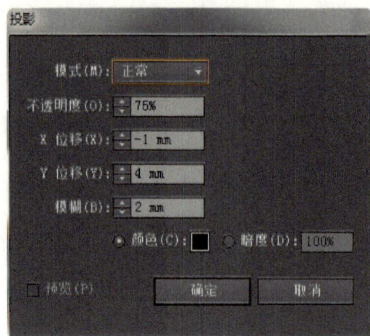

图 9-125　设置描边　　　　图 9-126　设置投影参数　　　　图 9-127　最终效果

（28）保存文件。

思考与练习

（1）运用"效果"菜单和"符号"面板制作如图 9-128 所示的贺卡。

（2）运用"效果"菜单和"外观"面板制作如图 9-129 所示的浮雕文字。

图 9-128　贺卡

图 9-129　浮雕文字

自我评价表

内容及技能要点	是否掌握		熟练程度		
	是	否	熟练	一般	不熟
执行"效果"菜单中的命令					
保存效果：将效果保存至"图形样式"面板中					
"图形样式"面板的应用：打开隐藏的菜单，选择图形样式库中的样式					
胶片颗粒效果的应用					
纹理化效果的应用					
投影效果的应用					

内容及技能要点	是否掌握		熟练程度		
	是	否	熟练	一般	不熟
内发光效果的应用					
投影效果的应用					
粗糙化效果的应用					
变换效果的应用					
案例 3 的制作					
案例 4 的制作					
思考与练习					
自我总结在本节学习中遇到的知识是否掌握、技能难点是否解决					

9.4 "透视网格工具"

"透视网格工具"可以制作透视的三维效果图，广泛运用于建筑设计、工业设计。

1. "透视网格工具"的运用

（1）建立透视网格：当选择"透视网格工具" ▦（快捷键为 Shift+P）时，绘图区中将显示透视网格。在默认情况下，网格呈现两点透视状，如图 9-130 所示。

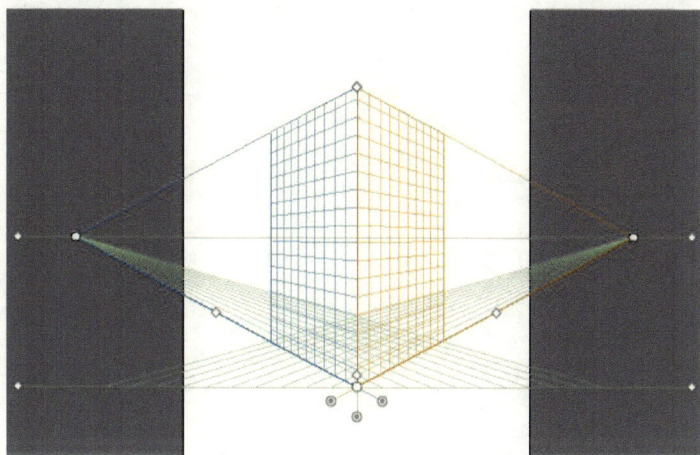

图 9-130　默认透视网格

（2）调整透视网格：透视网格下方有 3 个圆形手柄，拖动手柄可以调整网格的透视效果，如图 9-131 所示。

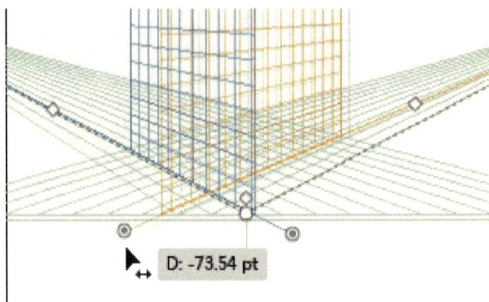

图 9-131　拖动手柄后的透视效果

（3）绘制透视图形：单击绘图区左上角立方体图标 的左侧部分，选择左侧网格，鼠标指针将变为 形状，此时图形将呈现向左侧消失点消失的透视效果，如图 9-132 所示。同理，选择右侧网格 ，鼠标指针将变为 形状，此时图形将呈现向右侧消失点消失的透视效果，如图 9-133 所示。

（4）透视选区工具 （快捷键为 Shift+V）：可以调整图形的透视效果。例如，在移动图形时，图形将按照透视规律进行变化。在将图形向后面的消失点移动时，图形会沿着透视线的方向缩小，效果如图 9-134 所示。通过"透视选区工具"调整定界框上的锚点，可以使图形绘制得更加精确，效果如图 9-135 所示。

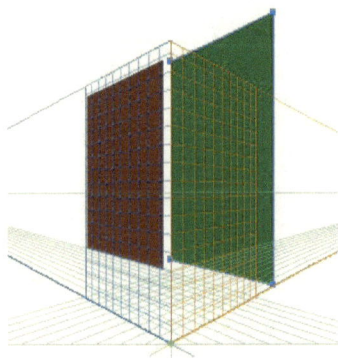

图 9-132　向左侧消失的透视效果

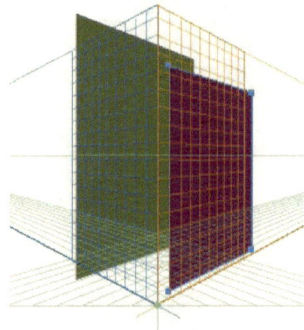

图 9-133　向右侧消失的透视效果

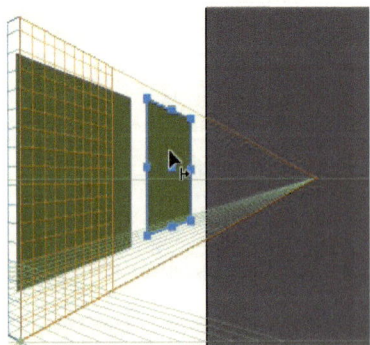

图 9-134　使用"透视选区工具"移动图形效果

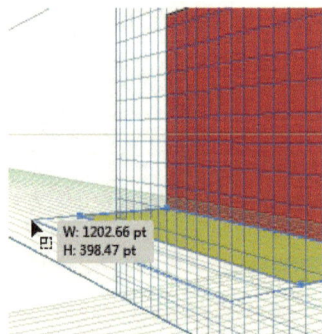

图 9-135　调整定界框锚点后的效果

提示

在使用"选择工具"移动图形时,图形的透视效果不会发生变化。

2. 透视网格的显示和隐藏

(1)显示透视网格:通过使用"透视网格工具"或"视图"菜单来显示透视网格。执行"视图"→"透视网格"命令(见图9-136),在弹出的子菜单中选择所需的透视网格效果。

如果执行"一点透视"命令,则弹出其子菜单。此时,执行"一点-正常视图"命令,绘图区中将显示一点透视网格,如图9-137所示。

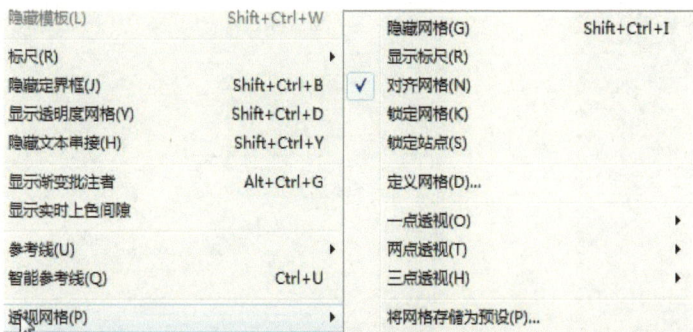

图9-136 执行"透视网格"命令

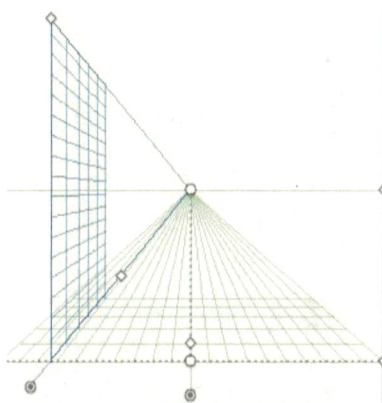

图9-137 一点透视网格

(2)隐藏透视网格:选择"透视网格工具" ,单击左上角立方体图标上的隐藏透视网格按钮 ,如图9-138所示。

图9-138 隐藏透视网格按钮

提示

如果想隐藏透视网格,则必须单击"透视网格工具"中的隐藏透视网格按钮,其余工具均不起作用。

3. 透视网格的预设

通过透视网格的预设可以新建透视网格,通过更改参数可以设置透视网格的显示外观。

(1)执行"编辑"→"透视网格预设"命令,在弹出的"透视网格预设"对话框中单击"新建"按钮 ,弹出"透视网格预设选项(新建)"对话框,将"类型"设置为"三点透视","单位"设置为"磅","网格线间隔"设置为30pt,其他参数设置参考图9-139。在单击"确定"按钮后，"透视网格预设"对话框中将显示新建的"［三点 - 正常视图］＿副本"，下方的"预设设置"选项组中将显示刚刚设置的参数，如图 9-140 所示。

（2）执行"视图"→"透视网格"→"三点透视"→"［三点 - 正常视图］＿副本"命令，将在绘图区中显示新建的三点透视网格，如图 9-141 所示。

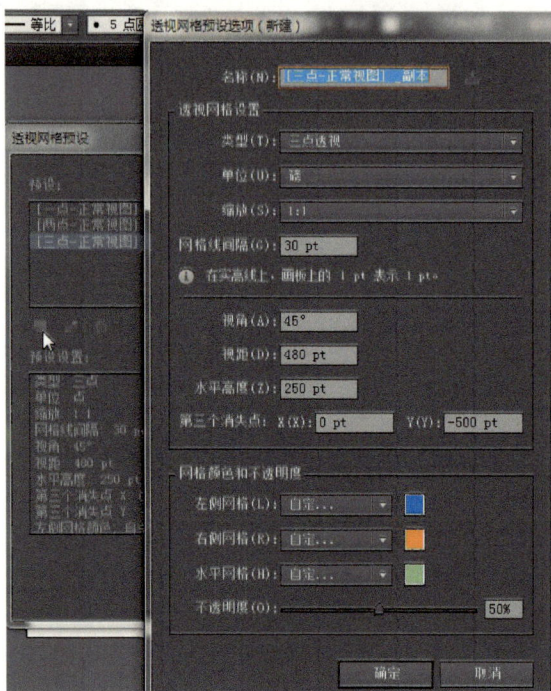

图 9-139　透视网格预设参数

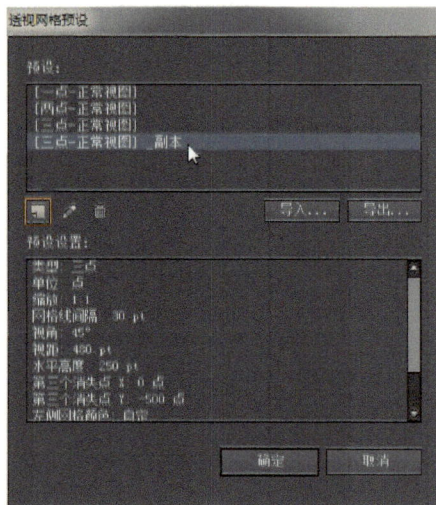

图 9-140　预设参数

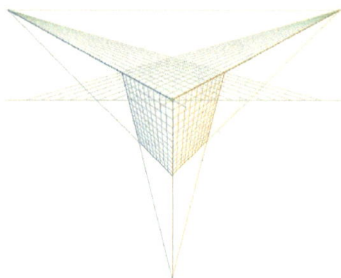

图 9-141　三点透视网格

案例5　　　　　　简易建筑效果——透视网格的运用

■ 制作分析

图 9-142 所示的简易建筑效果是运用"矩形工具"和"透视网格工具"绘制的，并使用"透视选区工具"进行调整，从而得到比较精确的透视效果。

图 9-142 简易建筑效果

操作步骤

（1）新建一个文件，将"取向"设置为横版，"大小"设置为 A4。

（2）使用"透视网格工具"建立透视网格，如图 9-143 所示。

（3）调整下方的圆形手柄，将左侧部分拉长，右侧部分缩短，上下均向里收缩，如图 9-144 所示。

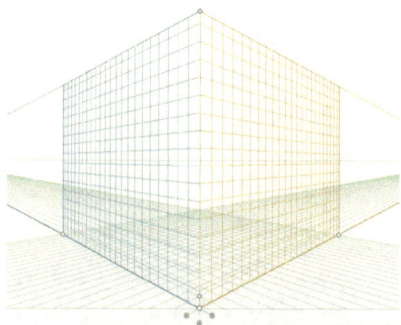

图 9-143 透视网格

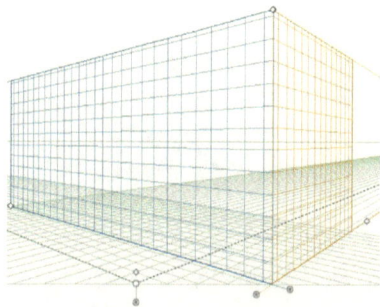

图 9-144 调整透视网格

（4）选择左侧网格，使用"矩形工具"绘制两个矩形，上面的矩形稍微向左延伸一些，分别将填充颜色设置为蓝色和浅灰色，如图 9-145 所示。

（5）选择底层网格，使用"矩形工具"绘制一个矩形，作为顶层，将填充颜色设置为土黄色，如图 9-146 所示。使用"透视选区工具"选中该图形并向上移动，使锚点与垂直的左侧形状对齐，如图 9-147 所示。

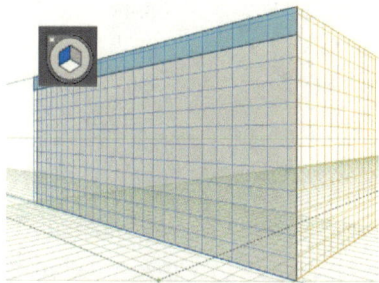

图 9-145 绘制左侧矩形

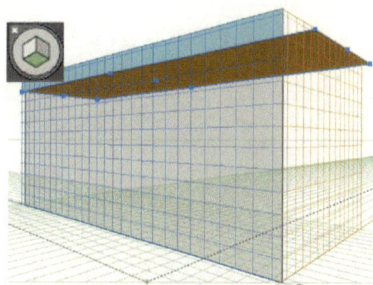

图 9-146 绘制顶层

（6）参照相同的方法，选择右侧网格，使用"矩形工具"绘制两个矩形，将填充颜色设置为稍微深一些的蓝色和灰色，并使用"透视选区工具" ![icon] 分别调整土黄色矩形和深蓝色矩形，使它们对齐，如图 9-148 所示。

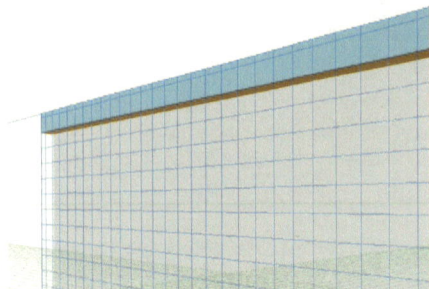

图 9-147　调整图形（1）　　　　　　图 9-148　调整图形（2）

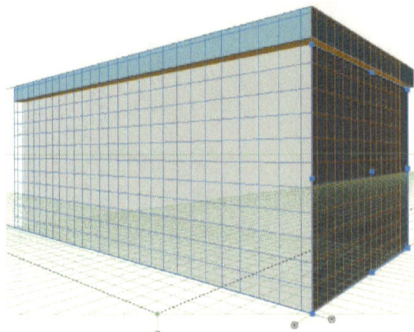

（7）选择左侧网格，使用"矩形工具"绘制一个矩形，并设置渐变颜色，如图 9-149 所示。

（8）选择左侧网格，使用"矩形工具"绘制一个矩形，并使用"透视选区工具" ![icon] 将其选中，按住 Alt 键并使用鼠标复制出一个矩形，多次按快捷键 Ctrl+D 进行复制，绘制出一排窗户的阴影。参照相同的方法，选择右侧网格，绘制另外两个窗户的阴影，如图 9-150 所示。

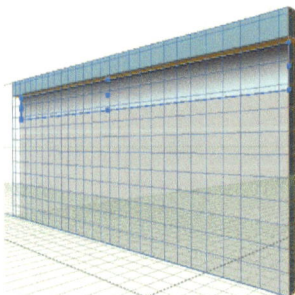

图 9-149　绘制矩形并设置渐变颜色　　　　　　图 9-150　绘制窗户的阴影

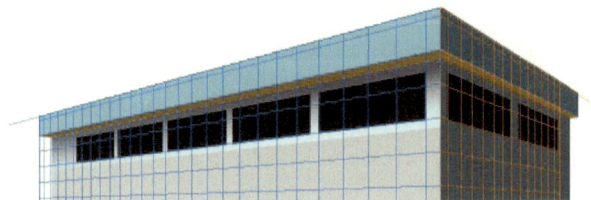

（9）选择左侧网格，绘制灰蓝色玻璃并进行复制，与窗户阴影稍稍错开一些，形成左侧玻璃如图 9-151 所示。

（10）参照相同的方法，绘制右侧玻璃，颜色稍微深一些，如图 9-152 所示。

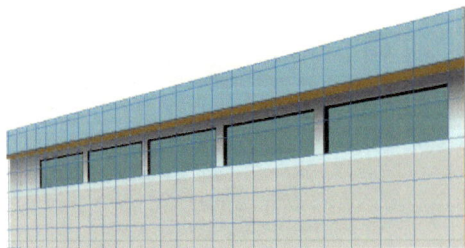

图 9-151　左侧玻璃　　　　　　图 9-152　右侧玻璃

（11）调整两侧的窗户，如图 9-153 所示。

图 9-153　调整窗户

（12）选择左侧网格，使用"矩形工具"绘制一个矩形，并填充从深灰到浅灰的渐变颜色，作为门框，如图 9-154 所示。

（13）绘制门的阴影和玻璃，如图 9-155 所示。

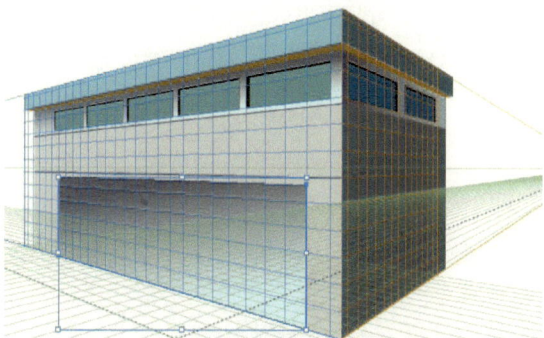

图 9-154　绘制门框

图 9-155　绘制门的阴影和玻璃

（14）选择底部网格，使用"矩形工具"绘制一个矩形，作为底部地面，并将填充颜色设置为土黄色，如图 9-156 所示。

（15）选择左侧网格，绘制底部地面的左侧面并进行调整，如图 9-157 所示。

图 9-156　绘制底部地面

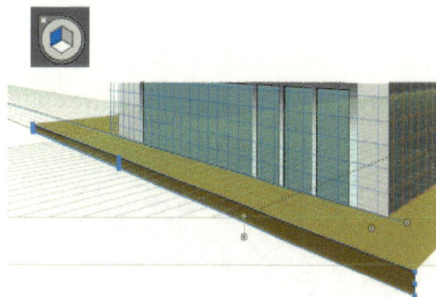

图 9-157　绘制并调整左侧面

（16）选择右侧网格，绘制底部地面的右侧面并进行调整，如图 9-158 所示。

（17）同时选中底部形状，执行"效果"→"纹理"→"马赛克拼贴"命令，在弹出的对话框中实现地砖效果，如图 9-159 所示。

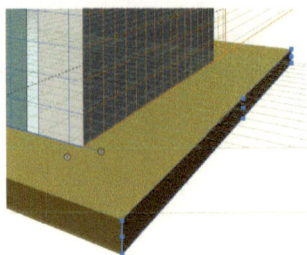

图 9-158　绘制并调整右侧面

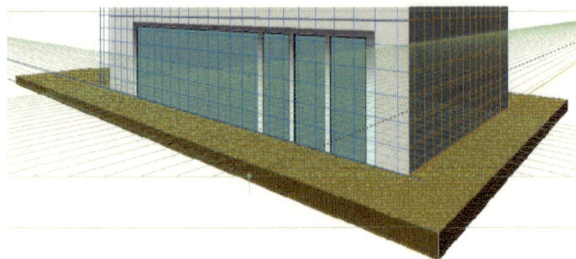

图 9-159　地砖效果

（18）选择左侧网格，使用"直线工具" ✏ 沿窗户绘制左侧墙面的直线，将描边颜色设置为比墙面深一些的灰色（见图 9-160），并复制出多份。

（19）参照相同的方法，选择右侧网格，绘制右侧墙面的直线，将描边颜色设置为比墙面深一些的颜色，并复制出多份，如图 9-161 所示。

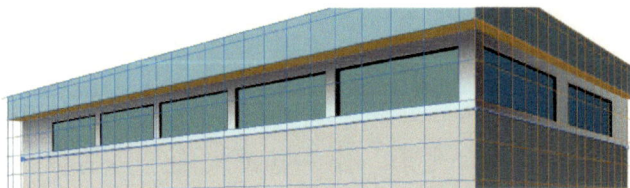

图 9-160　绘制墙面直线（1）

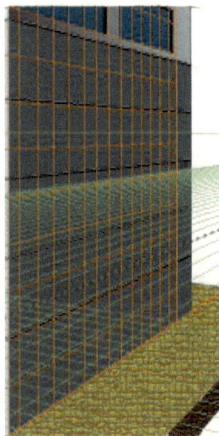

图 9-161　绘制墙面直线（2）

（20）使用"透视选区工具" ▣ 调整细节，如图 9-162 所示。

（21）单击隐藏透视网格按钮，将网格隐藏，得到最终效果，如图 9-163 所示。

图 9-162　调整细节

图 9-163　最终效果

（22）保存文件。

思考与练习

（1）运用"透视网格工具"绘制如图 9-164 所示的立体图形效果。

（2）运用"透视网格工具"绘制如图 9-165 所示的马路效果。

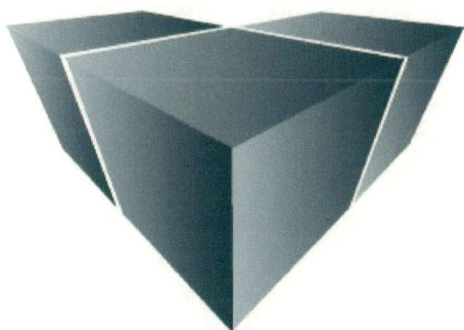

图 9-164　立体图形效果

图 9-165　马路效果

自我评价表

内容及技能要点	是否掌握		熟练程度		
	是	否	熟练	一般	不熟
建立透视网格					
调整透视网格					
绘制透视图形					
使用"透视选区工具"调整透视效果					
显示、隐藏透视网格					
预设透视网格参数					
案例 5 的制作					
思考与练习					
自我总结在本节学习中遇到的知识是否掌握、技能难点是否解决					

总结

　　本章介绍了"效果"菜单中的命令和"透视网格工具"的具体用法。通过进行凸出、绕转、旋转等设置可使平面对象图形三维化。同时，通过贴图、光源等设置可使平面对象的三维效果更加美观、逼真。效果的运用可以丰富图形的艺术效果。通过创建一点透视、二点透视、三点透视效果可以使图形呈现三维效果。这些工具增强了 Illustrator CC 绘制图形的能力，使得图形的呈现形式更加多样。然而，由于篇幅有限，很多效果没有介绍，这需要读者举一反三，掌握更多的图形制作方法。

第10章

综合技法应用实例

本章将介绍 Illustrator 在名片设计、海报设计、包装设计等平面设计领域的应用。通过学习本章，读者应该掌握一般平面设计作品的尺寸和排版要求，掌握设计平面作品的方法。

10.1 名片设计

1. 名片信息

名片主要用于人与人之间的沟通与信息传递。名片上提供的信息是构成名片的主体，包括图案信息和文字信息。

图案信息通常包括标志图形、标志图案，也可以以照片或卡通图案的形式展示持有者的头像。此外，图案信息还可以包含二维码等其他形式，如图 10-1 所示。文字信息包括姓名、头衔、公司名称、地址、联系电话、网址等。根据需要突出主次关系，通常公司名称、标志和姓名部分需要放大显示。名片中标志的部分应放在比较醒目的位置，如图 10-2 所示。

图 10-1　潮流名片信息

图 10-2　名片信息排版

2. 名片的版式和尺寸

在一般情况下，名片的版式为横版，也有部分用户为了彰显个性采用竖版，如图 10-3 所示。横版和竖版名片都可以采用方角或圆角矩形形式。

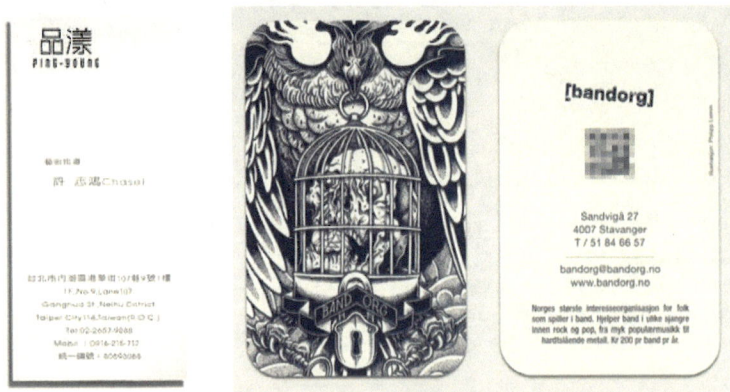

图 10-3　方角和圆角竖版名片

此外，名片还有正方形等版式，有时也采用 90mm×108mm、90mm×50mm、90mm×100mm 的尺寸。其中，90mm×108mm 是国内常用的折卡名片尺寸，而 90mm×50mm 是欧美公司常用的名片尺寸，90mm×100mm 是欧美歌手常用的折卡名片尺寸。当然，也有部分名片不拘泥于常规，充分体现了持有者的个性和特点，采用夸张且富有创意的造型和版式，如图 10-4 和图 10-5 所示。但是，除非有特殊需要，不应将名片制作得过于标新立异，以免给人留下刻意炫耀的印象。

图 10-4　横版创意名片

图 10-5　创意名片

一般来说，国内名片的成品尺寸如下。

横版方角：90mm×55mm。

横版圆角：85mm×54mm。

竖版方角：50mm×90mm。

竖版圆角：54mm×85mm。

方版方角：90mm×90mm。

方版圆角：90mm×95mm。

在进行设计制作时，一般上、下、左、右各留出 1mm 的出血空间。横版名片设计规范参考样本如图 10-6 所示。

图 10-6　横版名片设计规范参考样本

| 案例 1 | 沐光摄影工作室名片 |

制作分析

该案例的难点在于图案的制作。这里以圆为图案的基本形状，同时使用"混合工具"及发光效果制作出符号，并运用"符号喷枪工具"进行绘制和调整，最终效果如图 10-7 所示。

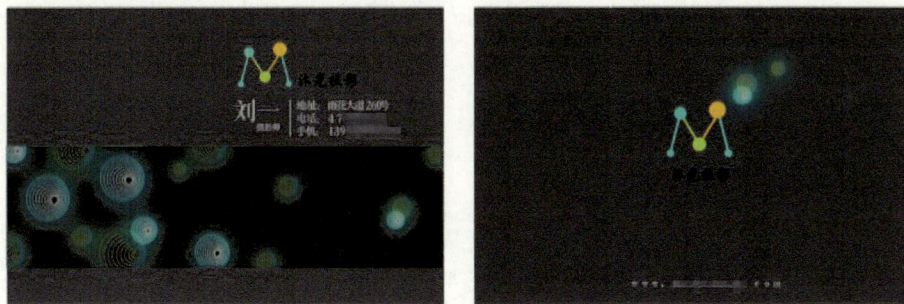

图 10-7　沐光摄影工作室名片

操作步骤

（1）新建文件，将"画板数量"设置为 2，用于绘制名片的正反面，将"宽度"设置为 90mm，"高度"设置为 55mm，"取向"设置为横版；在"出血"选区中，将"上方"、"下方"、"左方"和"右方"均设置为 1mm，"颜色模式"设置为 CMYK，如图 10-8 所示。

（2）单击"确定"按钮，界面中将出现两个画板，其中黑色框表示实际尺寸范围，红色框表示出血线。在红色框内绘制矩形，将填充颜色设置为深灰色，描边颜色设置为无，如图 10-9 所示；锁定"图层 1"。

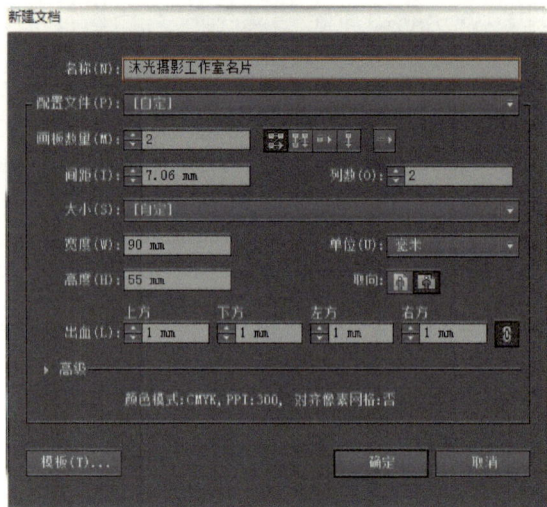

图 10-8　新建文件

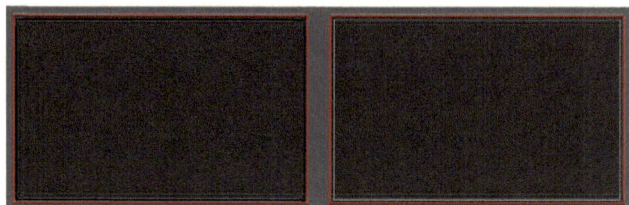

图 10-9　绘制矩形

提示

当选中一侧画板时，另一侧画板的线框将显示为灰色。

（3）新建"图层 2"并在其中绘制一个圆，将描边颜色设置为蓝色，描边粗细设置为0.75pt。绘制一个小一些的圆，将填充颜色设置为浅蓝色，描边粗细设置为0.75pt，如图 10-10所示。

（4）执行"对象"→"混合"→"混合选项"命令，在弹出的"混合选项"对话框中将"间距"设置为"指定的步数"，步数设置为8，如图 10-11 所示。

（5）单击"确定"按钮。选择"混合工具"，分别在两个圆上单击，得到混合图形，如图 10-12 所示。

图 10-10　绘制两个圆

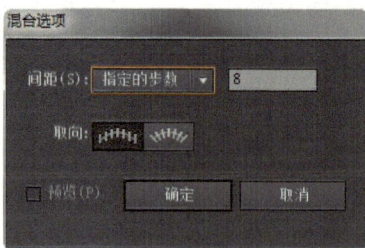

图 10-11　混合选项参数

图 10-12　混合图形

（6）绘制一个与蓝色圆大小相同的圆，将填充颜色设置为无，描边颜色设置为蓝色；执行"效果"→"模糊"→"高斯模糊"命令，在弹出的"高斯模糊"对话框中将"半径"设置为9px，如图 10-13 所示。

（7）执行"效果"→"风格化"→"外发光"命令，在弹出的"外发光"对话框中将发光颜色设置为蓝色，"模式"设置为"柔光"，"不透明度"设置为50%，"模糊"设置为

1mm，如图 10-14 所示。

图 10-13　高斯模糊参数

图 10-14　外发光参数

（8）将发光的圆与混合图形组合在一起，建立编组（快捷键为 Ctrl+G），并将"不透明度"设置为 70%，得到一个圆环组图案，如图 10-15 所示。

（9）复制出一个圆环组图案，并取消编组，将外发光的颜色修改为绿色，如图 10-16 所示。

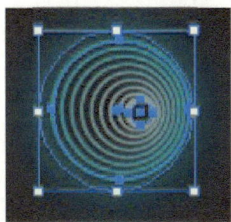

图 10-15　圆环组图案

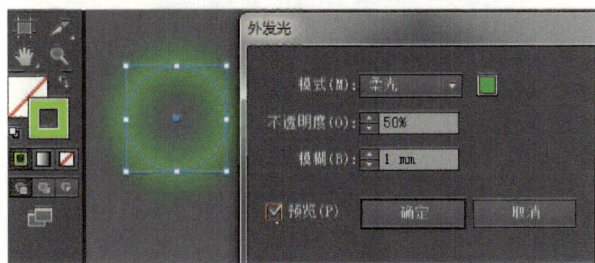

图 10-16　修改外发光颜色

（10）双击混合圆中的小圆，进入小圆的隔离模式（见图 10-17），拖动小圆以调整混合效果。

（11）双击绘图区空白处，退出隔离模式。选中修改好的圆环组图案，执行"对象"→"混合"→"扩展"命令，将其扩展成独立的图形，如图 10-18 所示。

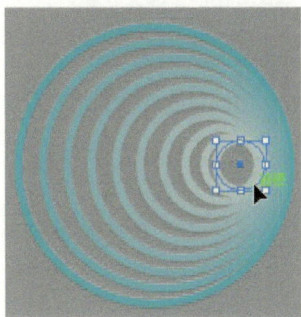

图 10-17　隔离模式

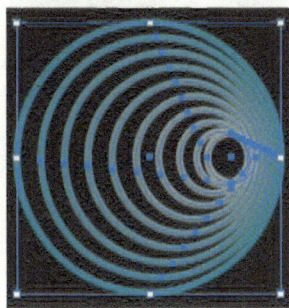

图 10-18　扩展图形

（12）将描边颜色设置为从蓝色到绿色的渐变颜色，如图 10-19 所示。

（13）将步骤（9）中得到的绿色发光效果图形放置在底层，并进行编组（见图 10-20），将"不透明度"设置为 70%。

（14）将两个颜色的图案分别拖动到"符号"面板中，如图 10-21 所示。

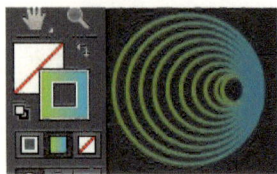

图 10-19　设置渐变颜色　　　图 10-20　进行编组　　　　图 10-21　拖入"符号"面板

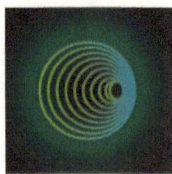

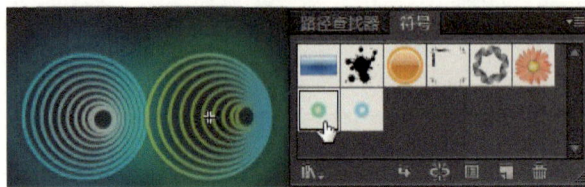

（15）使用"符号喷枪工具"喷绘图案，并运用符号喷枪组中的位移、缩放等工具进行调整，得到如图 10-22 所示的图案。

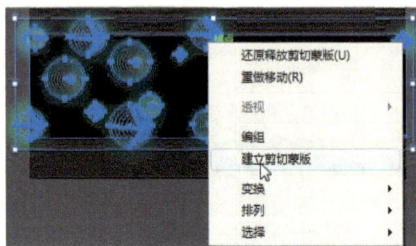

（16）绘制一个矩形，选中矩形并右击，在弹出的快捷菜单中执行"建立剪切蒙版"命令，如图 10-23 所示。

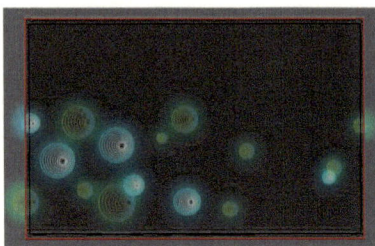

图 10-22　喷绘图案　　　　　　　图 10-23　执行"建立剪切蒙版"命令

（17）建立剪切蒙版后的效果如图 10-24 所示。

（18）绘制标志，如图 10-25 所示。

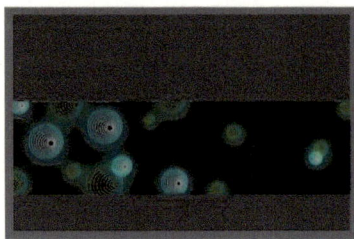

图 10-24　建立剪切蒙版后的效果　　　　　图 10-25　绘制标志

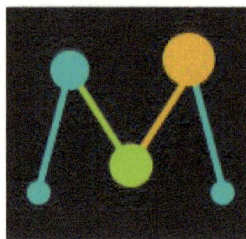

（19）分别输入相应的文字信息，在"字符"面板中调整文字的大小、字体和间距，并进行排版，如图 10-26 所示。其中，标志的字号为 9pt，姓名的字号为 14pt，其余文字信息的字号为 6pt。

（20）将标志复制到右侧画板中，进行排版，并置入设置好的图案符号，在下方输入网址，如图 10-27 所示。

（21）选中所有文字，执行"文字"→"创建轮廓"命令（快捷键为 Ctrl+Shift+O），将所有文字转曲，如图 10-28 所示。

（22）对所有图形进行编组。

（23）保存文件。

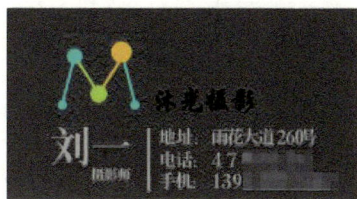

图 10-26　文字信息

图 10-27　名片背面

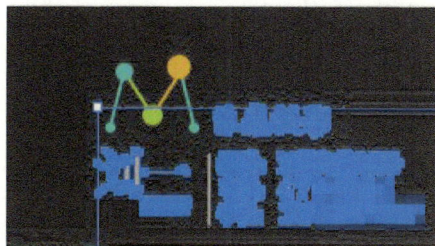

图 10-28　转曲文字

思考与练习

结合自身实际情况，设计一款个性化的名片。

10.2　海报设计

1．海报的概念

海报是指张贴在公共场所的印刷类广告，它作为一种视觉传达艺术，能够体现平面设计的形式特征，具有视觉设计的基本要素。

2．海报的种类

海报从用途上分为商业海报、文化艺术海报和公益海报。其中，商业海报是较为常见的海报形式，包括各种商品的宣传海报、服务类海报、旅游类海报、文化娱乐类海报、展览海报和电影海报等，如图 10-29 所示；文化艺术海报包括各类文化艺术节、运动会等主题会议海报，如图 10-30 所示；公益海报是一种非商业类的海报，它通过平面的形式宣传公益活动，包括保护环境、爱护动物等，通过宣传达到传播文明、宣扬法制精神和道德思想的目的，如图 10-31 所示。

图 10-29　商业海报

图 10-30　文化艺术海报

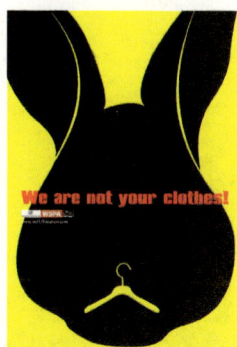

图 10-31　公益海报

3. 海报的表现元素

海报的表现元素分为图形元素和文字元素。其中，图形元素是主要元素，起到引人注意的作用，强烈地表达海报的主题思想。当然，文字的作用也很重要。一个好的海报，其文案往往会起到画龙点睛的作用。另外，许多海报的表现元素仅是文字，在这种情况下，文字通常会被处理为图形样式，如图 10-32 所示。

4. 海报的尺寸

海报的尺寸比较多，用途不同，其尺寸也不同。一般而言，海报的尺寸比较大，用于张贴在公共场所，其画面尺寸包括全开、对开、长三开及特大画面（八张全开）等。由于 Illustrator CC 为矢量图软件，因此绘制的尺寸不用太大，实际运用时可以进行等比例缩放。

案例 2　　　　　　　　　　　　　　　　　中秋节主题海报

制作分析

每逢佳节倍思亲，中秋节主题海报的主体色调应烘托节日和思念的气氛。在如图 10-33 所示的画面中，采用了祥云、大红灯笼、孔明灯、山川、荷花等中国传统元素，运用了"混合工具"、"钢笔工具"和"自由变换工具"，以及渐变填充等效果，使海报看起来更丰富。

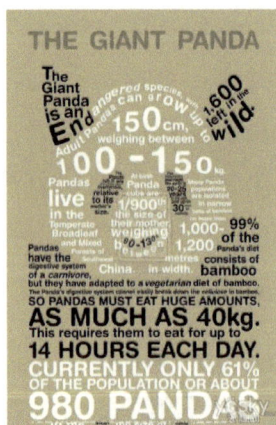

图 10-32　文字作为图形

图 10-33　中秋节主题海报

操作步骤

（1）新建文件，在"出血"选区中，将"上方"、"下方"、"左方"和"右方"均设置为1mm；将"大小"设置为 A4，"颜色模式"设置为 CMYK。

（2）绘制一个与出血线范围大小相同的矩形，并将填充颜色设置为从紫红色（CMYK：75%、90%、5%、0%）到蓝紫色（CMYK：95%、90%、10%、0%）的径向渐变颜色，作为背景，如图 10-34 所示。

（3）使用"椭圆形工具"绘制一个正圆，作为月亮，将填充颜色设置为从浅黄色（CMYK：10%、0%、80%、0）到中黄色（CMYK：5%、25%、80%、0）的渐变颜色，如图 10-35 所示。

图 10-34　绘制背景　　　　　　　　　　　图 10-35　绘制月亮

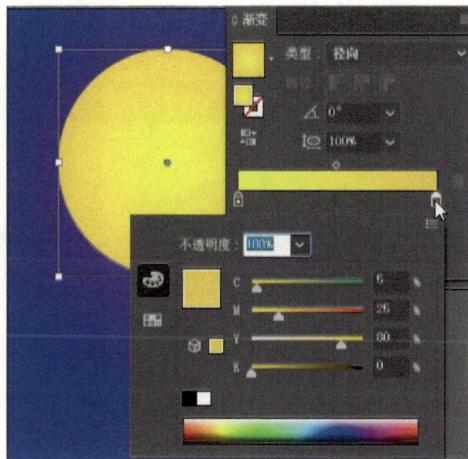

（4）按快捷键 Ctrl+C 复制月亮，按快捷键 Ctrl+F 原位在前粘贴月亮；将复制的月亮选中，执行"效果"→"风格化"→"外发光"命令，在弹出的"外发光"对话框中将发光颜色设置为淡黄色，"不透明度"设置为 75%，"模糊"设置为 5mm；将外发光月亮向后移动一层，如图 10-36 所示。

（5）使用"椭圆形工具"在绘图区中绘制 3 个圆，如图 10-37 所示。

（6）单击"路径查找器"面板中的"联集"，合并这 3 个圆，形成云朵，如图 10-38 所示。

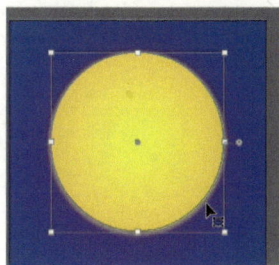

图 10-36　外发光月亮　　　　　图 10-37　绘制圆　　　　　图 10-38　合并圆

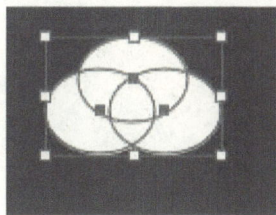

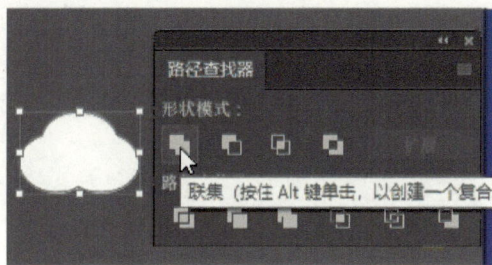

（7）选择"旋转扭曲工具" ，调整画笔的大小，在云朵处按住鼠标左键，制作出想要的扭曲效果，如图 10-39 所示。

（8）参照相同的方法，使用"椭圆形工具"绘制一个椭圆，作为灯笼外形，将填充颜色设置为朱红色（CMYK：35%、100%、100%、0%），描边颜色设置为中黄色（CMYK：5%、45%、90%、0%），如图 10-40 所示。

（9）按快捷键 Ctrl+C 复制椭圆，按快捷键 Ctrl+F 原位在前粘贴椭圆，按住 Alt 键并使用鼠标拖动椭圆的一边，并将两边向里收，将填充颜色设置为无，形成灯笼上的线，如图10-41所示。

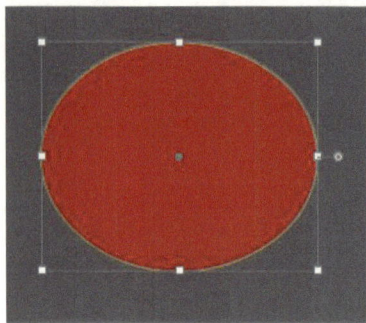

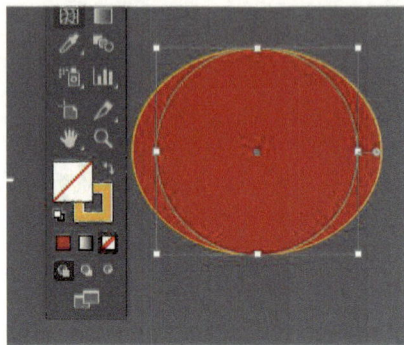

图 10-39　扭曲效果　　　　图 10-40　灯笼外形　　　　图 10-41　灯笼上的线

（10）使用"直接选择"工具，单击线上方的锚点，将锚点选中（注意：如果下面的椭圆影响单击操作，则可以先将下面的椭圆锁定，快捷键为 Ctrl+2，完成操作后再将其解锁，快捷键为 Ctrl+Alt+2）。单击属性栏中的"剪切路径"按钮　[见图10-42（a）]，剪切路径，如图10-42（b）所示。

（a）

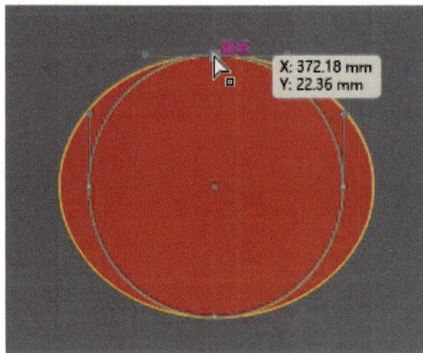

（b）

图 10-42　剪切路径

（11）参照相同的方法，将下方的锚点选中并进行剪切。

（12）双击"混合工具"，在弹出的"混合选项"对话框（见图10-43）中将"间距"设置为"指定的步数"，步数设置为8。

（13）选中左右两条已经断开的线，执行"对象"→"混合"→"混合选项"命令进行混合，如图10-44所示。

图 10-43　"混合选项"对话框

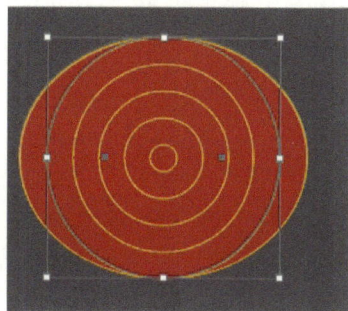

图 10-44　进行混合（1）

（14）使用"钢笔工具"在其中一条线上添加锚点，制作出如图 10-45 所示的效果。

（15）绘制一个矩形，将填充颜色和描边颜色设置为与灯笼外形一样的颜色；复制矩形，分别将两个矩形放置在灯笼的上下两端，作为灯托，如图 10-46 所示。

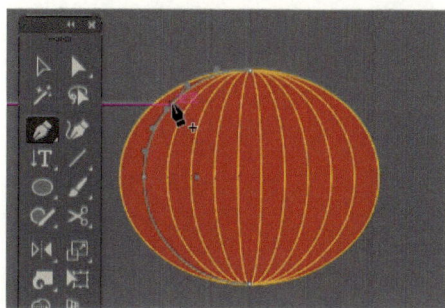

图 10-45　线的效果

图 10-46　灯托

（16）使用"钢笔工具"绘制两条线，如图 10-47 所示；进行混合，如图 10-48 所示。

（17）选中灯笼所有部件，按快捷键 Ctrl+G 进行编组。

（18）将云朵和灯笼放到月亮上，如图 10-49 所示。

图 10-47　绘制两条线

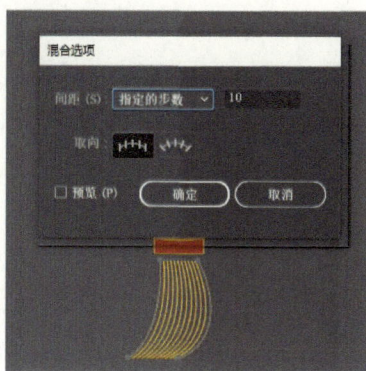

图 10-48　进行混合（2）

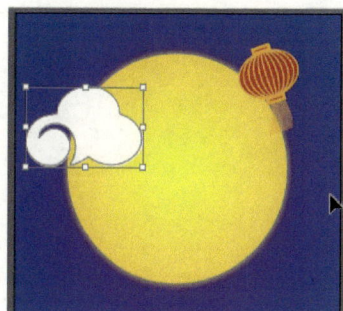

图 10-49　调整位置（1）

（19）选择"圆角矩形工具"，在绘图区中单击，在弹出的"圆角矩形"对话框中将"宽度"设置为 38mm，高度设置为 13mm，"圆角半径"设置 100mm，如图 10-50 所示。

（20）单击"确定"按钮，制作出圆角矩形；将该圆角矩形的描边粗细设置为4pt，如图10-51所示。

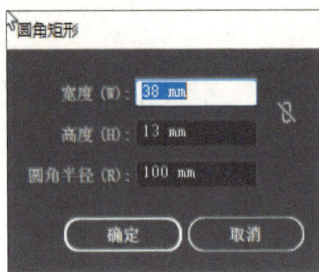

图 10-50　圆角矩形参数

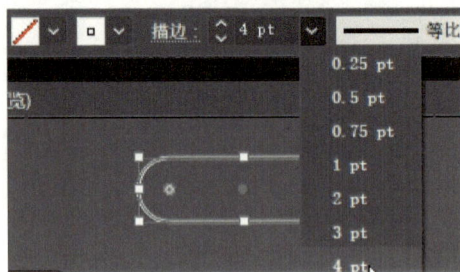

图 10-51　设置描边粗细

（21）复制出一个圆角矩形，并将其放置合适位置，如图10-52所示。

（22）使用"直接选择工具"选中上方圆角矩形的一个锚点，按 Delete 将其删除，如图10-53所示。

（23）参照相同的方法删除锚点，如图10-54所示。

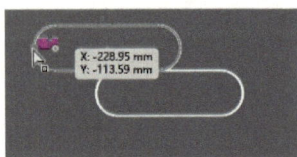

图 10-52　复制圆角矩形

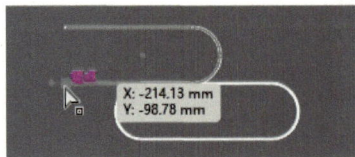

图 10-53　删除锚点（1）

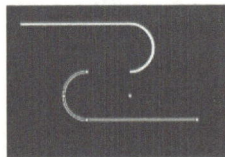

图 10-54　删除锚点（2）

（24）使用"钢笔工具"单击两条线段的端点，将这两条线段连接起来，如图10-55所示。

（25）使用"直接选择工具"调整两端线条的长度（见图10-56），形成线条图形。

（26）复制出多个线条图形，并分别将填充颜色设置为蓝紫色、紫红色、白色；将线条图形放置到月亮的上方，并调整大小，如图10-57所示。

图 10-55　连接线段

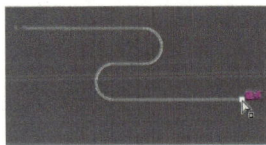

图 10-56　调整长度

图 10-57　调整大小

（27）使用"钢笔工具"绘制山峦，如图10-58所示；将填充颜色设置为从淡紫色（CMYK：35%、45%、0%、0%）到透明色的线性渐变颜色，前面色标滑块的透明度设置为100%，后面色标滑块的透明度设置为0%，如图10-59所示。

（28）参照相同的方法绘制另外两层山峦，并将它们放置在绘图区的底端，如图10-60所示。

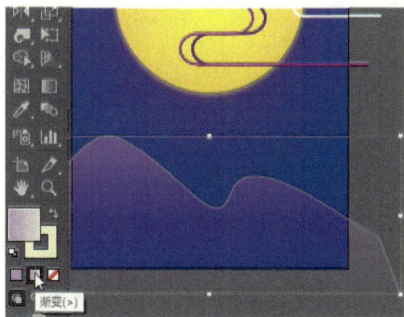

图 10-58　绘制山峦　　　　图 10-59　设置渐变颜色（1）　　　　图 10-60　另外两层山峦

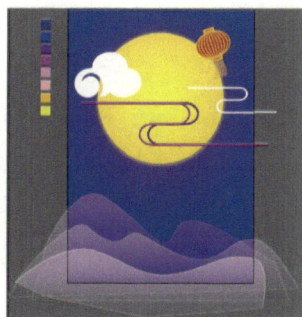

（29）使用"椭圆形工具"绘制椭圆，将填充颜色设置为从粉色到白色的线性渐变颜色，如图 10-61 所示。

（30）使用钢笔工具组中的"转换点工具"单击椭圆顶端的锚点，按住鼠标左键不释放并拖动鼠标，得到如图 10-62 所示的效果，形成一片荷花瓣。

（31）旋转复制出多片荷花瓣，并将它们放置在图形中，如图 10-63 所示。

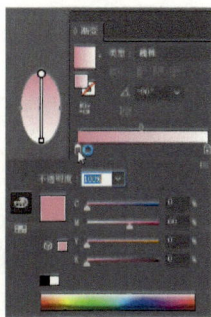

图 10-61　绘制椭圆　　　　图 10-62　顶端效果　　　　图 10-63　调整位置（2）

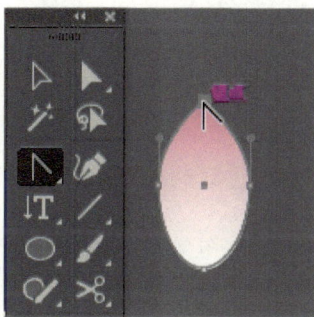

（32）使用"椭圆形工具"绘制椭圆，使用"直接选择工具"调整椭圆下面的锚点，得到兔身，如图 10-64 所示；使用"椭圆形工具"绘制兔耳和兔尾，如图 10-65 所示。注意：兔身的颜色应稍微暗一点儿。为了突出兔尾，可以复制一层椭圆并将其放置在兔尾的下方，将填充颜色设置为深一点儿的颜色，形成投影。复制出一只兔子，将填充颜色设置为深蓝紫色，如图 10-66 所示。将两只兔子分别放到山峦和月亮上。

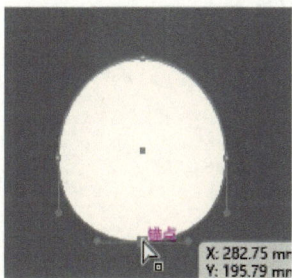

图 10-64　绘制兔身　　　　图 10-65　绘制兔耳和兔尾　　　　图 10-66　复制兔子

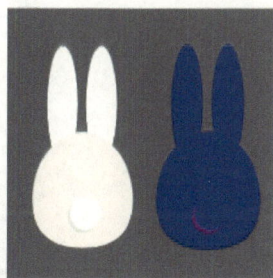

（33）使用"矩形工具"绘制一个矩形，并将其调整为梯形，如图 10-67 所示。

（34）使用"选择工具"拖曳矩形中间的原点，使两边的角变为圆角，如图 10-68 所示。

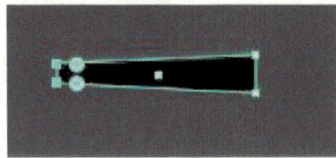

图 10-67　调整矩形

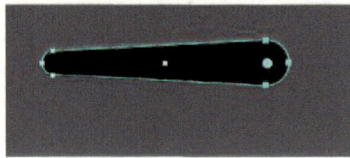

图 10-68　调整圆角

（35）打开"画笔"面板，将绘制好的图形拖动到该面板中，在弹出的"新建画笔"对话框中选中"艺术画笔"单选按钮，如图 10-69 所示。

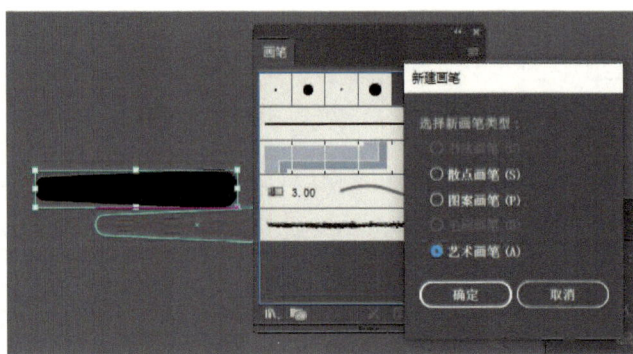

图 10-69　选中"艺术画笔"单选按钮

（36）单击"确定"按钮，在弹出的"艺术画笔选项"对话框中将"方法"设置为"色相转换"，如图 10-70 所示。

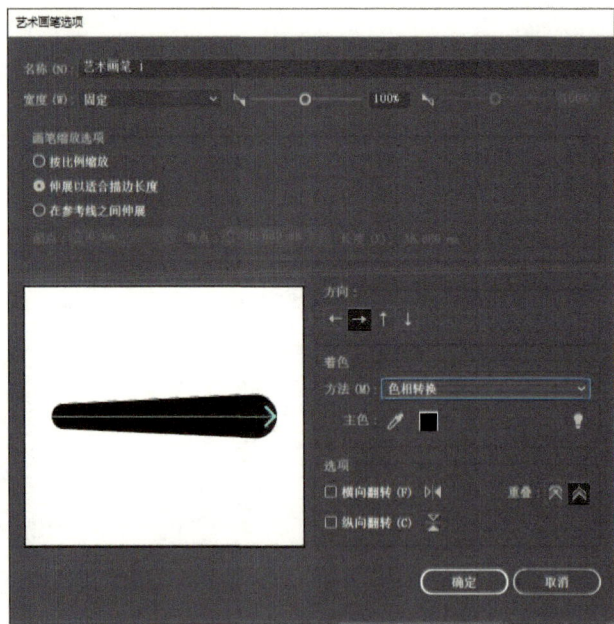

图 10-70　设置艺术画笔选项

（37）选择设置好的艺术画笔，使用"画笔工具"　　在绘图区中写"中秋"两个字，将描边粗细设置为合适的大小，如图 10-71 所示。

（38）执行"对象"→"扩展外观"命令，将画笔的描边扩展为填充，如图 10-72 所示。

图 10-71　写字

图 10-72　扩展描边

（39）选中文字图形，打开"路径查找器"面板，单击"联集"按钮，合并文字图形，如图 10-73 所示。

图 10-73　合并图形

（40）为文字图形填充从紫红色到蓝紫色的渐变颜色，如图 10-74 所示。

图 10-74　设置渐变颜色（2）

（41）绘制一个矩形，将填充颜色设置为从橙色（CMYK：0%、85%、77%、0%）到黄色（CMYK：0%、0%、30%、0%）的渐变颜色，描边颜色设置为深红色，如图 10-75 所示。

（42）将渐变角度设置为垂直，如图 10-76 所示。

（43）选择"倾斜工具" ，使用鼠标拖动矩形的一个角，将矩形倾斜，如图 10-77 所示。

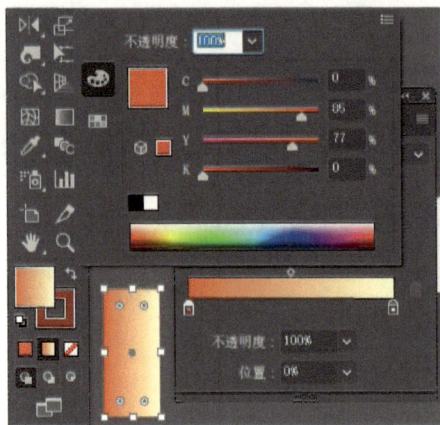

图 10-75　设置颜色　　　　图 10-76　调整渐变角度　　　　图 10-77　倾斜矩形

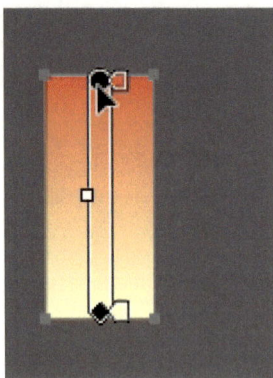

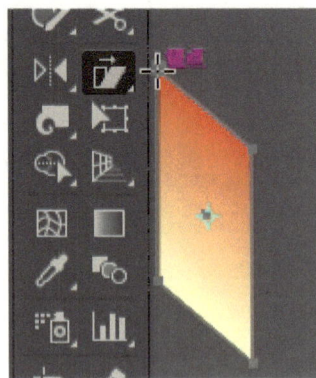

（44）双击"镜像工具"，在弹出的"镜像"对话框中对倾斜矩形进行镜像复制，如图 10-78 所示。

图 10-78　镜像复制矩形

（45）绘制一个正方形，将其旋转 45°，如图 10-79 所示。

图 10-79　旋转正方形

（46）使用自由变换工具组中的"自由扭曲工具"调整上方的矩形，做出透视效果，如图 10-80 所示。

（47）使用"直接选择"工具选择没有对齐的锚点，单独对锚点进行调整（见图 10-81），形成孔明灯。

（48）选中全部孔明灯部件，选择自由变换工具组中的"透视扭曲工具"，将孔明灯上部整体调大，做出透视效果，如图 10-82 所示。

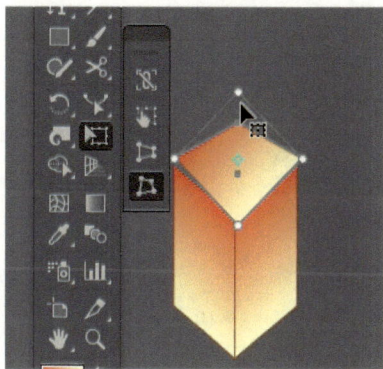

图 10-80　透视效果（1）　　　图 10-81　调整锚点　　　图 10-82　透视效果（2）

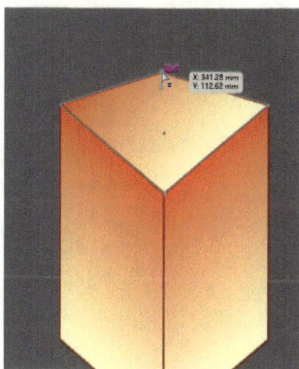

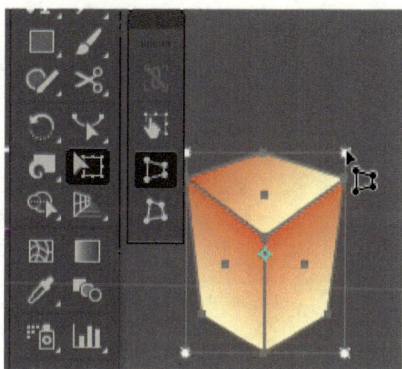

（49）复制出两个孔明灯并调整大小，将孔明灯放置到绘图区中；输入竖排文字"但愿人长久 千里共婵娟"，如图 10-83 所示。

（50）绘制一个与海报图形大小相同的矩形，框选所有图形并右击，在弹出的快捷菜单中执行"建立剪切蒙版"命令，建立剪切蒙版（见图 10-84），最终效果如图 10-85 所示。

（51）保存文件。

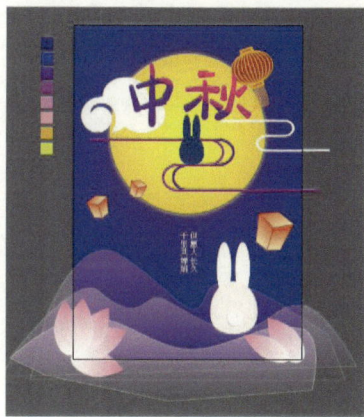

图 10-83　输入文字　　　图 10-84　建立剪切蒙版　　　图 10-85　最终效果

思考与练习

（1）根据自己学校的特点设计制作一张关于文化节或毕业季的宣传海报，可参考作品《毕业设计海报》，如图 10-86 所示。

图 10-86　毕业设计海报（王晓姝作）

（2）设计制作一张公益海报，可参考作品《不要让鸟儿失去对人类的信任》，如图 10-87 所示。该作品是通过"钢笔工具"、"混合工具"及"网格工具"进行绘制的。

图 10-87　不要让鸟儿失去对人类的信任（王晓姝作）

10.3　包装设计

包装是商品生产过程中的最后一道工序。现代包装不仅仅是为了保护商品，更是为了向消费者传递商品信息，起到销售商品的作用。包装的种类繁多，分类方法各不相同。根据商品类型，包装可分为日用品包装、食品包装、饮料包装、烟酒包装、玩具包装、化妆品包装等。其中，食品包装作为现代包装体系中一个重要的组成部分，已经深入到社会的各个方面，食品包装除了要满足保护食品、存储食品等基本功能，还要美观、有一定的文化内涵，这样才能吸引消费者的眼球。

食品包装的材料也有很多种，如纸质包装盒、塑料包装袋、锡纸包装等。在造型上，为了吸引消费者的注意，食品包装的形状各异，如图 10-88 和图 10-89 所示。

图 10-88　饼干包装

图 10-89　水果包装

本节将介绍两个案例，一个是狗粮包装设计，另一个是糖果包装设计。这里的两个案例设计都采用比较鲜艳的颜色及卡通插画等，但是在材质上一个使用纸质的包装盒，而另一个使用塑料材质的包装袋，因此在表现手法上各不相同。

案例 3　　　　　　　　　　狗粮包装

制作分析

由于如图 10-90 所示的狗粮包装的外形为盒形，因此运用直线等工具绘制盒形的基本结构，运用"画笔工具"绘制骨头图案并将其设置为符号，作为包装的底纹。憨憨的小狗图案不是通过直接贴入照片得到的，而是运用实时上色等工具对其进行构成设计得到的。透视效果是运用"自由变换工具"实现的，整体效果是运用渐变及滤镜效果实现的。

本案例分为以下 3 个任务。

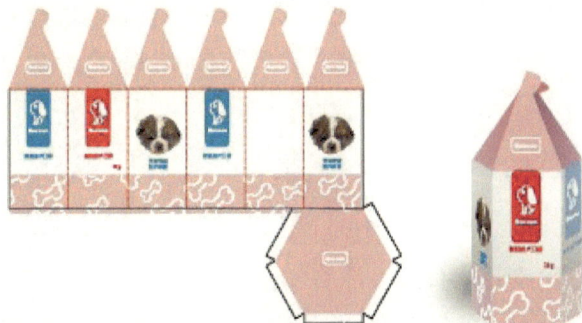

图 10-90　狗粮包装

操作步骤

1. 绘制包装盒结构线

包装盒结构线如图 10-91 所示。

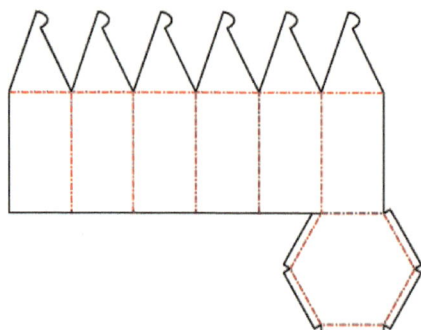

图 10-91　包装盒结构线

（1）新建一个 A3 大小的文件。

（2）将填充颜色设置为无，描边颜色设置为红色；使用"多边形工具"绘制一个边长为 30mm 的正六边形，如图 10-92 所示。

（3）打开"描边"面板，按照图 10-93 设置参数，做出折线标记效果。

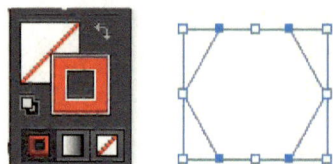

图 10-92　绘制正六边形

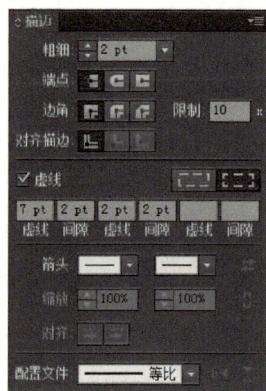

图 10-93　设置参数

（4）选择"直线段工具"，在绘图区中单击，在弹出的"直线段工具选项"对话框中将"长度"设置为 60mm，"角度"设置为 90°［见图 10-94（a）］，单击"确定"按钮；将直线放置到正六边形的上方，如图 10-94（b）所示。

（5）水平复制出 6 条直线，如图 10-95 所示。

（6）使用"选择工具"选择中间 5 条直线，使用"吸管工具"在正六边形线段上单击，将直线设置为虚线，如图 10-96 所示。

（7）参照相同的方法，绘制两条水平直线，并将上面的水平直线设置为虚线，如图 10-97 所示。

（a）　　　　　　　　　（b）

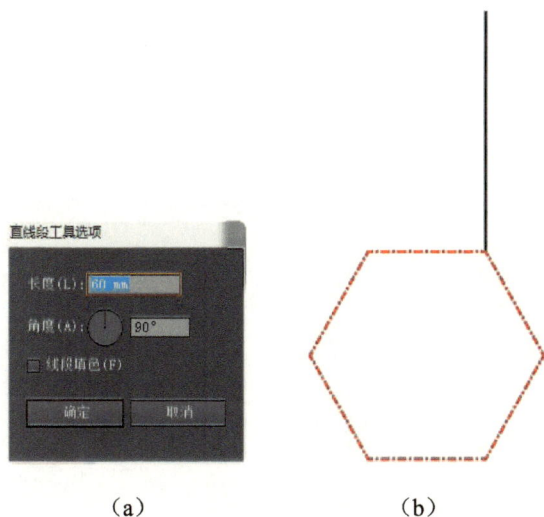

图 10-94　绘制直线

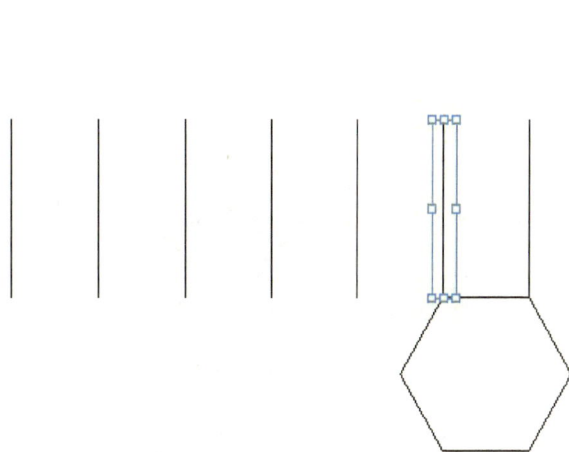

图 10-95　水平复制直线

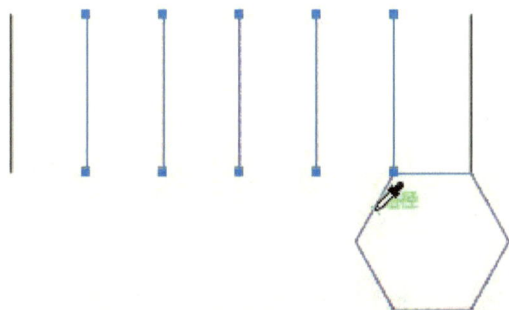

图 10-96　吸管工具吸取虚线样式

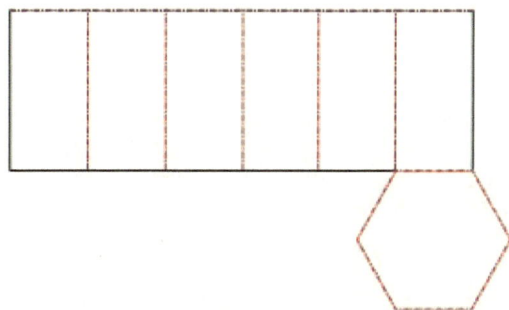

图 10-97　绘制水平直线

（8）绘制一条 5mm 的短直线（见图 10-98），并将其放置在正六边形的下方。

（9）运用两条参考线标记出六边形的中心点，并绘制出贴边结构线，如图 10-99 所示。

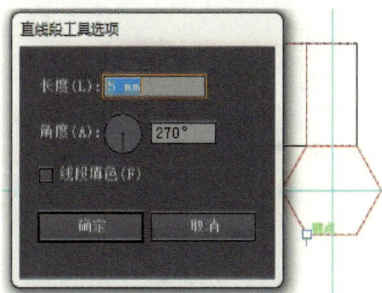

图 10-98　绘制短直线

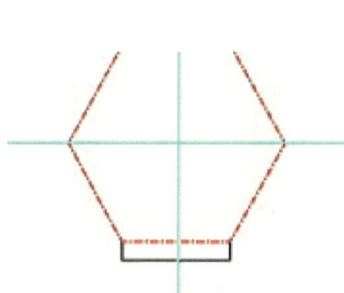

图 10-99　贴边结构线

（10）选中贴边结构线，选择"旋转工具"，按住 Alt 键在中心点处单击，在弹出的"旋转"对话框中将"角度"设置为 60°，如图 10-100 所示；单击"复制"按钮，旋转复制贴边结构线。

（11）按 4 次快捷键 Ctrl+D，复制出一圈贴边结构线，如图 10-101 所示。

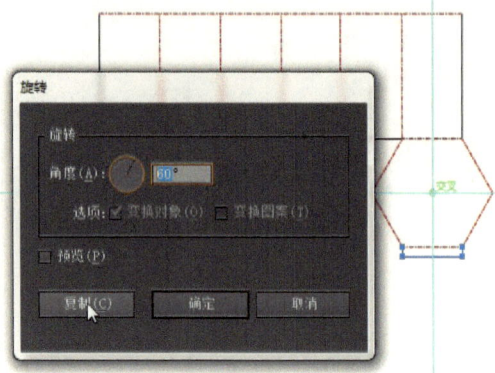

图 10-100　旋转复制贴边结构线参数

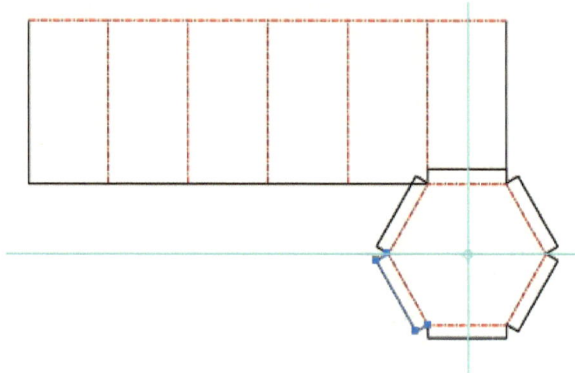

图 10-101　多条贴边结构线

（12）将不需要的部分删除，并调整贴边结构线，如图 10-102 所示。

（13）使用"钢笔工具"绘制上面搭扣的部分结构，如图 10-103 所示。

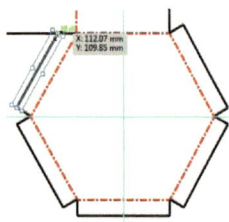

图 10-102　调整贴边结构线

图 10-103　绘制搭扣的部分结构

（14）执行 5 次复制和粘贴操作，结果如图 10-104 所示，完成包装盒结构线的绘制，并将图层锁定。

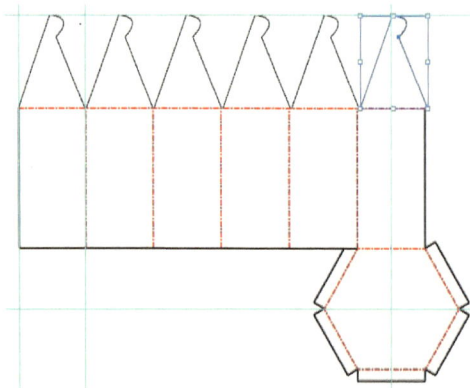

图 10-104　复制和粘贴结果

2. 贴图设计

贴图设计效果如图 10-105 所示。

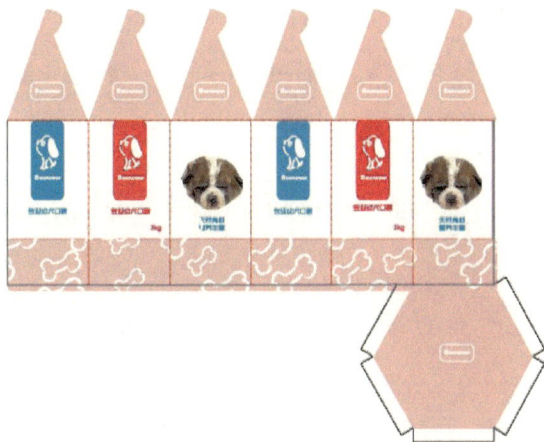

图 10-105　贴图设计效果

（1）新建一个图层，并置入一张可爱的小狗图片，双击图层的缩略图，在弹出的"图层选项"对话框中勾选"模板"复选框，将小狗图片作为模板，以便进行临摹和设计图案，如图 10-106 所示。

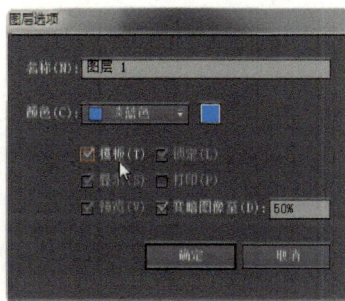

图 10-106　置入图片并设置模板

（2）新建一个图层，使用"直线段工具"沿着小狗的五官、轮廓绘制不规则直线，线段之间要形成一个封闭的范围，以便进行实时上色，如图 10-107 所示。

（3）使用"选择工具"选中所有直线，选择"实时上色工具" ，在直线上单击，形成实时上色组，如图 10-108 所示。

（4）按住 Alt 键，将"实时上色工具"临时切换为"吸管工具"，在直线围成的区域中吸取颜色，如图 10-109 所示。

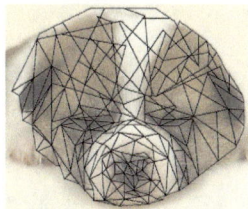

图 10-107　绘制直线　　　　　图 10-108　实时上色组　　　　　图 10-109　吸取颜色

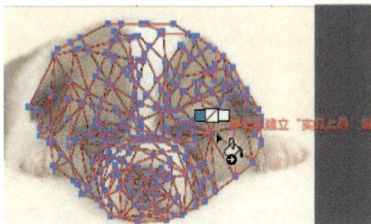

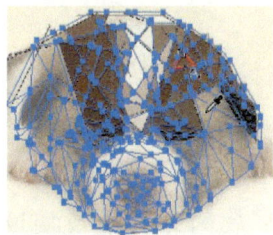

![提示]

尽量要按照小狗的轮廓外形及毛发外形进行绘制，线段与线段之间的封闭区域也要尽量呈现三角形，这样会更有立体构成感。

（5）吸取颜色后释放 Alt 键，回到"实时上色工具"，在吸取的颜色区域内单击，以填充颜色。

（6）参照上述方法，将所有直线围成的区域都填充相应的颜色，完成实时上色，如图 10-110 所示。

（7）将描边颜色设置为无，完成小狗插画的绘制，如图 10-111 所示。

图 10-110　实时上色

图 10-111　小狗插画

（8）新建一个图层，使用"画笔工具"绘制小狗图标，如图 10-112 所示。

（9）选中小狗图标，执行"对象"→"扩展外观"命令（见图 10-113），将画笔的描边扩展为填充。

图 10-112　绘制小狗图标

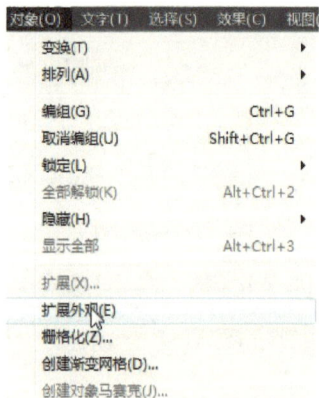

图 10-113　执行"扩展外观"命令

![提示]

扩展的目的是使描边转化为轮廓，以便进行等比例缩放，否则描边不能跟随整体图标进行等比例缩放。

（10）新建一个图层，绘制一个粉色长方形，将其放置在结构线的下方，并锁定该图层。

（11）新建一个图层，选择"炭笔 - 羽毛"画笔，绘制一个骨头图案，如图 10-114 所示。

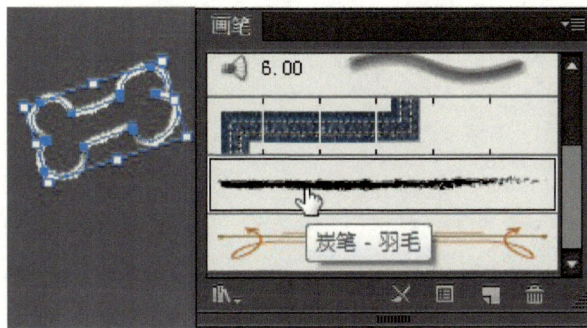

图 10-114　绘制骨头图案

（12）将骨头图案拖动到"符号"面板中，新建符号，如图 10-115 所示。

（13）双击"符号喷枪工具" ，在弹出的"符号工具选项"对话框中设置喷枪的直径和强度，如图 10-116 所示。

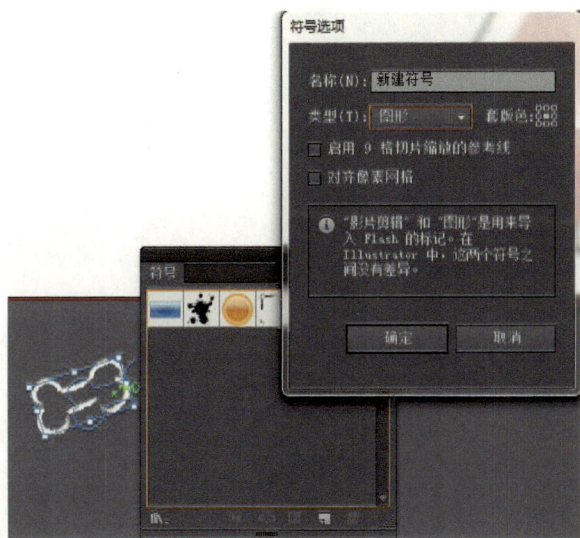

图 10-115　新建符号

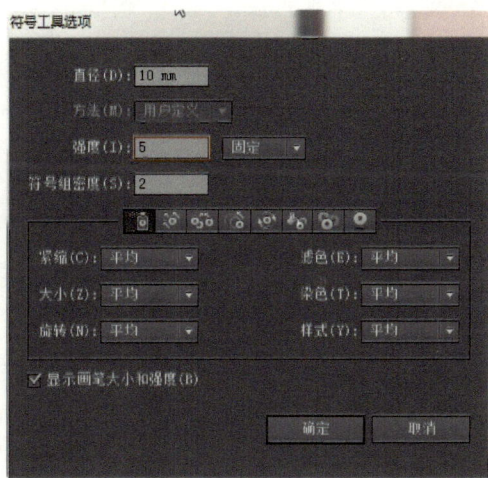

图 10-116　喷枪参数

（14）喷绘骨头图案，并运用符号位移、符号紧缩器、符号缩放器等工具进行调整，如图 10-117 所示。

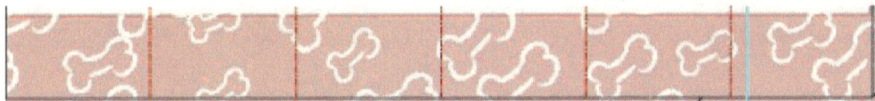

图 10-117　喷绘图案

（15）绘制一个与粉色长方形大小相同的矩形，框选该矩形和骨头图案并右击，在弹出的快捷菜单中执行"建立剪切蒙版"命令（见图 10-118），隐藏部分骨头图案。

（16）将粉色长方形所在图层解锁，同时选中骨头图案和部分粉色矩形，并进行编组（快捷键为 Ctrl+G），形成下部底纹。

（17）将上面部分搭扣和底纹都填充为粉色。绘制几个相同的标签，将小狗图标和小狗插画放到其中，输入文字并进行排版，完成贴图设计，如图 10-119 所示。

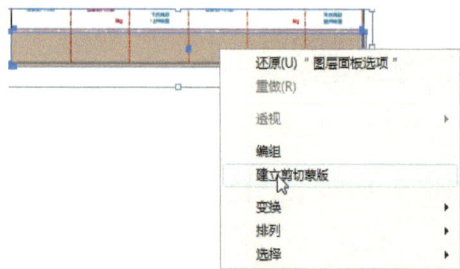

图 10-118　执行"建立剪切蒙版"命令（1）

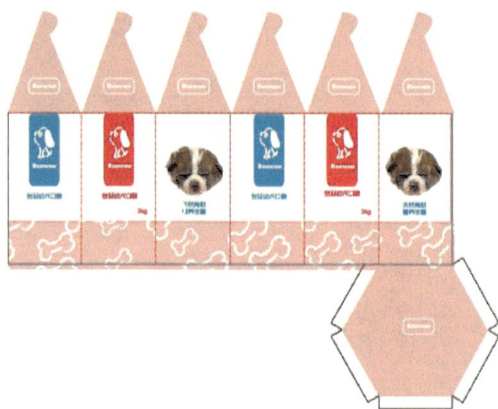

图 10-119　贴图设计

3．制作效果图

（1）新建一个图层，复制出一个底纹，选择局部底纹并执行"建立剪切蒙版"命令，如图 10-120 所示。

（2）复制部分搭扣，绘制一个矩形，并将填充颜色设置为从白色到浅灰色的径向渐变颜色，绘制效果图的正面，如图 10-121 所示。

（3）复制部分搭扣并进行变形，将填充颜色设置为从浅粉红色到深粉红色的渐变颜色，如图 10-122 所示。

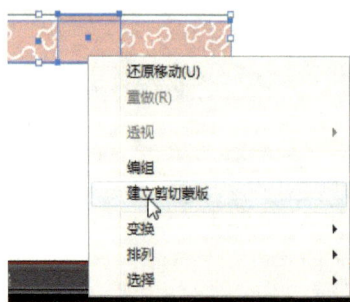

图 10-120　执行"建立剪切蒙版"命令（2）

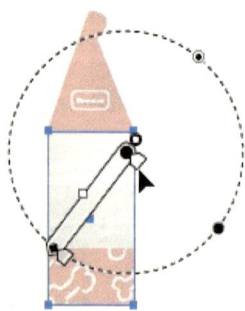

图 10-121　绘制正面

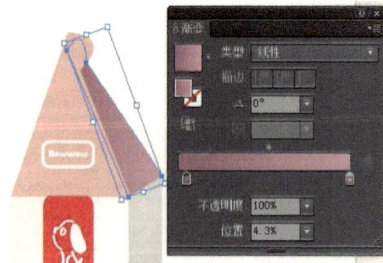

图 10-122　设置渐变颜色

（4）在右侧绘制一个四边形，作为侧面，将填充颜色设置为从浅灰色到深灰色的渐变颜色，如图 10-123 所示。

（5）将小狗图标和文字复制到侧面，使用"自由变换工具"进行变换，制作出透视效果，如图 10-124 所示。

图 10-123　绘制侧面

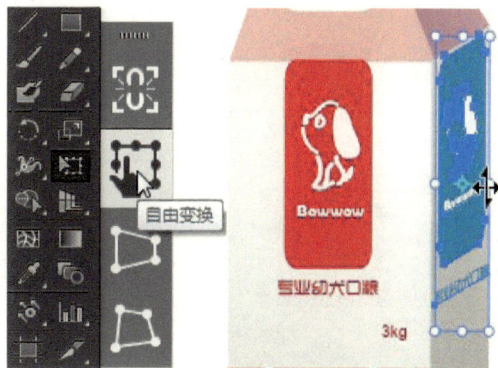

图 10-124　透视效果

（6）参照相同的方法，制作出左侧下方底纹的透视效果，如图 10-125 所示。

（7）参照相同的方法，绘制左侧面的四边形，将渐变颜色填充设置为从白色到浅灰色的渐变颜色（颜色应比正面的颜色稍微深一些）并调整小狗图案的透视效果。

（8）复制整个底纹，使用"自由变换工具"进行透视变换，如图 10-126 所示。

（9）释放具有透视效果的底纹的剪切蒙版，将背景颜色设置为从深粉红色到浅粉红色的渐变颜色，如图 10-127 所示。

图 10-125　底纹透视效果

图 10-126　透视变换

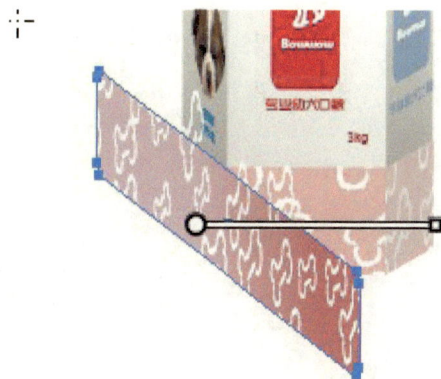

图 10-127　填充渐变颜色

（10）绘制一个与左侧面底部四边形相同的图形，同时选中该图形和骨头图案并右击，在弹出的快捷菜单中执行"创建剪切蒙版"命令，实现侧面的透视效果，如图 10-128 所示。

（11）使用"多边形工具"绘制一个六边形，将填充颜色设置为黑色（见图 10-129），形成阴影，并将其置于底层。

（12）执行"效果"→"模糊"→"高斯模糊"命令，在弹出的"高斯模糊"对话框中设置参数，如图 10-130 所示。

（13）将阴影移动到合适位置，如图 10-131 所示。

图 10-128　侧面的透视效果

图 10-129　填充六边形的颜色

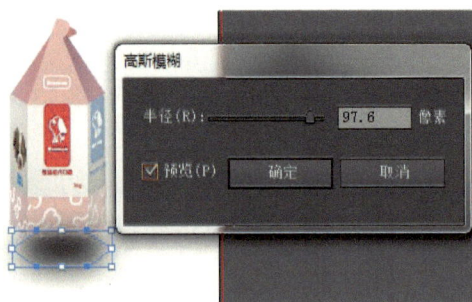

图 10-130　高斯模糊参数

图 10-131　移动阴影

（14）完成效果图的制作，如图 10-132 所示。

（15）保存文件。

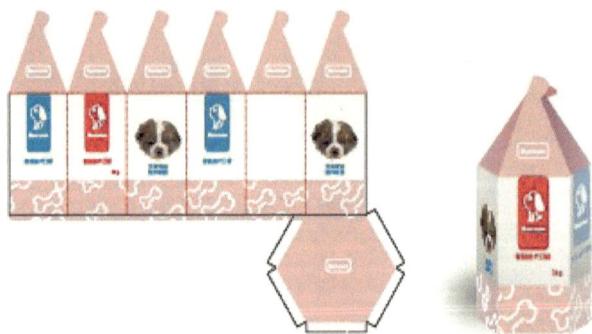

图 10-132　完成设计

案例4　　　　　　　　　　　　　　　　　糖果包装

📄 **制作分析**

如图 10-133 所示的糖果包装的材质是塑料的，在表现上要注重高光及暗部的处理，运用"封套扭曲"命令体现塑料的软质感。文字的处理运用了"创建轮廓"命令和"符号"面板。

图 10-133　糖果包装

操作步骤

（1）新建一个文件，"取向"设置为横版，将"大小"设置为 A4。绘制两个矩形，将其中一个矩形的宽度设置为 175mm，高度设置为 120mm，填充颜色设置为从黄橙色到红橙色的径向渐变颜色；将另一个矩形的宽度设置为 30mm，高度设置为 120mm，填充颜色设置为绿色；锁定图层，如图 10-134 所示。

图 10-134　绘制矩形并锁定图层

（2）新建一个图层，绘制两个椭圆，将其中一个椭圆的描边粗细设置为 4pt，描边颜色设置为淡黄色，填充颜色设置为无；将另一个椭圆的填充颜色设置为淡黄色，描边颜色设置为无，完成椭圆点图案的制作，如图 10-135 所示。

（3）将椭圆点图案拖入"符号"面板中，新建符号，并使用"符号喷枪工具"进行喷绘，如图 10-136 所示。

（4）使用符号位移、符号紧缩器、符号缩放器、符号旋转等工具调整图案，如图 10-137 所示；将喷绘图案的"不透明度"设置为 30%。

图 10-135　椭圆点图案　　　　图 10-136　喷绘图案　　　　图 10-137　调整图案

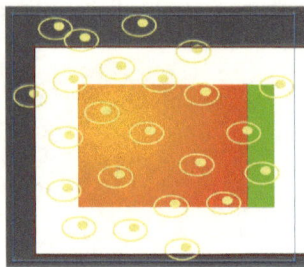

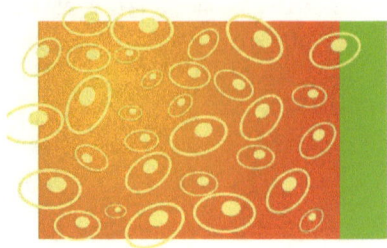

（5）建立剪切蒙版，隐藏多余的部分。

（6）使用"钢笔工具"和"椭圆形工具"绘制卡通造型，如图 10-138 所示。

（7）绘制两个椭圆，单击"路径查找器"面板中的"减去顶层"按钮（见图 10-139），形成卡通造型的嘴巴。

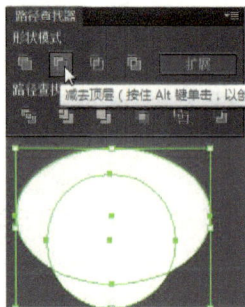

（8）绘制 3 条短线，作为牙齿的缝隙；绘制黑色圆，作为眼珠，如图 10-140 所示。

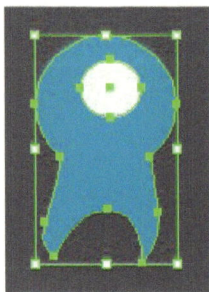

图 10-138　绘制卡通造型　　　图 10-139　单击"减去顶层"按钮　　　图 10-140　牙齿的缝隙和黑眼珠

（9）绘制两个圆，单击"路径查找器"面板中的"分割"按钮，分割这两个圆（见图 10-141），形成卡通造型的阴影，如图 10-142 所示。

图 10-141　分割圆　　　　　　　　　　图 10-142　阴影

（10）绘制矩形，将填充颜色设置为紫色，描边颜色设置为蓝色，分别输入文字"香浓牛奶果汁糖"和英文单词"COLORFUL"，如图 10-143 所示。

（11）选中单词"COLORFUL"并右击，在弹出的快捷菜单中执行"创建轮廓"命令；再次右击，在弹出的快捷菜单中执行"取消编组"命令。选中字母"O"并右击，在弹出的快捷菜单中执行"释放复合路径"命令，如图 10-144 所示。

图 10-143　输入文字和单词

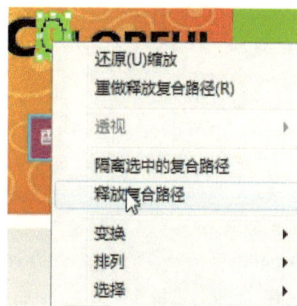

图 10-144　执行"释放复合路径"命令

（12）释放路径后，将里面小圆的路径缩小，同时选中大圆和小圆，按快捷键 Ctrl+8 再次建立复合路径，如图 10-145 所示。

（13）将单词的填充颜色设置为白色；使用"画笔工具"绘制眉毛；输入单词"feeling happy today"；复制单词"COLORFUL"，对复制的单词进行旋转、降低透明度操作，并将其放置在右侧绿色矩形上；对全部图形进行编组，如图 10-146 所示。

图 10-145　建立复合路径

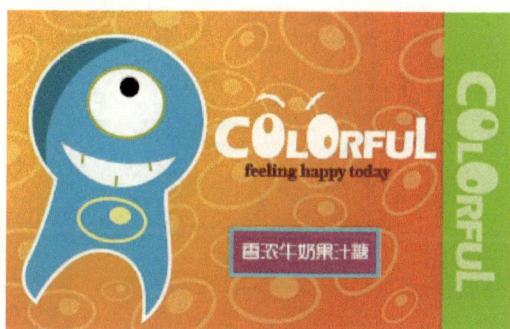

图 10-146　编组图形

（14）选择编组图形，执行"对象"→"封套扭曲"→"用网格建立"命令，在弹出的对话框中将"行数"和"列数"均设置为 4；使用"直接选择工具"对网格线上的锚点进行调整，做出扭曲效果，如图 10-147 所示。

图 10-147　扭曲效果

（15）使用"钢笔工具"绘制高光形状，如图 10-148 所示；设置渐变效果，如图 10-149 所示。

图 10-148　绘制高光形状　　　　　　　　　　图 10-149　设置渐变效果

（16）绘制左侧暗部形状，并设置渐变效果，如图 10-150 所示。

（17）参照相同的方法，绘制底部的暗部效果，如图 10-151 所示。

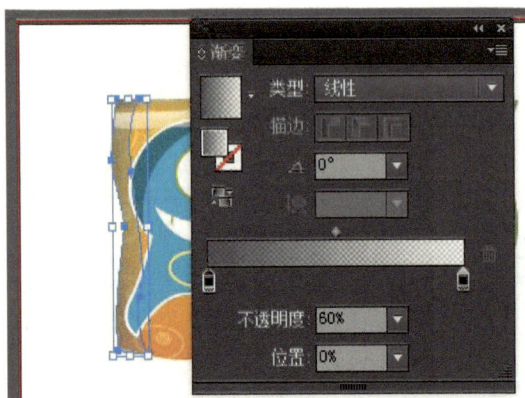

图 10-150　绘制暗部形状并设置渐变效果　　　　图 10-151　绘制底部的暗部效果

（18）在右侧绘制一个高光形状，并设置渐变效果，如图 10-152 所示。

（19）为没有转曲的文字创建轮廓，完成设计，如图 10-153 所示。

（20）保存文件。

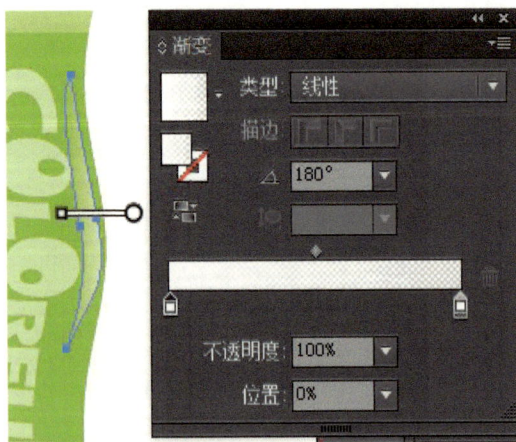

图 10-152　绘制高光形状并设置渐变效果　　　　图 10-153　完成设计

思考与练习

根据自己周边文化特色设计一款商品包装。

自我评价表

内容及技能要点	是否掌握		熟练程度		
	是	否	熟练	一般	不熟
名片种类、版式及规格尺寸的设置					
海报尺寸的设置，以及相关元素的设计、制作、排版					
案例 1 的制作					
案例 2 的制作					
案例 3 的制作					
案例 4 的制作					
思考与练习					
自我总结在本节学习中遇到的知识是否掌握、技能难点是否解决					

总结

　　本章主要介绍综合技法应用实例。平面广告的应用范围非常广，包括名片、海报、杂志、画册、包装设计等。由于篇幅有限，这里没有一一举例。本章通过 4 个案例介绍了基本的纸张尺寸及印刷规范。在今后的学习过程中，读者应当在加深软件学习的同时，进一步了解和逐步掌握设计的基本技巧、思路和方法。平面设计的软件有许多，但知识是相通的。在掌握一种软件后，应学会举一反三，以掌握更多设计软件的使用。